KB024845

우주선은 어떻게 비행하는가

초판 1쇄 발행 2019년 12월 24일
초판 2쇄 발행 2022년 11월 28일

지은이 그레이엄 스위너드
옮긴이 서지형

펴낸이 김선기
펴낸곳 (주)푸른길
출판등록 1996년 4월 12일 제16-1292호
주소 (08377) 서울시 구로구 디지털로 33길 48 대룡포스트타워 7차 1008호
전화 02-523-2907, 6942-9570~2
팩스 02-523-2951
이메일 purungilbook@naver.com
홈페이지 www.purungil.co.kr

ISBN 978-89-6291-844-1 03550

• 이 도서의 국립중앙도서관 출판시도서목록(CIP)은 서지정보유통지원시스템 홈페이지(http://seoji.nl.go.kr)와 국가자료공동목록시스템(http://www.nl.go.kr/kolisnet)에서 이용하실 수 있습니다.(CIP제어번호: CIP2019049459)

How Spacecraft Fly

Spaceflight Without Formulae

우주선은 어떻게 비행하는가

수학 공식 없이 알아보는 우주 비행의 원리

푸른길

존 로버트 프레스턴John Robert Preston(1952~2007)을
회고하며

차 례

추천사

SF 작가 고 아서 클라크 경Sir Arthur C. Clarke은 1945년 『*무선 세계*Wireless World』지 기고를 통해 다음과 같이 전망하였다: 전략적 위치의 궤도, 이른바 지구정지궤도에 인공위성을 배치하면 범세계적 통신시스템 구축도 가능할 수 있다. 인공위성이 저 높은 곳에서 지구를 내려다보고 있으니 이를 중계소로 이용하면 세계 어느 지점 간에도 정보 전달이 가능하다는 의미였다. 클라크 경은 다소 유보적인 입장이었지만, 그의 제안은 세계 최초의 상용 통신위성 인텔샛Intelsat 1호 발사와 함께 현실이 되었다. 불과 20년 만의 일이었다. 인텔샛 1호로부터 40여 년이 흐른 지금, 인공위성이 없는 세상에 적응하기란 쉬운 일이 아니다. 차량과 휴대전화에는 으레 위성항법장치가 달려 나오게 마련이고, 위성방송으로 일기예보를 시청할 때조차 우주에서 촬영한 이미지가 등장한다. 지구관측위성은 지구온난화의 위험을 추적 관찰하고 있으며, 허블 우주망원경과 같은 과학위성은 우리의 우주관을 완전히 바꾸어 놓았다. 통신위성을 비롯해 각종 궤도에 수없이 많은 위성들이 우리 생활 곳곳에 깊숙이 파고들어 있다는 점에는 의심의 여지가 없다.

이들 인공위성은 첨단 기술의 결정체라 할 수 있다. 여러분은 인공위성을 어떻게 설계하고 어떤 궤도에 올리는지 궁금하지 않은가? 궤도상의 인공위성을 어떻게 제어할까? 인공위성은 궤도에서 어떤 위험에 직면할까? 그나저나 궤도에는 어떻게 올라갈까? 지구궤도를 넘어 혜성과 랑데부하거나 행성 표면에 착륙하려면 우주선을 어떻게 설계하고 추진해야 할까? 그리고 우리 모두의 관심사, 유인 우주탐사의 미래는 어떨까?

저자 그레이엄 스위너드가 여러분의 질문에 답하고자 한다. 우주 시대 반세기를 일선에서 경험한 사람으로서 여러분에게 좋은 안내인이 되어 주리라 믿는다. 수학 공식 없이도 이렇게 잘 읽히는 책이 있다니 고마울 따름이다.

2008년 4월

영국 포츠머스에서

스티븐 웹Stephen Webb

서문

필자가 이 서문을 쓸 당시 인류는 최초의 우주선을 발사한 지 50주년을 맞았다. 1957년 10월, 구소련이 스푸트니크Sputnik 1호라는 소형 인공위성을 궤도로 쏘아 올리며 우주 시대의 서막을 열었다. 그 후로 우주 활동은 우리 문화의 필수적인 부분으로 자리 잡았지만, 오늘날 21세기 관점으로는 스푸트니크의 주요한 기술적 성취나 정치적 파장을 제대로 인식하기 쉽지 않다. 이 위성은 궤도를 돌며 간단한 전파 신호를 송출해 자신의 존재를 알렸다. 그 외에는 별다른 역할이 없었음에도 위성의 존재는 냉전의 다른 한 축인 미국을 크게 자극하였다. 미국은 이로 인해 우주 프로그램에 박차를 가하였고 결국 1969년 달에 사람을 보내기에 이른다. 스푸트니크 발사 12년 만의 일이다.

1950년대 초반, 필자의 유년 시절이 생각난다. 필자의 초등학교 은사 크리스천 여사는 아동 과학교육에 특출한 분이었다. 필자가 우주에 관심을 싹틔울 수 있었던 계기도 선생님 덕분이다. 우주 관련 산학에서 오랜 세월 일하고 보니 결국은 어릴 적 교실에서 시작된 일이라는 생각이 든다. 필생의 관심과 열정을 심어 준 데에 선생님께 진심으로 감사드리는 바이다. 당시만 해도 우주 시대가 아직 오지 않았을 때이다. 달 외에 지구궤도를 도는 물체는 하나도 없었다. 태양계 탐사 역시 시작도 하기 전이다. 행성 관련 정보라면 천문학자가 망원경을 통해 수집한 내용이 전부였다. 행성의 풍경 또한 우주

예술가가 붓으로 그려 보이는 수밖에 없었다.

그때 생각하면 격세지감이 아닐 수 없다. 스푸트니크 시절의 열기 이래 태양계 전 행성에 무인 탐사선이 다녀갔다. 이 책의 집필 시점을 기준으로 저 멀리 명왕성 하나가 미답으로 남아 있지만 이마저도 옛말이 될 듯하다. *뉴허라이즌스*New Horizons호가 2006년 1월에 명왕성을 향한 대장정에 나섰기 때문이다. 뉴허라이즌스는 2015년에 명왕성–카론Charon 이중 왜소행성을 근접 비행할 예정이다. 여담이지만 국제천문연맹은 2006년 8월 프라하 총회에서 명왕성의 행성 지위를 박탈해 버렸다. 본 탐사 임무의 과학적 목적은 이런 결정과 전혀 무관하지만 아무튼 발사 몇 달 후의 시점에 벌어진 일로는 아이러니라 하겠다. 그런가 하면 금성, 화성, 목성 및 토성 궤도에 탐사선을 보내는 경우도 있다. 행성을 장기적으로 관찰하기 위함이다. 이런 임무들은 하나같이 대단한 족적을 남겼으며, 우리의 과학적 예상과 상상을 뛰어넘어 행성의 특성을 소상히 밝혀 주었다. 최근의 우주탐사는 태양계 내 소체, 이를테면 소행성이나 혜성 따위에도 초점을 맞추고 있다. 일례로 유럽우주기구European Space Agency, ESA는 2004년 3월 로제타Rosetta 탐사선을 발사한 바 있다. 로제타는 2014년에 혜성과 랑데부하여 혜성궤도에 진입할 예정이다. 이러한 활동 덕분에 오늘날 어린 학생들은 태양계 저 멀리까지도 실제 사진으로 볼 수 있게 되었다. 우주에 대한 상상력과 열정을 키우기에 더없이 좋은 환경이다.

지구궤도의 대형 우주망원경 역시 큰일을 하였다. 우주망원경 덕분에 우주를 보는 눈이 달라졌다. 지구 대기는 천체망원경에 있어 흐린 창과 같다. 천체망원경을 우주에 배치하면 지상과 비교도 되지 않을 만큼 선명한 상을 얻는다. 이를테면 *허블 우주망원경*Hubble Space Telescope, HST이 대표적이다. 허블의 우주 이미지는 관측 우주론에 일대 혁명을 일으켰을 뿐만 아니라 아름답기로도 유명하다. 허블은 집필 시점 기준으로 수명이 얼마 남지 않았다. 이에 따라 2세대 대형 우주망원경으로 *제임스 웹 우주망원경*James Webb Space Telescope이 현재 개발 중이다. 제임스 웹은 주경 지름이 허블의 3배에 달하며 2013년께 발사를 앞두고 있다. 이 새로운 망원경은 빅뱅 이후 최초의 별과 은하를 관측할 수 있으리라는 기대를 모으고 있다.

지구궤도에는 과학위성과 별개로 다수의 실용위성이 활동한다. 오늘날 기술 사회는 이들 위성 서비스에 크게 의존하고 있다. 실용위성이 우리 삶의 일부로 자리 잡은 지 오래지만 정작 우리는 위성이 거기 있는지조차 의식하지 못하고 살아간다. 아마도 국제통신망이 가장 좋은 예가 아닐까. 독자가 타 대륙으로 전화를 걸면 신호 전송 과정에 십중팔구 고궤도 위성이 관여한다. 그 외에도 위성항법satellite navigation, satnav이 있다. 위성항법은 최근 들어 상업 및 여가 분야로 급속히 확대되고 있다. 적어도 이 경우만큼은 위성항법이 인공위성과 관련 있다는 점을 안다. 그 밖에 주요 활용 분야로 지구관측이 있다. 지구저궤도에는 관측 위성 함대가 영상 카메라 및 기타 장비를 갖추고 지구 표면을 내려다보고 있다. 이러한 위성 데이터는 도시계획부터 농업에 이르기까지 활용도가 매우 높다. 아울러 기후변화와 같이 범세계적 관점이 필요할 때에도 이런 위성들이 활약한다.

이 모두의 마지막 갈래는 우주 공간 속 인간의 존재이다. 1960년대 말 아폴로 우주비행사를 제외하면 인간은 아직 지구궤도에 발이 묶여 있다. 사실 최근의 활동은 지구궤도의 *국제우주정거장*International Space Station, ISS 개발에 초점을 두고 있다. ISS는 2010년께 완공을 앞두고 있으며, 무게가 450톤에 달해 우주 구조물로서는 최대 규모를 자랑한다. 하지만 더러는 아폴로 시대를 회고하며 그리워한다. 그때가 정말 우주 비행의 황금기였던 것일까. 업계에 발을 들이는 요즘 젊은이들은 본 경기를 놓쳤을 뿐 아니라 필자 세대가 아폴로 프로그램을 보고 느낀 바와 같이 자극 받을 기회가 없다. 달 착륙이 한창일 때 필자는 고등학생이었다. 우주 분야를 직업으로 택하는 데 (크리스천 선생님은 물론이고) 아폴로 프로그램이 크게 한몫하였다. 여기까지 이야기하고 보니 우리는 유인 우주탐사의 재도약을 향해 그 문턱에 선 듯하다. 미국의 스페이스셔틀 함대는 2010년경 퇴역할 예정이므로 우주에서 미국의 우위에 대해 재고하지 않을 수 없는 상황이다. 이에 따라 달 착륙의 영광을 재연하는 한편, 향후 30년 안에 화성에 사람을 보낸다는 계획을 수립하기에 이른다. 여타 국가도 2020년까지 달 탐사에 나서겠다고 공언하는 모습을 보면 경쟁이 한층 치열해질 듯싶다.

필자는 우주 계통에 30여 년간 몸담았다. 이 책은 지난 세월 지식과 경험의 산물이라 하겠다. 늘 그런 고민이 있었다. 전문 지식이 없는 일반 독자에게 우주는 금지된 열정인가? 그 고민이 결국은 책을 쓰게 만들었다. 필자는 우주선이 어떻게 작동하는지 큰 틀을 보여 주고자 하였다. 우주공학 서적이라면 시중에 지천으로 깔려 있지만 수학, 물리 모르면 읽을 수가 없다. 그 점이 안타까워 누구나 쉽게 읽을 수 있도록 썼다. 우주에 관심이 있고 적극적으로 찾아볼 용의만 있다면 누구든 환영이다. 이 책이 독자의 관심을 충족시키고 식견을 넓히는 데 일조할 수 있다면 저자로서 더없이 기쁘겠다. 우주선 이야기, 알고 보면 정말 재미있는 주제이다.

독자는 이 책을 통해 궤도, 궤도운동, 무중력, 우주선 설계 및 작동 원리, 21세기 우주 비행 전망 등을 알아보고 나아가 항성 간 여행의 미래도 가늠해 볼 수 있다.

이 책은 독자에게 별다른 사전 지식을 요하지 않는다. 수식을 배제했을 뿐만 아니라 무엇을 설명하든 이해하기 쉽고 직관적인 방식으로 풀어 가고자 노력했기 때문이다. 하지만 몇몇 대목의 경우 이해를 돕기 위해 단순화나 일반화가 필요했다는 점을 밝혀 둔다. 일반 독자가 아무런 준비 없이 나서도 크게 지장이 없으리라 본다. 읽고 재미있다면 바랄 나위가 없겠다.

영국 사우샘프턴 대학교에서 단기 강좌를 지도하다 보니 언젠가는 그런 생각이 들었다. 수학 공식을 빼고서 우주 비행 서적을 집필해 보자. 필자는 강의, 연구, 행정 등 대학 학사 관련 일반 업무와 함께 전문 개발 과정에도 깊숙이 관여하였다. 개발 과정은 기본적으로 우주 시스템공학과 관련한 단기 훈련 과정이라 할 수 있었다. 우리는 전문 엔지니어나 과학자를 대상으로 5일짜리 과정을 진행하였다. 이 사업의 주 고객이라 할 수 있는 유럽우주기구(ESA)와는 20년 넘게 관계를 지속했는데, 이 기간 동안 훈련 과정의 주최측 그리고 강사로서 유럽우주기구 연구기술본부European Space Research and Technology Centre, ESTEC(네덜란드 노르트베이크 소재)를 종종 드나드는 특전을 누렸다. 이런 강좌에는 보통 전문 지식을 갖춘 ESA 기술진이 참석하였지만, 1995년에 즈음하여 ESTEC 인력개발부에서 신규 훈련 프로그램 개발을 의뢰해 왔다. 비기술진을 위한 우주 엔지니어링 과정을 개설해 달라는 내용이었다! 기존의 훈련 활동과는 사뭇 다른 요건이 주어진 셈이다. 하지만 ESA 측은 자사의 변호사, 회계사, 계약직, 비서 등과 같은 비기술진에게도 기술 교육을 시키고자 하였다. 직원 각자가 관여하는 업무의 기술적 측면을 이해함으로써 전반적인 동기부여와 생산성 향상을 꾀할 수 있다고 판단한 까닭이다. 참으로 의식이 깬 사람들이 아닐 수 없다. 그렇게 훈련 과정을 몇 년에 걸쳐 유럽 도처 ESA 산하기관으로 확대하였고, 직원들로부터 기대 이상의 호응을 얻었다. 그렇다 해도 교관들 입장에서는 이 일이 결코 만만치 않았다. 수학 공식을 쓸 수 없음은 물론 배경지식을 기대하기 어려운 상황에서 우주선의 작동 원리를 설명하라니. 하지만 우리가 경험한 바 이 일은 그럴 만한 가치가 있었다. 사람들이 우주선을 재발견하고 기뻐했기 때문이다. 독자에게 역시 그러한 행운이 따르기를 빈다.

필자는 이 책을 친우 존 프레스턴에게 헌정하는 바이다. 존은 안타깝게도 2007년 3월에 작고하였다. 힘겹게 투병하는 와중에도 필자의 부족한 원고를 검토하느라 정성을 쏟던 모습을 생각하면 그의 인품에 고개를 숙이지 않을 수 없다. 존은 과학 분야에 몸담지는 않았으나 인문학적 소양이 넘치는 사람이었다. 그래서 그의 견해가 필자의 작업, 일반인을 위한 텍스트 집필에 값진 역할을 했다는 점을 밝히고자 한다.

본문의 단위 체계로 미터법을 사용하였으나 독자 편의를 위해 괄호에 야드파운드법을 병기하였다. 다만 메트릭톤metric ton은 예외로 하였는데, 수치상으로 미국의 쇼트톤short ton과 다르지만(1메트릭톤은 1.102쇼트톤에 상응한다) 그 차이가 미미하므로 환산값을 따로 기재하지 않았다(역자주–국내의 경우 미터법 사용이 일반적이므로 본문의 야드파운드법 병기를 생략하였다).

2007년 10월

영국 사우샘프턴에서

그레이엄 스위너드

감사의 말

책을 완성하기까지 시간이 예상보다 오래 걸렸다. 이 책을 집필하는 데 직간접적으로 도움 주신 분들이 많다. 이 자리를 빌려 감사의 말씀을 전하고자 한다.

존 프레스턴John Preston과 스티븐 웹Stephen Webb. 원고 검토에 감사드린다.

프락시스 출판사 임직원분, 특히 클리브 허우드Clive Horwood에게 감사드린다. 옆에서 꾸준히 알려 주고 격려해 준 덕분에 저자의 일천함에도 불구하고 작업을 순조롭게 마쳤다.

사우샘프턴 대학교의 동료들. 특히 우주항행학 연구 그룹 회원 에이드리언 타트넬Adrian Tatnall, 휴 루이스Hugh Lewis, 굴리엘모 아글리에티Guglielmo Aglietti, 스티븐 개브리엘Stephen Gabriel에게 감사한다. 필자가 대학에서 20여 년을 근무하는 동안 에이드리언이 한결같이 필자를 격려해 주었다. 휴는 근래 들어 필자의 연구 파트너로 지원을 아끼지 않았다. 이 두 사람 때문에 특히나 우주항행학 연구 그룹에 감사 인사를 하지 않을 수 없다.

프랭크 다네시Frank Danesy. 1990년대 중반 ESTEC 인력개발부장을 지냈다. 비기술진을 위한 우주 엔지니어링 과정은 그의 작품이다. 위의 프로그램에서 아이디어를 얻은 덕분에 이 책이 나올 수 있었다.

초등학교 은사 크리스천Christian 여사. 필자가 평생토록 '우주 삼라만상'에 열정을 쏟게 인도해 주셨다.

필자의 부모님(아버지는 1995년에 돌아가셨다). 필자 인생의 곡절마다 필자에게 전폭적인 지지를 보내 주셨다.

자녀 비키Vicky와 제이미Jamie. 아이들이 필자의 삶을 얼마나 풍요롭게 하고 빛나게 해 주었는지 말로 다할 수 없으리라.

마지막으로 아내 매리언Marion에게 고마움을 전한다. 아내는 어떤 어려움 앞에서도 나의 편에 서 주었고 반석처럼 든든하였다.

1. 우주의 역사

A Brief History of Space

원시 우주관

오늘날 우리는 인류의 집단 지성으로부터 우리 자신을 분리해 생각할 수 없는 세계에 살고 있다. 이 세상은 가히 정보의 바다라 할 만한데, 그간 뛰어난 인물들이 지식을 집적한 덕분으로 우리의 세상 보는 눈이 지금에 이르렀다. 우리가 어려서 받는 교육, 문어와 구어(라디오나 텔레비전 등)도 이러한 자산에 속한다. 그뿐 아니라 인터넷에 접속하면 사이버 공간을 통해 세상을 훤히 들여다볼 수 있다.

집단 지성 속에 자란 결과 우리 대부분은 밤하늘을 살피지 않아도 태양계의 구조와 작용, 우주 일반에 대해 웬만큼 안다. 그러나 고대인들은 입장이 달라서 단순히 육안으로 하늘을 관찰하고 나름의 해석을 내려야만 했다. 입장 바꾸어 생각하면 참으로 난감한 일이다. 수천 년 전으로 시간을 거슬러 올라 집단 지성의 도움 없이 밤하늘을 마주한다면 독자는 무슨 생각이 들겠는가? 일단은 이런 데 관심 있는 사람부터 극소수이지 않았을까 싶다. 대자연의 혹독함 속에서 대부분은 그저 생존하기 바빴을 터이다. 하지만 다음 끼니를 어떻게 해결할지 고민하는 것 외에 조금이나마 다른 데 신경 쓸 여유가 있었다면 어땠을까? 그랬다면 아마 우리가 사는 세상을 평평한 곳으로 인지하는 데서부터 출발했으리라. 창밖을 한번 내다보라. 실제로 평평해 보이지 않는가? 그리고 태양과 달이 매일같이 이쪽 수평선에서 저쪽 수평선으로, 약 열두 시간에 걸쳐 하늘을 가로지른다는 점 또한 어렵지 않게 알아차렸을 것이다. 독자가 고대의 천문학자처럼 밤하늘을 유심히 관찰했다면 해와 달처럼 별 역시 매일같이 하늘을 가로지르는 모습이 눈에 들어왔으리라. 밤하늘을 관찰해 몇몇 밝은 별(우리는 이를 행성이라 알고 있다)이 오랜 시간에 걸쳐 붙박이별 사이를 돌아다니는 줄 알 정도면 관찰력이 보통이 아니라고 하겠다.

고대인으로서 집단 지성의 도움을 받지 못한다면 독자는 우주를 어떻게 그려 보이겠는가? 지구는 평평하며 그 위로 태양, 달, 별이 하루에 한 번씩 회전한다고 묘사하지 않을까? '원시적인' 모델이라 할지언정 보기에는 합리적이다. 이 평평한 지구 및 지구 중심 모델은 우리가 보는 그대로를 묘사했기 때문에 실로 오랫동안 사실로 받아들여졌다.

이런 원시 우주관에서 오늘날의 우주관에 이르기까지 그 변천사가 기록으로 잘 남아 있다. 하지만 과정을 살펴보면 과학의 역사를 따라 굽이굽이 참으로 먼 길을 달려왔다는 점을 알 수 있다. 이 여정이 오랜 세월을 거듭하는 동안 그때그때 걸출한 인물이 합류해 기존의 통념을 뒤집어 놓았다. 이 장에서는 위의 과정을 상세히 다루기보다 변화의 과정에 큰 기여를 한 핵심 인물과 그 업적을 소개하는 데 주안점을 두었다.

평면 지구에서 구형 지구로

고대 문명과 현대 문명이 같은 하늘을 놓고서도 전혀 다르게 해석한다는 점은 무척이나 흥미롭다. 이러한 격차는 일반적으로 관측의 정밀성에 기인한다. 수천 년 전에는 맨눈으로 관찰하는 수밖에 없었지만, 오늘날은 천체망원경의 도움으로 관측 능력이 비약적으로 향상되었다.

원시 우주 모델은 기원전 300년경 첫 번째 위기를 맞는다. 고대 이집트의 도시 알렉산드리아Alexandria에서 에라토스테네스Eratosthenes라는 인물이 지구 평면설을 무시하고 구형 지구의 크기를 추정해 구했기 때문이다. 방법이 어찌나 간결한지 그의 비상함이 놀라운데, 간단히 설명하자면 그림 1.1a

와 같다. 그림의 A지점 시에네Syene에 수직 기둥을 세우면 한여름께 정오에는 그림자가 지지 않는다(시에네는 이집트 남부 지역에 위치하며 오늘날 말하는 북회귀선이 이곳을 지난다). 그러나 한날한시에 그림의 B지점 알렉산드리아에는 수직 기둥에 그림자가 진다. 에라토스테네스 생각에 지구는 평평한 대신 구형이라야 옳았고, 위와 같은 현상 또한 이러한 견해에 부합한다고 보았다. 논리의 비약이 비범하기 이를 데 없지만 그뿐만이 아니었다. 알렉산드리아-시에네 간 실제 거리 및 그림 1.1a의 각도 α를 측정하고 그림 1.1a와 같이 기하학을 적용하면 그가 말하는 구형 지구의 둘레값을 얻으리라 판단하였다. 다만 두 지점 간 거리 측정은 말이야 쉽지만 실제로는 고된 노동이어서 별도로 사람을 시켜 지점과 지점(800km가량)을 걸음짐작으로 재도록 하였다. 그는 마침내 지구 둘레를 40,000km 내외라고 추정하였다. 오늘날의 추정치 40,075km와 별 차이가 없을 정도이니 놀랍지 않을 수 없다.

에라토스테네스의 이름은 오늘날까지 기억되는데, 이는 그의 독창성과 선견지명 때문이지만 그가 옳았기 때문이기도 하다. 그럼에도 현재 우리 입장에서 보면 동시대 알렉산드리아인 가운데 그의 주장, 즉 구형 지구 모델을 받아들인 사람이 과연 얼마나 있었을까 궁금하지 않을 수 없겠다. 에라토스테네스는 위와 같은 결론을 도출하기 위해 구형 지구 모델 외에도 전제 사항을 한 가지 더 두어야 했다. 태양-지구 간 거리가 충분히 멀어서 태양광이 지구 표면에 사실상 평행하게 입사한다는 점이다(그림 1.1a). 하지만 그림 1.1b와 같이 해석해도 정오 때 그림자 길이를 설명할 수가 있으며, 아마도 동시대인들은 이쪽을 더 수긍하지 않았을까 생각한다. 태양이 지구와 가까워서 태양광의 발산이 확연하였다면 지구 평면설이 살아남았을 것이다. 하지만 세월은 에라토스테네스의 편이었고 우리 원시 우주 모델의 첫 번째 기반을 허물어뜨렸다.

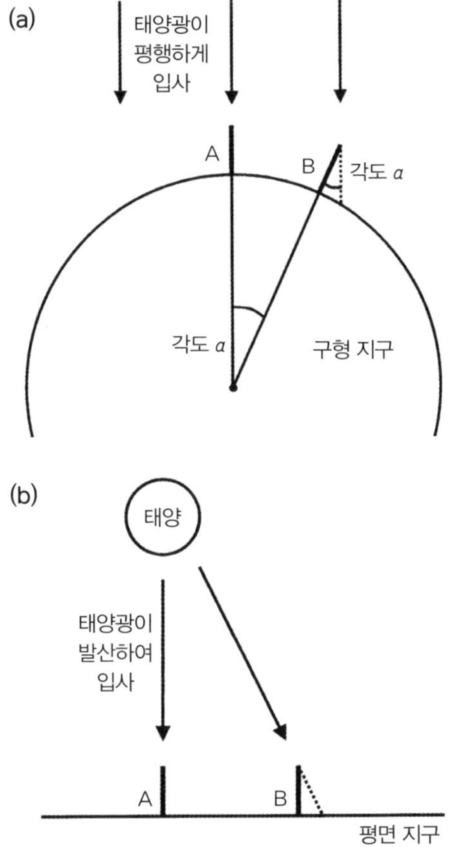

그림 1.1: A지점과 저 멀리 B지점에 수직 기둥을 하나씩 세우고 그림자를 관찰한다. 어떻게 해석하는가에 따라 결과가 달라진다.

지구 중심에서 태양 중심 우주로

지구 중심 우주 개념은 2세기경 클라우디오스 프톨레마이오스Claudios Ptolemaeos(흔히 톨레미Ptolemy로 더 알려진)라는 인물이 확립하였다. 프톨레마이오스 우주론은 에라토스테네스의 구형 지구를 중심으로 태양, 달, 행성과 별이 움직이는 형태이다. 그 당시는 신의 총애를 받은 피조물 인간이 우주의 중심 아닌 다른 곳에 산다는 것은 상상조차 할 수 없는 시대였다! 게다가 비슷한 이유로 위의 천체들은 지상의 불완전한 삶과 달리 저 높은 곳에서 완벽하게 원을 그리며 움직여야 옳았다.

하지만 현실은 그렇지 않았다. 관측 능력에 제약이 많았지만 이미 당대의 천문학자들이 보기에도 프톨레마이오스 우주론에 석연치 않은 부분이 있었다. 바로 행성이 문제였는데, 행성은 밝기가 밝고 붙박이별에 대해 상대적인 움직임을 보이기 때문에 눈에 잘 띈다. 고대 로마인들이 행성을 신으로 섬겼을 만큼, 그 존재는 당시 기준으로도 몇 세기 전에 드러난 바 있었다. 그중에도 특히 화성이 프톨레마이오스를 고민에 빠뜨렸다. 화성의 경우 그림 1.2처럼 별들 사이로 고리 모양을 그리며 희한하게 움직였기 때문이다. 그는 고심 끝에 *주전원*epicycle을 도입하는 식으로 문제를 풀고자 하였다. 주전원의 기본을 설명하면 다음과 같다. 행성은 작은 원(주전원)을 그리며 움직이고, 그 작은 원은 또 다른 커다란 원을 따라 움직인다. 큰 원은 지구에 대한 행성의 움직임을 나타낸다. 프톨레마이오스는 실제 관측 결과에 맞추기 위해 여러 가지 주전원을 도입하면서 행성궤도 모델을 개량만 하다가 생을 마쳤다.

지구 중심 우주론은 이렇게 허점을 노출하고도 교회 권력과 지배력 아래 1,300여 년을 살아남았다. 지구는 무조건 우주의 중심이어야 했다. 여기에 무모하게 도전하는 자는 감히 하나님을 모독하는 자로 혹독한 처벌을 피할 수 없었다.

그러나 니콜라우스 코페르니쿠스Nicolaus Copernicus(1473년 출생, 폴란드 가톨릭 성직자)가 도전장을 내밀었다. 코페르니쿠스 우주론의 주된 특징은 지구의 지위를 태양 주위를 돌고 있는 여러 개의 행성 중 하나로 과감하게 격하시킨 것이었다. 그 당시는 태양 중심 모델 자체가 인류 우주관에 급

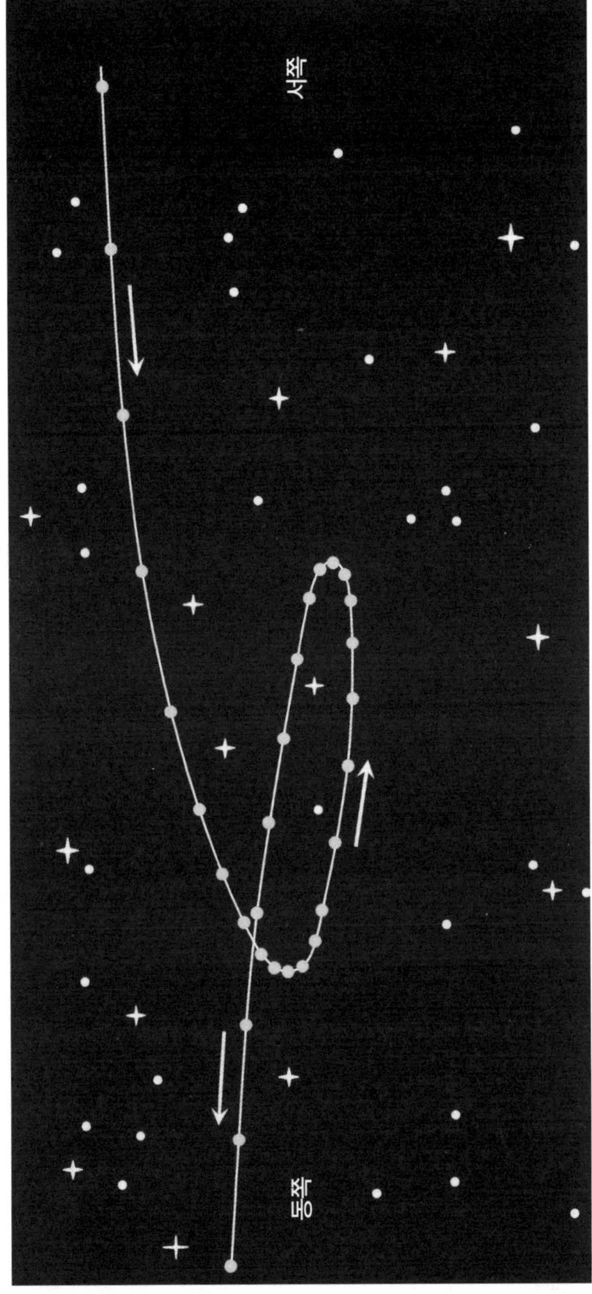

그림 1.2: 화성의 움직임을 몇 주에 걸쳐 관찰한 모습. 붙박이별에 대해 고리 모양을 그리며 이동한다는 사실을 알 수 있다.

진적 변화를 가져온 것이라 할 만했다. 코페르니쿠스는 기존 주장의 부적절함에 대해 명시적으로 서술하고 논박함으로써 구태의연한 사고방식을 털어버렸다. 코페르니쿠스는 1543년 죽기 직전까지 공개를 미루었는데, 아마도 종교적 박해의 결과를 피하기 위함이 아니었나 생각된다. 동시대인들은 매정하게도 코페르니쿠스를 아리스타르코스Aristarchus(기원전 280년경 태양 중심 우주론을 주장) 우주론의 '복고주의자' 정도로 취급하였다. 하지만 기원전 3세기 사람들은 아직 이러한 개념을 받아들일 준비가 되어 있지 않았다. 코페르니쿠스는 태양 중심 우주론에 관한 개념을 확립했을 뿐만 아니라, 그와 관련한 다수의 기고를 남겨 역사에 자신의 위치를 자리매김하였다.

- 천체의 출몰 현상을 지구자전(지구가 하루 한 번씩 회전)으로 이해했다.
- 계절 변화를 지구의 태양궤도 공전(지구가 태양궤도를 1년여에 걸쳐 회전)으로 설명하였다. 코페르니쿠스는 지구자전축이 공전궤도면에 수직이 아니라고 추론하였다. 결과적으로 북반구가 태양을 향해 치우치는 동안에는 북반구에 여름이 찾아오고, 반대로 태양을 등지는 동안에는 겨울이 찾아온다.
- 행성이 붙박이별들 사이로 고리 모양을 그리며 움직이는(행성의 역행 현상) 이유를 설명하였다(그림 1.3 참조).
- 행성의 궤도 크기를 '천문단위'로 추산하고 주기를 추정하였다. 이 과정에서 코페르니쿠스는 행성의 궤도를 원이라고 가정하였다.

위 목록의 마지막 항목이 특히 놀라운데, 이 부분을 좀 더 자세히 살펴볼 필요가 있다. 일단 천문단위astronomical unit, AU라는 용어부터 알아보자. 오늘날 천문단위는 지구와 태양 간 평균 거리로 정의된다(지구가 태양을 공전하면서 둘 사이의 거리가 약간씩 변화하는 사실을 고려하여 평균 거리로 취한다). 수치상으로 1AU는 1억 5000만km 정도이다. 코페르니쿠스는 이러한 거리를 수치상으로는 알 방법이 없었지만, 지구–태양 간 거리를 기준으로 하여 태양과 타 행성 간 거리를 천문단위의 배수로 산정하는 방법을 고안해냈다. 그리하여 그는 지구 공전궤도에 견주어 태양계의 상대적인 규모를 파악할 수 있었지만 물론 절대적인 크기는 알 수 없었다.

코페르니쿠스가 어떻게 거리 계산을 했는지 설명하자면 다소 복잡하지만 같이 한번 살펴보도록 하자. 내행성으로서 지구보다 태양에 더 가까운 수성과 금성의 경우 기본적으로 그림 1.4와 같은 방법을 이용한다. 금성을 예로 들면, 코페르니쿠스는 해질 무렵 금성의 위치를 몇 주에 걸쳐 살펴봄으로써 금성의 (태양을 중심으로 하는) 궤도운동을 관찰할 수 있었다(그림 1.4a). 우리도 저녁노을 아래 같은 모습을 볼 수 있다. 여기서 금성의 궤도 크기를 가늠하려면 어떤 정보가 필요할까? 일단 금성이 그림 1.4a와 같이 이동하는 동안 태양과 금성이 만드는 사잇각이 얼마만큼 벌어지는지 각도(최대이각)만

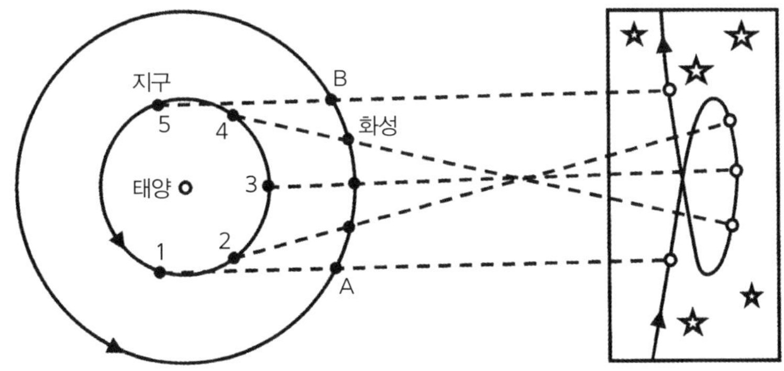

그림 1.3: 화성은 (지구에서 보기에) 붙박이별들 사이로 고리 모양을 그리며 이동한다. 코페르니쿠스는 이러한 역행 현상을 다음과 같이 설명하였다. 지구와 화성이 각자 공전주기대로 원궤도를 돌고, 지구가 1지점에서 5지점으로 이동하는 동안 화성이 A지점에서 B지점으로 이동했다고 가정하면 그림과 같은 결과가 나타난다.

알면 결과를 그림 1.4b와 같이 기하학적으로 해석할 수 있다. 이제 삼각법을 이용하여 직각삼각형의 변 길이를 구하는 문제로 단순화되었다. 삼각법이라니 깜깜하게 들리겠지만, 우리는 학교 수학 시간에 틀림없이 삼각법을 배웠다! 아무튼 그림 1.4b의 삼각형에 따르면 필수 정보는 지구의 궤도 반지름(R_E, 즉 1AU)과 최대이각(각도 α)뿐이다. 이러한 수치만 얻으면 금성의 궤도 반지름 R_V를 구할 수 있다. 이와 같은 간단한 방식으로 계산한 결과, 코페르니쿠스는 R_V가 약 0.7AU임을 알아냈고, 같은 방법으로 수성 궤적을 분석

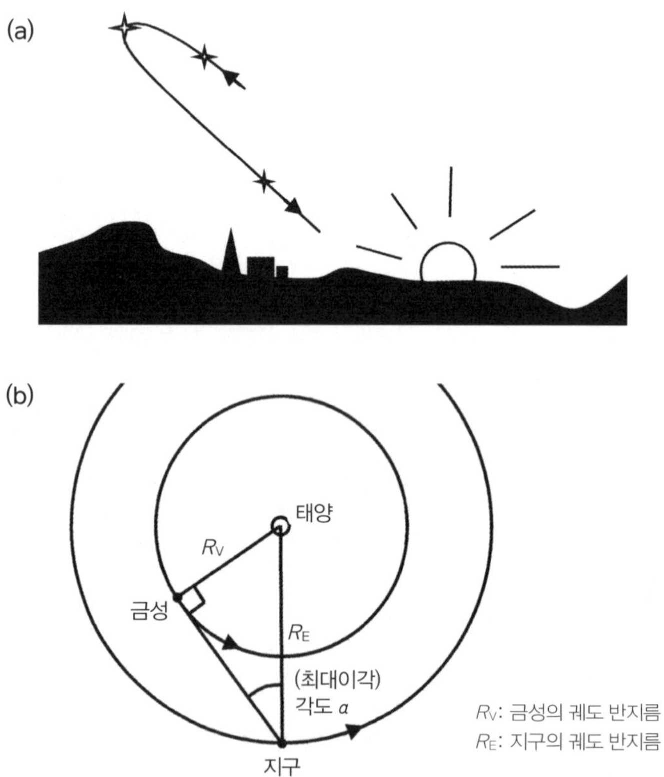

그림 1.4: (a) 일몰 무렵 금성의 궤적을 몇 주에 걸쳐 관찰한 결과. 이를 바탕으로 금성과 태양 간 최대이각(각도 α)을 측정할 수 있다. (b) 최대이각 시점에서 지구와 금성의 궤도상 배열.

하여 궤도 반지름값으로 0.4AU가량을 얻었다.

코페르니쿠스가 알고 있던 외행성(당시로서 알려진 외행성은 화성, 목성 토성이 전부였다)의 궤도 규모를 추정하는 과정은 조금 더 복잡한데, 다루는 방법이 몇 가지 있지만 본질적으로는 이전과 다를 바가 없으며 결국은 다시 단순 삼각법 계산 문제로 환원한다. 목성의 경우를 살펴보자. 코페르니쿠스는 지구가 트랙(공전궤도)을 돌면서 목성을 한 바퀴 앞지를 때까지 얼마나 걸리는지 시간을 측정해 보았다. 그리하여 약 400일 간격으로 목성이 같은 자리, 자정 하늘 정남향에 위치한다는 점을 파악하였다. 이를 궤도상의 위치로 바꾸어 생각하면, 현재 태양-지구-목성이 직선상에 배열해 있고 지구가 지금 막 목성을 앞지르려는 참이라 할 수 있다. 위와 같이 배열한 뒤 다음 차례가 오기까지 주기의 4분의 1, 즉 100일가량이 경과하면 지구는 궤도 안에서 목성보다 각도상으로 90° 앞에 놓인다. 궤도상의 배열로 나타내면 그림 1.5와 같다. 이제 비밀을 알았으니 그날 일몰 무렵 태양과 목성 간 각도만 재면 퍼즐 완성이다. 코페르니쿠스는 목성의 궤도 반지름을 5.2AU 정도로 예상했고, 비슷한 계산을 통해 화성과 토성의 궤도 반지름이 각각 1.5AU,

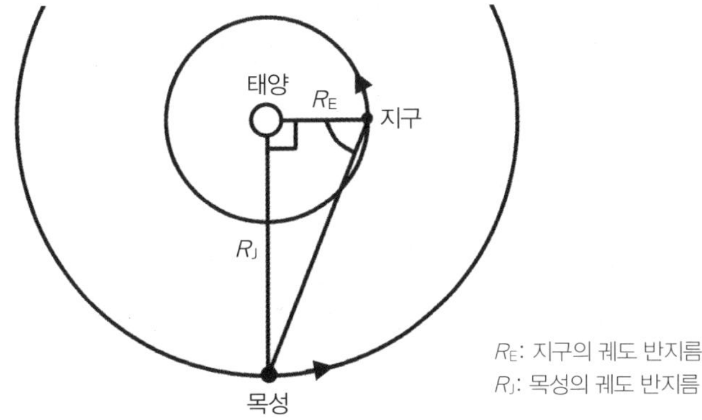

그림 1.5: 코페르니쿠스는 이번에도 단순 삼각법을 이용하여 목성의 궤도 반지름 R_J를 추정했다.

9.5AU가량 된다는 수치를 내놓았다.

요하네스가 튀코를 만났을 때

코페르니쿠스의 연구 결과는 반박할 수 없는 여러 가지 세부 사항을 담고 있었으므로 지구 중심 우주론을 불식하는 데 크게 기여하였다. 지구 중심 우주론은 인류가 태양계를 이해하고자 하는 탐구 노력을 1,000년 넘도록 가로막아 왔지만 더는 맥을 못 추고 역사의 뒤안길로 사라진다.

이제 또 한 사람이 등장해 우리의 지평을 넓힌다. 요하네스 케플러Johannes Kepler(1571년 독일 출생)가 그 주인공이다. 케플러 자신이 일급 이론가로서 집중적으로 검토한 바, 코페르니쿠스의 태양계 모델에 보완이 필요하다는 결론을 얻었다. 하지만 코페르니쿠스 모델의 약점을 찾아내고 그 과정을 통해 진전을 이루기 위해서는 행성의 움직임에 관한 정밀한 관측 자료가 필요하였다. 그러던 차에 우연히 튀코 브라헤Tycho Brahe라는 인물과 협력 관계를 맺음으로써 케플러의 요구가 충족되었다. 튀코는 덴마크 출신 귀족으로 덴마크 해안에서 떨어져 있는 한 섬에 천문대를 올리는 데 자신의 삶과 자원을 쏟고 있었다. 그렇게 천문대에 정밀 관측 장비를 들여놓고 행성의 위치 측정 목록을 작성해 나갔는데, 그 완성도와 정확도가 당대 최고라 할 만했다.

요하네스가 이론가로서 일인자라면 튀코는 관측천문학의 대가였다. 이들 양대 산맥이 서로 완벽하게 보완한 덕분에 우리의 이해가 또 한차례 도약할 기회를 맞았다. 하지만 정작 두 사람은 그리 편안한 관계가 아니었다. 튀코는 필생의 역작을 젊은 라이벌에게 거저 내주기를 망설였다. 그래서 케플러에게 관측 자료를 주기는 했지만 찔끔찔끔 내놓는 데에 그쳤고, 그 점이 케플러 입장에서는 아주 답답할 노릇이었다. 이런 교착상태는 결국 튀코가 세상을 떠나면서 풀렸다. 케플러는 그 후에 튀코의 가족을 통해 측정 기록 전체를 얻을 수 있었다.

이제 정밀 관측 자료도 넘겨받았으니 연구할 일만 남았는데, 막상 기대만큼 잘 풀리지 않았다. 행성궤도는 당연히 원궤도이겠거니 하고 접근했으나 몇 년을 붙들고 있어도 실제 관측 결과와 일치하지 않았기 때문이다. 화성의 궤도를 검토하면서는 관측과 이론 값에 8분 차이가 나는 것을 해결하기 위해 근 일 년여를 고민하기도 했다(분은 각도 단위로, 1분은 1°의 60분의 1이다. 8분이면 보름달 각 크기로 4분의 1가량 벗어나는 셈이다). 이 정도의 작은 변칙은 무시하거나 측정 오차로 치부하고 넘어가도 그만이었을 텐데 그러지 않았다는 점에서 상당히 양심적인 인물로 보인다. 케플러는 곧 행성궤도가 타원형이라는 데 생각이 미쳤다(타원궤도 개념은 태양계를 이해하는 데 케플러의 핵심 업적으로 남았다). 타원궤도는 튀코의 측정 데이터와 정확하게 일치하였다. 그 후 케플러는 1609년에 행성운동에 관한 두 가지 법칙을 발표하였다. 세 번째 법칙은 궤도 크기와 그 주기에 관련된 내용인데, 이 역시 쉽게 해결이 나지 않아 꼬박 10년이 걸려 세상에 나올 수 있었다. 케플러의 행성운동 3법칙은 다음과 같다(그림 1.7 참조).

케플러 제1법칙 – 각 행성의 궤도는 태양을 하나의 초점으로 하는 타원이다.

케플러 제2법칙 – 각 행성과 태양을 연결한 선은 같은 시간 동안 같은 면적을 휩쓸고 지나간다.

케플러 제3법칙 – 행성궤도 주기의 제곱은 행성–태양 간 평균 거리의 세제곱에 비례한다.

여기서 잠깐 케플러 법칙의 용어 설명 겸 그 의미를 살펴보고 가겠다. 제1법칙에서 *타원*ellipse이라는 말을 언급했는데, 고등학교 기하학으로는 계란형 혹은 찌부러진 원 정도로 표현할 수 있다. 알다시피 원을 그리려면 컴퍼스가 필요하다. 컴퍼스로 원을 작도하면 종이에 핀 자국이 남는다. 이 중심점이 초점이고 원의 초점은 하나뿐이다. 학교에서 타원도 그려 본 적이 있을 터이다. 골판지에 핀 2개를 꽂고 둘 사이를 끈으로 느슨하게 맨다. 끈에 연필 끝을 걸고서 팽팽하게 잡아당기며 선을 그리면 그림 1.6처럼 타원이 나온

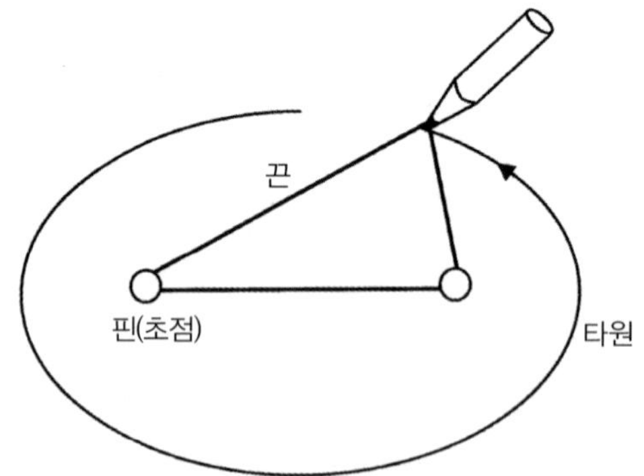

그림 1.6: 타원을 그리는 방법. 골판지에 핀을 꽂은 자리가 타원의 초점이다.

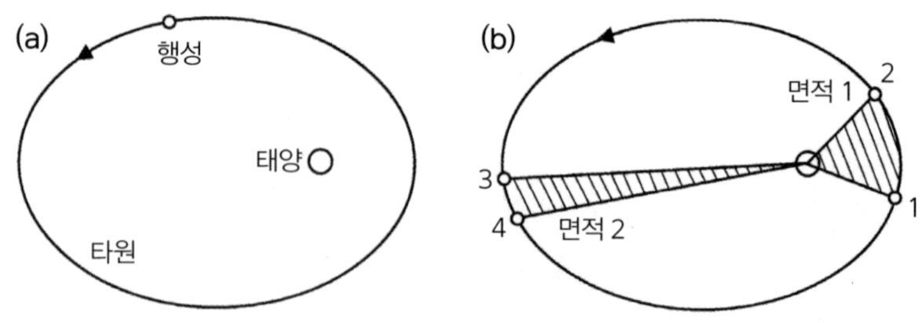

그림 1.7: 케플러 제1법칙(a)과 제2법칙(b)을 그림으로 표현한 모습.

다. 이 경우에는 종이에 뚫린 자국이 두 군데 남는데, 이 두 점을 타원의 초점이라 한다. 케플러 제1법칙을 통해 행성은 타원궤도를 따라 움직이며, 그 타원궤도의 초점 한 곳에는 태양이 위치하고 있다는 것을 알 수 있다(그림 1.7a 참조).

케플러 제2법칙은 내용이 조금 독특한데, 실은 궤도상의 각 지점에서 행성이 얼마나 빠르게 이동하는지를 설명해 준다. 그림 1.7b에서 보다시피 행성이 1지점에서 2지점으로 이동할 때나 3지점에서 4지점으로 이동할 때나 시간이 똑같이 걸린다면 케플러 제2법칙에 따라 음영 부분 간(면적 1과 면적 2)의 넓이가 일치해야 한다. 위에서는 기하학적으로 설명했지만, 실은 역학적인 해석도 가능하다. 당연한 이야기지만 행성이 태양과 가까이 있을 때는 빠르게 움직이고, 태양으로부터 멀리 떨어져 있을 때는 천천히 움직여야 위와 같은 결과를 얻을 수 있기 때문이다. 케플러는 17세기 사람이라서 기하학적 측면에서 생각하는 경향이 있는 반면, 현대의 궤도 분석가는 역학적 관점을 견지하는 점이 차이라 하겠다. 제3법칙은 설명 자체가 수식인데, 수식을 대신하여 지극히 상식적인 선에서 다음과 같이 지적하고 넘어가겠다. 행성궤도가 크면 상대적으로 궤도주기도 길다.

지금까지 케플러의 활약상을 간추려 보았으나 그 업적을 고작 몇 단락에 담을 수 있는지는 솔직히 의문이다. 케플러는 행성운동을 현대적인 관점에서 보게끔 초석을 놓았다. 그가 여기까지 오느라 한평생을 다 바친 생각을 하면 그 노력을 결코 가벼이 여길 수 없을 것이다. 우주선이 태양궤도를 돈다든지 혹은 인공위성이 지구궤도를 돌 때 엔지니어들은 지금도 케플러 법칙에 기초하여 궤도운동을 분석한다. 참으로 대단한 공적이 아닐 수 없다. 여기에서 중요한 점은 케플러 법칙 자체가 튀코의 행성 측정 목록에 기반한 순수경험식이라는 사실이다. 케플러 법칙에는 행성이 태양 주위를 *어떻게*

운동하는지에 대한 설명은 있지만, *어째서* 이러한 방식으로 운동하는지를 설명하는 이론적인 토대가 없다. 이 임무는 아이작 뉴턴Isaac Newton이라는 지적 거인의 몫으로 남는다.

"거인의 어깨 위에서…"

뉴턴은 1642년 12월 25일에 태어났다. 케플러가 행성운동 3법칙을 완결한 해로부터 23년 뒤의 일이니 세상에 이런 크리스마스 선물이 또 있을까. 전기 작가들이 뉴턴에 대해 입을 모아 경외와 찬사를 바치기를 '모든 시대를 통틀어 과학적 지성의 최고봉', '현대 과학의 아버지'라 하는데 진정 뉴턴에게만큼은 그러한 번드르르한 수식어를 얼마든지 달아도 좋다. 뉴턴은 빛과 광학, 수학, 역학, 중력 및 이론천문학을 비롯해 과학 여러 분야에 대단한 족적을 남겼다. 그러나 뉴턴 스스로는 자신의 공로를 이렇게 줄였다. "나는 그저 거인의 어깨에 올라탄 덕분으로 조금 더 너머를 볼 수 있었다." 앞서 언급한 과학의 거인들에게 공을 돌린 셈이다.

뉴턴은 열여덟 살에 케임브리지 대학교 트리니티 칼리지에서 대학 생활을 시작하며 자연계의 원리에 천착한다. 그러나 케임브리지 시절은 1665년 여름 갑작스럽게 맥이 끊기고 말았는데, 페스트 창궐로 인해 대학에 휴교령이 내렸기 때문이다. 뉴턴은 고향인 링컨셔 울스소프 외딴 마을에 몸을 피했고, 그곳에서 세계 과학사에 잊을 수 없는 두 해가 이어진다.

이 시기의 성과는 뉴턴의 '만유인력의 법칙'과 '운동법칙' 고안으로 요약할 수 있다. 이를 조합함으로써 태양 주위의 행성운동을 방정식으로 기술해 내는 데 성공했지만, 곧이어 기존 방법으로는 이런 방정식을 풀지 못한다는 점을 깨닫는다. 그러나 뉴턴은 안 되면 되게 하는 사람이었다. 그는 운동방정식을 풀기 위해 수학의 새로운 분야를 개척했는데 바로 미적분학이다. 뉴턴의 이러한 업적 모두가 과학과 공학에 오늘날까지 영향을 미침은 물론 그 하나하나가 명예의 전당에 올라 마땅한 무게를 지닌다. 이 모든 일이 그 짧은 시간에 한 사람에게서 비롯되었다고 하니 참으로 놀라운 일이다.

이쯤에서 잠시 숨을 돌려, 뉴턴의 업적을 이루는 각각의 단계를 조금 더 자세하게 음미해 볼 필요가 있다. 아마 뉴턴 하면 십중팔구 만유인력의 법칙과 함께 전설적인 이야기를 떠올릴 터이다. 사과가 머리 위로 떨어지는 순간에 중력이라는 개념을 착상하였다는 이야기 말이다. 그러나 뉴턴 본인이 중력에 대한 이해를 공식화하기까지는 더 많은 시간과 노력이 필요했으리라 본다. 만유인력의 법칙을 정식으로 기술하면 다음과 같은데, 보다시피 방정식을 말로 풀어 쓴 형태이다.

뉴턴의 만유인력의 법칙 – 두 물체 간 중력은 질량의 곱에 정비례하고 거리의 제곱에 반비례한다.

중력은 이렇게 생각하면 쉽다. "질량의 곱에 정비례"한다는 말인즉 행성과 행성, 항성과 항성처럼 거대 물체 간에는 중력이 그만큼 크기 때문에 이들 천체 상호 간의 운동이 중력의 지배를 받게 된다는 뜻이다. 그런 반면에 작은 물체 사이에는 중력도 작을 수밖에 없다. 당구장에 가서 포켓볼 테이블에 공을 몇 개 올려 보자. 테이블 밑에 지구가 있으니(아주 무겁다) 공은 꼼짝없이 제자리를 지킨다. 테이블이 버티고 있지 않으면 공은 벌써 지구 중심을 향해 곤두박질쳤을 것이다. 마찬가지로 공이 혼자 테이블 위를 굴러 다른 공에 달라붙지도 못한다. 그러기에는 공들 사이의 중력이 너무 작다. 공이 움직이는 정도의 중력이면 그 포켓볼은 더 이상 우리가 아는 포켓볼이 아니다.

앞서 이야기한 대로 중력은 거리에 따라서도 달라지는데, 이를 *역제곱법칙*inverse square law이라 한다. 이 법칙은 두 물체가 멀어질 때 중력이 어떤 식으로 감소하는지를 기술한다. 두 물체가 특정 거리(여기서 말하는 거리란 각 물체의 중심 간 거리를 뜻한다)만큼 떨어져 있을 때, 이들 사이의 중력은 특정한 세기를 갖는다. 이제 물체 간의 거리를 두 배로 늘리면 역제곱법칙에 따라 중력이 기존의 4분의 1로 줄어든다. '거리를 두 배로 늘린다'고 하였으니 거리의 제곱, 즉 2를 제곱하여 4를 얻는다. 그리고서 역수를 취하면 위와 같이 4분의 1이다. 마찬가지로 거리가 10배가 되면 중력은 100분의 1로 줄어든다.

뉴턴이 어떠한 계기로 중력 문제에 역제곱법칙을 도입했는지 연구자들 사이에 의견이 분분하다. 일각에서는 뉴턴이 광학 연구에서 영향을 받았다고 한다. 광원 거리와 단위면적당 조사량 간에 역제곱법칙이 성립한다는 점을 실험으로 밝힌 바 있기 때문이다. 하지만 어디서 착안했다기보다는 그저 자연스럽게 나왔을 가능성이 높아 보인다. 케플러의 행성운동 제3법칙과 일치하는 결과를 얻을 수 있기 때문인데, 뉴턴으로서는 그야말로 편지봉투 뒷면에 간단한 수식 몇 가지로 정리해 보일 내용이다.

뉴턴의 사과 이야기를 곱씹어 보면, 뉴턴이 링컨셔의 시골에서 보낸 2년여간 무슨 생각을 했는지 들여다볼 수 있다. 자신의 중력법칙이 어느 물체에나 적용된다고 생각했다면 떨어지는 사과를 보고 그 생각이 들지 않았을까? 사과도 떨어지는데 달은 왜 안 떨어지나? 여기에 답하려면 사과의 운동을 달의 운동에 견주어 볼 필요가 있다.

일단 사과부터 떨구자. 사과가 나무에서 떨어져 나오면 중력의 영향으로 지면을 향하여 가속한다. 나뭇가지에 매달린 채 정지 상태로 출발해 지면에 충돌하기까지 점점 빨라지는데, 찰나의 순간이지만 충돌 속력과 낙하 시간만 측정할 수 있다면 가속도를 구할 수 있다. 예를 들어, 사과가 떨어지고 1초 후에 바닥을 쳤다면 사과의 충돌 속력 10m/sec에 낙하 거리는 5m가량으로 추산할 수 있다(사과나무치고는 상당히 큰 편이다). 지면에 가로막히지 않는다면 사과는 지구 중심을 향해 계속 가속하면서 매초마다 10m/sec 정도의 속력을 얻는다. 지구 표면에서 중력에 의해 초당 10m/sec씩 가속이 발생한다는 내용은 보통 10m/sec/sec 혹은 10m/sec^{2}와 같이 표현한다.

뉴턴은 달도 똑같이 중력의 영향을 받아야 한다고 생각하였다. 이러한 발상은 전례 없는 일이었다. 다만 차이가 있다면 지구 중심 기준으로 달이 사과의 약 60배 거리에 있다는 점뿐이다. 그래서 중력법칙의 적용은 받되 달에 미치는 중력은 사과의 1/3,600(1/60^2)로 훨씬 작을 것이라 예상하였다. 즉 달은 저 멀리 지구궤도에서 지구를 향해 가속도 10/3,600m/sec/sec 혹은 3mm/sec^{2}로 낙하한다. 아래를 향한 가속도가 작은 만큼 당연히 1초 동안 낙하하는 거리도 짧다. 1초에 약 1.5mm로, 사과가 1초에 5m 낙하한 데 비해 훨씬 작다. 그런데 1분 단위로 보면 달의 운동이 달라 보인다. 숫자가 비로소 눈에 들어오기 때문이다. 1분은 60초인데 지구 중심을 기준으로 사과보다 달이 (공교롭게도) 60배 먼 까닭에, 결과적으로 달이 1분에 낙하하는 거리와 사과가 1초에 낙하하는 거리가 5m로 동일하다. 하지만 달은 떨어지는 동시에 앞으로도 날아가고 있다. 60초 뒤에는 수평 방향으로 61,100m 앞에 가 있다. 달의 수직 이동과 수평 이동을 하나로 결합하면 그림 1.8에서 보다시피 원형에 근접하는 궤도가 나온다(과연 우리가 알던 대로이다). 달은 이처럼 지구로 끝없이 떨어지고 있는데, 다행히도 결코 땅에 닿지 않는다.

사과나 달 같은 물체의 운동을 이러한 방법으로 이해하는 과정에서 뉴턴은 만유인력의 법칙 외에도 다음과 같은 운동 3법칙을 추가로 정립해야

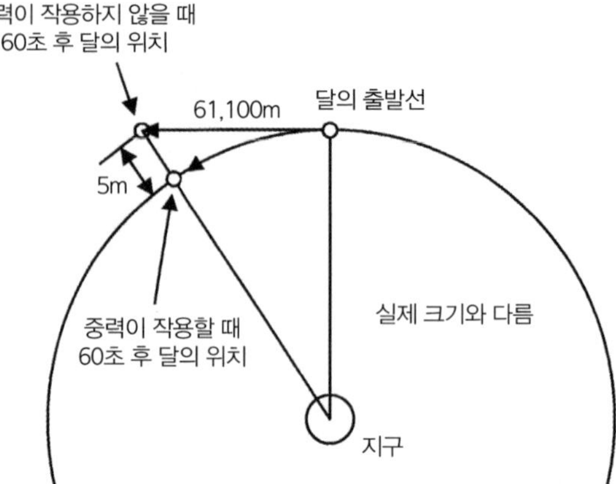

그림 1.8: 뉴턴은 사과에 더하여 달에까지 만유인력의 법칙을 적용하였다. 달이 어떻게 지구궤도를 도는지 원리를 보이고자 함이었다.

했다.

뉴턴의 제1법칙 – 외부에서 가해지는 힘이 없을 때, 물체는 운동 상태를 유지한다. 정지 상태라면 계속 정지한 채로 있고, 운동 상태라면 등속직선운동을 한다.

뉴턴의 제2법칙 – 물체의 운동량 변화율은 작용하는 힘에 비례하며, 방향은 힘의 방향과 일치한다.

뉴턴의 제3법칙 – 모든 작용에는 크기가 같고 방향이 반대인 반작용이 따른다.

이처럼 문장으로 썼지만 뉴턴의 법칙은 수식으로 표현할 때 진가가 드러나는 점을 알았으면 한다. 뉴턴의 법칙은 17세기에 과학 혁명을 주도하였고, 오늘날에도 여전히 공학 기술을 지배하고 있다. 21세기 엔지니어들이 건물, 교량, 차량, 항공기, 심지어 우주선을 설계하는 데 여전히 뉴턴의 공식을 이용하고 있으니 그가 얼마나 위대한 업적을 남겼는지 충분히 알 만하다. 뉴턴이 생존해 있다면 필자는 뉴턴 옹을 모시고 활주로에 가고 싶다. "저게 점보제트기라는 겁니다." 350톤짜리 쇠붙이가 활주로를 내달려 공중으로 사뿐히 날아오르는 모습을 보며 유유히 힘주어 말하겠다. "선생께서 큰일을 하셨습니다."

뉴턴은 태양궤도의 행성운동을 기술하려는 과정에서 만유인력의 법칙과 운동법칙을 결합한 방정식을 내놓았는데, 이로써 태양계를 이해하는 지평이 열렸다. 앞서 언급한 바 있지만 뉴턴이 미적분학을 창시한 이후에 비로소 운동방정식 해를 구할 수 있었다. 뉴턴은 케플러의 행성운동 3법칙을 운동방정식 해의 특성으로 재발견함으로써 반세기 전에 완성된 경험식에 이론적인 토대를 마련하였다. 하지만 뉴턴은 케플러 법칙을 공식화하는 데 그치지 않고 훨씬 멀리 나아갔다. 뉴턴의 수학에 따르면, 중력장에서의 운동(이를테면 태양에 대한 행성의 궤도운동이나 행성에 대한 우주선의 궤도운동 등)은 타원궤도에 국한되지 않는다. 궤도는 원일 수도 있고 포물선 혹은 쌍곡선의 모양일 수도 있다. 원과 타원이라면 익숙하지만 포물선과 쌍곡선은 좀 생소하다. 원, 타원, 포물선 및 쌍곡선을 일컬어 원뿔곡선이라 하는데, 그 이유는 그

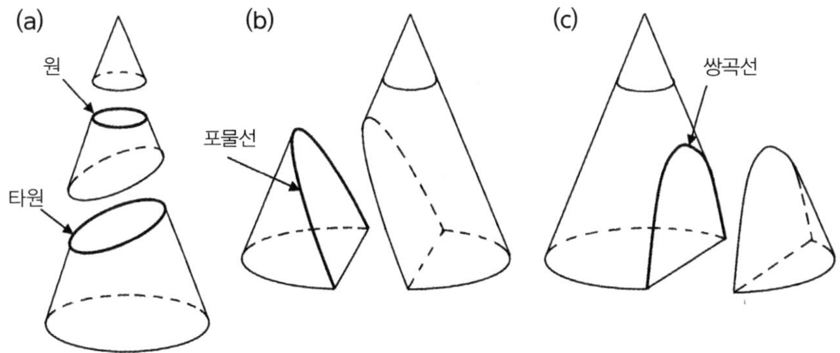

그림 1.9: 궤도의 궤적은 원뿔을 잘라내어 얻을 수 있다.

림 1.9와 그림 1.10에서 보다시피 원뿔을 어떻게 절단하는가에 따라 곡선이 네 종류가 나오기 때문이다.

먼저 그림 1.9a를 보자. 원뿔을 수평으로 절단하면 원이, 비스듬히 절단하면 타원이 나온다. 이런 식으로 경사를 주어 절단하되 절단면이 원뿔의 경사와 평행한 경우에는 그림 1.9b와 같이 별도의 궤적, 즉 포물선이 나온다. 포물선궤도는 원이나 타원처럼 닫힌 궤도가 아니므로 그림에서와 같이 밑동을 자르지 말고 무한대의 원뿔을 상정해야 한다. 예를 들면 비주기혜성 등이 포물선궤도를 그리는데, 무한대(혹은 까마득한 거리)에서 초기 속력 0으로 낙하하기 시작하여 태양을 끼고 돌아 결국 처음으로 돌아간다(까마득히 멀리 가서 멈춘다). 아마도 천체의 유턴이라고 하면 딱 어울릴 듯한 그런 궤도라 하겠다.

끝으로, 뉴턴의 원뿔곡선 중 쌍곡선을 살펴볼 차례이다. 그림 1.9c와 같이 원뿔을 중심축에 평행하게 절단하면 쌍곡선을 얻는다. 쌍곡선도 마찬가지로 열린 곡선이기에 무한히 뻗어 나간다. 앞서 했던 대로 원뿔이 한없이 크다고 가정하자. 쌍곡선궤도의 예로는 우주선의 행성 스윙바이swing-by를 들 수 있다. 우주선이 저 멀리 행성에 접근하는 경우를 생각해 보자. 우주선은 처음에는 행성에 대해 일정한 속력으로 직선을 그리며 비행한다. 아직은 행성의 중력에 별 영향을 받지 않기 때문이다. 그러나 어느 거리 이상 접근하여 행성의 중력 영향권에 들어서면 우주선의 궤도가 행성 쪽으로 틀어지기 시작한다. 행성의 중력으로 인해 경로가 휘어지면서 우주선은 마치 커브를 도는 듯 방향을 바꿔 행성을 이탈한다. 행성과의 거리가 충분히 멀어지면, 우주선은 다시금 행성에 대해 일정한 속력으로 직선을 그리며 비행한다. 보통은 행성 간 우주선 임무에 이러한 형태의 스윙바이 궤도를 활용한다. 관련 내용은 제4장에서 자세히 살펴보자. 쌍곡선과 포물선은 편향각에서 차이를

그림 1.10: 벽면의 불빛에서도 쌍곡선 형상을 찾을 수 있다. 우주선의 스윙바이 궤도가 떠오른다.

보인다. 포물선궤도로 행성을 지나가면 경로가 180° 틀어지는 반면, 쌍곡선 궤도로 지날 경우 편향각이 그보다 작게 나온다.

놀랍게도 쌍곡선을 매일같이 보면서도 알아보지 못하는 경우가 허다하다. 스탠드를 가져다 불을 켜 보자. 갓이 둥글다면 천장과 바닥에 원형으로 불이 비칠 텐데, 불빛이 지금 원뿔을 만들고 있다. 이제 스탠드를 벽 옆으로 붙이면 벽면이 빛의 원뿔을 수직으로 잘라 절단면을 만든다. 바로 그림 1.9c에서 보았던 쌍곡선이다. 실제로 그림 1.10a와 같은 모습이 연출되며, 1.10b처럼 마음속으로 스윙바이 궤도를 그려 볼 수 있다. 저녁 식사 자리에서 이런 흔한 벽 조명을 발견한다면 손님에게 조심스럽게 천체 역학 이야기를 꺼내 보자. 어색함을 깨는 데 도움이 될 수도 있다. (그 말을 듣는 손님은 웃으면서도 조금 짠하게 생각할지 모르겠다.)

뉴턴은 자신의 과학 연구를 겸손하게 생각해 그저 창조주의 작업, 우주의 근본 법칙을 밝히는 데 약간의 힘을 보탰을 뿐이라고 여겼다. 이러한 맥락에서 그의 발견을 곱씹어 보면, 우리가 사는 세상이 결국 원뿔곡선이라는 이야기 같아 묘한 기분이 든다.

뉴턴의 업적 이야기는 마지막까지도 놀랍다. 이렇게 '우주 문제를 해결'하였음에도 불구하고 뉴턴은 연구 결과를 누구에게도 알리지 못했다. 뉴턴은 모르고 있었지만, 런던의 커피하우스에서는 로버트 훅Robert Hooke과 에드먼드 핼리Edmund Halley(핼리혜성의 핼리가 이 사람이다)로 대표되는 당대 과학자들이 행성운동 문제로 씨름하고 있었다. 1684년, 핼리는 답답한 마음에 케임브리지를 찾았다. 뉴턴의 생각은 어떤지 들어 보고 싶었기 때문이다. 태양을 중심으로 하는 궤도운동은 어떤 모양이겠는지, 핼리가 의견을 구하자 뉴턴은 "예전에 풀어 놓은 것이 있는데 지금 어디다 두었는지 찾지를 못하겠다."라고 했다. 이를 계기로 핼리가 적극 설득에 나선 끝에 뉴턴은 2년 뒤 필생의 역작 『*자연철학의 수학적 원리*Philosophiae Naturalis Principia Mathematica』를 펴내기에 이른다. 다소 우회적인 방식이었지만 뉴턴은 마침내 사상 최고의 자연철학자의 한 사람으로 이름을 남겼다.

이에 비견할 만한 인물은 알베르트 아인슈타인Albert Einstein밖에 없지 않나 싶다. 아인슈타인의 천재성은 20세기 시작과 함께 엄청난 반향을 불러일으켰다.

아인슈타인은 우리를 위해 무얼 해 주었나?

물리학에 대한 아인슈타인의 기여는 근본적이며 심오하다. 그는 기존의 운동 물리학, 특히 중력장 내 물체의 운동을 보는 시각을 철저하게 바꾸어 놓았다. 20세기 초에 뉴턴 물리학은 원숙한 단계에 이르렀고, 과학자 대부분은 자연의 물리적 법칙에 대한 자신들의 이해가 완전하다고 믿었다. 그러나 1905년 아인슈타인이 *특수상대성이론*special theory of relativity을 발표하면서 물리학에 혁명이 시작되었다. 뉴턴 물리학이 과거 220년 가까이 물리학을 지배하던 상황이었다. 아인슈타인은 베른시의 특허국에 재직하며 취미로 물리학을 연구하던 터라, 특수상대성이론이 기존 과학계에 던지는 충격은 더욱 컸다. 새 시대의 물리학은 과학계를 폭풍으로 몰아넣었다.

*시공간*space-time에 대한 인식은 아인슈타인 이론에서 주춧돌과도 같다. 모든 물리 현상은 시공간이라는 4차원 무대에서 일어난다. 달리 말해 물리적 사건의 위치를 기술하려면(예를 들어, 사과가 지면에 충돌하는 현상) 변수가 4개 필요하다. 셋은 3차원 공간의 위치를 결정하고, 남은 하나는 바로 시간이다. 뉴턴 물리학의 경우 3차원 공간계와 시간은 독립적이며 절대적인 관계에 있다고 보았다. 그러나 아인슈타인 이론에서 공간과 시간은 불가분 관계에 있으며 사건을 정의하는 요소, 즉 장소와 시간은 관찰자 운동 상태에 따라 좌우되는 상대적 변수이다. 이런 개념은 낯설기도 하고 뉴턴 물리학이 잘못되었다는 불편한 생각을 불러일으켰다. 그렇지만 일반적인 상황에서라면 뉴턴이나 아인슈타인 이론에는 실질적인 차이가 없고, 다만 물체의 운동 속도가 광속(초속 30만km)에 근접하는 상황에서만 서로 다른 양상을 보인다.

1916년에 중력장 이론인 *일반상대성이론*general theory of relativity을 발표

하기까지 아인슈타인의 혁명은 계속되었다. 아인슈타인은 일반상대성이론과 중력 관계를 규명하기 위해 고심했고, 특히 중력이론을 수식화하는 데 필요한 수학 문제 때문에 힘들어 했다. 특수상대성이론에서 일반상대성이론으로 가는 과정은 쉽지 않았다. 실제로 그의 중력이론을 설명하는 데 필요한 수학이 복잡했던 탓에, 일반상대성이론 발표 당시에는 그 이론을 이해할 사람이 몇 안 된다는 말도 나왔다. 다행스럽게도 일반상대성이론의 원리 자체는 비교적 간단한 용어로도 설명이 가능하다.

아인슈타인은 뉴턴과 전혀 다른 관점에서 행성의 공전을 설명하였다. 그의 이론에서 시공간 4차원세계는 배경 기준계로서 물리적 사건의 위치와 순간을 기록하는 데 머물지 않으며 오히려 역동적인 독립체로서 중력장 내 물체 운동에 중심 역할을 한다. 태양처럼 질량이 큰 물체는 주변 시공간의 기하학적 구조를 일그러뜨린다는 내용이 아인슈타인 일반상대성이론의 기본 원리라 할 수 있다. 이 *휘어진 공간*warped space 개념은 *스타 트렉*Star Trek과 같은 공상과학물에 힘입어 대중적으로도 널리 알려졌다. 그렇게 공상과학으로 익히 들은 내용임에도 불구하고, 4차원의 휘어진 시공간 연속체라는 것이 무엇을 의미하는지는 수학에 도가 트인 사람들조차 난해하게 생각한다. 아무튼 아인슈타인의 기본 개념을 정리하자면, 중력장 내 물체의 운동은 두 지점 간의 최단 경로를 따른다는 정도로 요약할 수 있겠다. 우리의 일상적 경험에 의하면 두 지점 간 최단 경로는 당연히 직선이어야 한다. 그렇다면 우리는 일상에서 휘어진 공간과 조우할 일이 별로 없다.

하지만 우리가 쉽게 접하는 예가 하나 있다. 곡면 공간상의 최단 거리 문제이다. 이를테면 항공기가 어떠한 항로를 택하는지 생각해 보자. 지표상(이차원 곡면 공간)에서 런던과 시드니 간 최단 거리는 얼마인가? 지도를 놓고 런던과 시드니를 직선으로 이어서는(그림 1.11 점선) 최단 경로를 얻을 수 없다. 지구본을 놓고 런던과 시드니를 끈으로 이을 때가 진짜이다. 이 경로를 기억해 두었다가 지도상에 그대로 옮겨 보자. 보다시피 최단 경로는 곡선이다(그림 1.11 실선). 지구본과 끈만 있으면 간단한 실험을 통해 확인할 수 있는 사항이다.

아인슈타인의 중력 이야기로 돌아가자. 태양은 그 거대한 질량으로 주변의 시공간 구조에 굴곡을 만든다고 한 바 있다. 이런 공간에서 직선은 더 이상 직선이 아니다. 오히려 태양에 의해 생성된 휘어진 공간의 윤곽을 따라 곡선을 그려야 직선이 나온다. 이에 따른 궤도는 사실상 케플러 및 뉴턴의 발견과 일치한다. 이미 뉴턴으로 충분하다는데 아인슈타인의 복잡한 중력이론이 굳이 왜 필요한지 의문을 가질지 모르겠다. 하지만 아인슈타인의 이론은 그 자체로 놀라운 진보이며, 기존 이론으로 다루지 못하는 부수적 효과(중력장

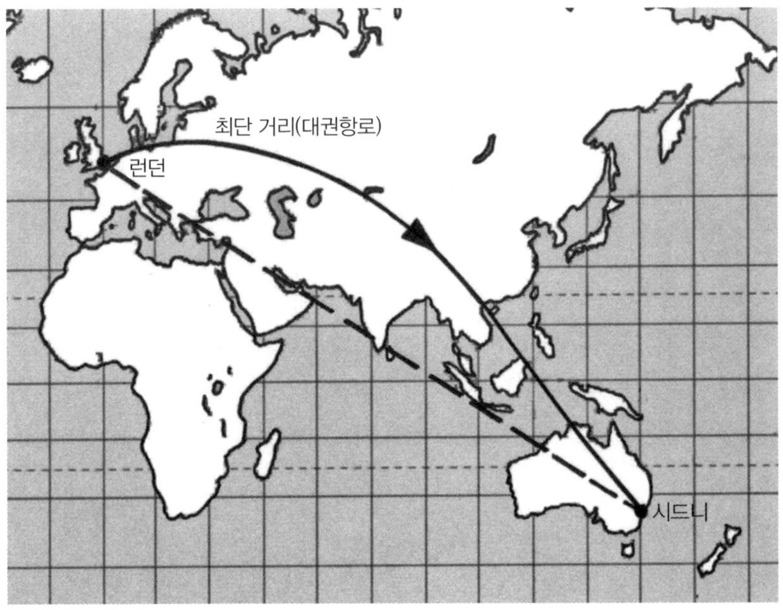

그림 1.11: 지표상(이차원 곡면 공간)에서 최단 거리는 직선이 아니다.

이 강력한 경우 이러한 현상이 확연히 드러난다)를 예측하게 하므로 그 의의가 충분하다. 이를테면 중력렌즈 효과가 대표적이다. 이는 실험적으로도 입증된 현상이지만 뉴턴의 이론으로는 전혀 예측되지 않은 일이다. 광선은 우리의 경험상 언제나 직진하지만, 태양 주변으로 휘어진 공간을 지나올 때는 시공간의 곡면을 따라 (아주 약간이지만) 굴절한다. 일반상대성이론에서 흥미로운 대목을 하나 더 짚어 보자. 거대 물체로 인해 시공간이 휘어지면 공간 차원만이 아니라 시간 차원 또한 변형된다. 거대 물체에 얼마나 가까이 있는지의 정도에 따라 시간이 달리 경과한다고 하니 참 기이한 일이다.

이야기가 아인슈타인까지 흘러왔는데 혹시 이 절의 소제목을 기억하는지 모르겠다. '아인슈타인은 우리를 위해 무얼 해 주었나?'이다. '우리'가 우주선 설계 엔지니어들을 말하는 것이라면 솔직히 말해 '별로 없다'. 우주 시대의 개막 이래 반세기 넘게 이런저런 우주 임무가 있었지만 여기에 동원된 우주 비행체가 광속에 비해 턱없이 느린 탓에 우주 활동 영역 또한 태양 언저리, 따라서 중력장이 그다지 강하지 않은 공간에 머무를 수밖에 없었다. 결과적으로 아인슈타인 이론의 신묘한 효과는 볼 일이 없고, 현대 우주선 엔지니어들은 아직도 300년 전 뉴턴 이론을 가지고 우주선을 만들고 있다는 다소 놀라운 결론이 남는다.

그렇지만 아인슈타인의 상대성이론이 우주선 설계에 극적으로 기여한 바가 없지 않은데, 독자들도 한번쯤 들어 보았을 이야기이다. 미국 국방부는 내브스타Navstar 범지구위치결정시스템Global Positioning System, GPS 위성을 운용하고 있으며, 이는 미국 전군의 항법 보조 장비로 활용된다. 하지만 GPS는 군사 목적 외에도 민간에 개방되어 있으므로 레저(하이킹, 항해나 비행) 혹은 차량 길 안내용으로 일상생활에서 쉽게 접할 수 있다. GPS는 인공위성 24기로 구성된 군집 위성 체계이며, 각 GPS 위성은 지상 20,500km 상공 원궤도를 돌고 있다. 지상에서 GPS 수신기 활용 시 3차원공간 각 10m 이내의 정확도로 위치 정보를 얻을 수 있다. 다만 이러한 시스템을 구현하려면 각 위성마다 초정밀 원자시계를 실어야 하는데, 요구 정확도가 무려 3만 년에 ±1초이다! 지상에서 계산을 통해 위치를 정하려면 수신기도 반드시 시계를 갖추어야 한다. 수신기의 시계는 위성의 원자시계만큼 정교할 필요는 없지만(그렇지 않으면 수신기 비용이 문제가 된다) 수신기에서 위치를 계산하는 순간만은 궤도상의 시계와 동일한 시간 경과를 보여야 한다. 그런데 지상 수신기 시계는 위성 시계보다 지구의 중력 질량에 훨씬 가까이 위치한다. 이에 아인슈타인은 지상의 시계가 궤도상의 시계보다 늦게 간다고 하였다. 따라서 아인슈타인 이론의 복합적 결과로 두 시계 간 누적오차 38μs(마이크로초: 100만분의 1초)가량이 발생한다. 찰나의 시간이지만 이를 무시하면 위치 오차가 10km 가까이 벌어진다. 내일이면 독자 운전석의 내비게이션은 현 위치라며 엉뚱한 동네를 보여 줄지 모른다.

초창기 GPS 위성을 시험 발사할 때만 해도 일부 엔지니어들 사이에서는 상대성이론이 생각처럼 영향을 미칠까 반신반의했지만 이윽고 시간 왜곡 time warping이 현실임을 깨닫게 되었다. 오늘날은 위성 시계 내 기준 클럭 속도에 적절히 오프셋을 넣는 방식으로 문제에 대처하고 있다.

인류 우주관의 변천사에 관한 이야기는 아주 흥미롭다. 필자는 그저 짤막하게 개인적인 견해를 밝혔을 뿐, 이 주제를 제대로 다루자면 책 한 권을 온전히 할애하고도 모자랄 것이다. 요컨대 우리는 앞선 논의에서 다음과 같은 점에 주목할 필요가 있다. 우주선 제작부터 목적지를 향한 궤도 설계에 이르기까지, 현대의 엔지니어들에게 뉴턴 이론은 여전히 주효하다. 다음 장에서 우주선을 어떤 식으로 설계하는지 자세히 알아볼 예정인데, 뉴턴 이론이 중요하다는 점을 계속해서 보게 된다.

2. 기본 궤도

Basic Orbits

우주선의 궤도운동

이번 장 후반부에서는 현대의 우주선 임무를 궤도 측면에서 살펴볼 텐데, 본론으로 들어가기에 앞서 궤도운동의 기본을 몇 가지 설명하려 한다. 아울러 궤도운동과 관련해 흔히 오해하고 있는 부분을 짚고 넘어가겠다.

기본 원리의 첫 번째, 우주선은 별도의 추진 없이도 사실상 지구궤도에 영원히 머무른다. 어떻게 가능할까? 우주선의 운동 상태를 이해하면 답을 얻을 수 있다. 우주선은, 깊은 우물 속으로 떨어지는 돌처럼, 지속적인 자유낙하 상태에 있다. 돌이 로켓의 도움으로 운동하고 있지 않다는 점은 누가 보아도 분명한 사실이다. 돌은 수면에 충돌할 때까지 중력장 안에서 아무 도움 없이 떨어지고 있을 뿐이다. 우물로 떨어지는 돌의 경우처럼 눈에 띄지는 않지만, 중력장 내 자유낙하는 우주선의 운동을 이해하는 데 열쇠와도 같다. 물론 우주선 운용 인력이라면 자기 우주선이 지면에 돌처럼 처박히지 않았으면 하고 바란다.

이해를 돕기 위해 보조 교재로 화포 한 문을 등장시키겠다. 포에 이름이 있는데, 창시자 아이작 뉴턴의 이름을 따서 *뉴턴의 대포*Newton's cannon라 한다. 뉴턴은 대작 『*프린키피아*Principia』의 홍보용 책자로 1680년경에 『*세계 체계론*A Treatise of the System of the World』을 편찬했는데, 여기에 뉴턴의 대포 개념이 최초로 등장한다(『프린키피아』 관련 내용은 제1장 참조). 뉴턴은 이 논문에 그림 2.1과 같이 도해를 곁들였다. 출발은 거대한 산이다. 그런 산은 존재하지 않지만 논의를 위해 정상 해발고도 200km 정도를 상정하자(뉴턴의 대포는 산악병의 무덤이다). 정상의 길은 멀고 험하며 심지어 진공상태이기까지 하다. 이곳에 포를 조립하기 위해 온갖 자재를 끌고 올라가는 모습을 상상해 보라. 이러한 상황을 그림 2.1에 다소 무식하게 그려 보았다. 포와 관련해 한 가지 덧붙이자면, 이 포는 포구 속도를 원하는 대로 조절할 수 있다.

포반은 전투복 대신 우주복을 착용하고 방렬을 마친다. 다들 바짝 긴장한 채 기다리고 있다. 사격 명령이 떨어지는 즉시 포는 저 아래 고요한 세상을 향해 불을 뿜는다. 초탄은 장약량을 조절하여 포구 초속 2km/sec로 발사한다. 탄은 곡선을 그리며 A지점에 착탄한다(그림 2.1). 2탄은 장약량을 늘려 포구 초속 6km/sec로 발사한다. 2탄은 B지점에 착탄하기까지, 대양을 가로질러 훨씬 멀리 날아간다. 사실상 대륙간탄도탄이나 다름없다. 3탄은 장약을 더 집어넣어 포구 초속을 8km/sec까지 올린다. 3탄을 발사하면 우리 포병 친구들은 아주 황당한 일을 겪게 된다. 이번에도 마찬가지로 탄은 곡선을 그리며 지표면을 향해 낙하하는데, 탄도가 하필이면 지구의 곡률과 일치한다. 사격을 하면 어디든 착탄해야 정상인데 이번 탄은 그러지 않고 계속 날아만 다닌다! (사실 탄은 지구를 향해 끝없이 떨어지는 중이다.) 탄이 지구궤

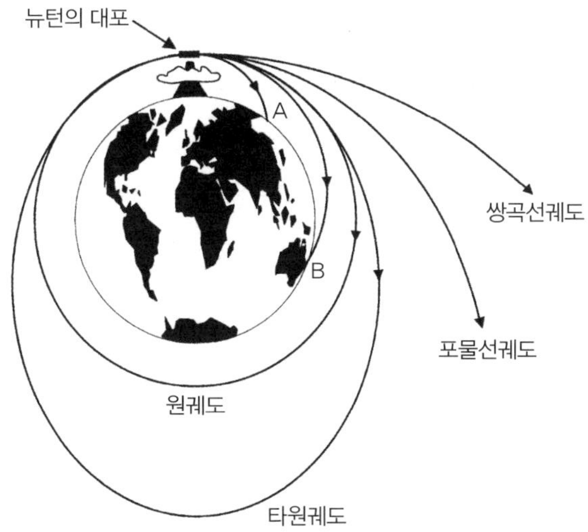

그림 2.1: 뉴턴의 대포. 아이작 뉴턴은 '사고실험'을 통해 궤도운동의 본질을 설명하고자 했다.

도(그림 2.1의 원궤도)에 진입한 셈이다. 포반은 이 사태의 심각성을 아는 즉시 자리를 떠야 한다. 사격 후 90분이 경과하면 포탄이 세계 일주를 마치고 포대 옆을 아슬아슬하게 비껴가는 모습을 보게 된다. 마치 돌이 우물 속으로 떨어지듯이, 포탄은 자유낙하 상태로 무한정 지구궤도를 돈다.

이해를 돕고자 이번에는 지구 곡률을 감안하고 위 상황을 다시 한번 살펴보겠다. 정상에서 볼 때 지표는 국지 수평면을 기준으로 매 8km 진행할 때마다 아래로 5m씩 가라앉는 모양새이다. 기억할지 모르지만 뉴턴의 사과도 1초에 5m가량 낙하했었다(제1장 참조). 그런즉 초기 수평 속력 8km/sec 내외로 포를 발사하면 포탄 역시 처음 1초를 비행하는 동안 5m 낙하한다. 탄도와 지구 곡률이 일치하므로 결과적으로 지상 충돌 없이 궤도운동을 지속한다. 좀 더 정확하게는 정상의 대포에서 포구 초속 7.78km/sec로 발사했을 때 탄이 원궤도에 진입한다. 편의상 시속으로 환산하면 시간당 약 28,000km이다. 스페이스셔틀이 지구저궤도에 올라가 있을 때 보통 이 정도 속도로 우리 머리 위를 지나다닌다.

제1장에서 뉴턴의 원뿔곡선 궤도를 살펴본 바 있는데, 뉴턴의 대포를 이용하면 원궤도 외에 다른 궤도도 만들어 낼 수 있다. 예를 들어, 포구 초속을 9km/sec까지 끌어올리면 탄이 지구 반대편을 지날 적에 발사 지점 고도보다 더 높이 올라간다. 이 경우 탄은 타원을 그리며 궤도운동을 한다(그림 2.1). 그런데 이 역시 닫힌 궤도라서 발사 후 $2\frac{3}{4}$ 시간이 경과하면 뒤에서 포탄이 날아든다! 포반은 이번에도 줄행랑치지 않을 수 없다. 아무튼 이번 탄도에서 눈여겨볼 부분은 포탄이 어김없이 최저 고도로, 즉 포대 지점으로 되돌아온다는 점이다. 이렇게 궤도상의 최저점을 일컬어 *근지점*이라 한다. 마찬가지로 지구 반대편에서는 항상 최고 고도에 도달하는데 이 최고점을 *원지점*이라 한다. 영어로는 각각 perigee와 apogee인데, 단어만으로는 어원

이 무엇인지 잘 떠오르지 않는다. 나중에 다시 이야기하겠지만 그럴싸한 용어들 상당수는 역사 속에서 그 유래를 찾을 수 있다. 궤도역학이라는 주제가 인류의 오랜 관심사이기 때문이다. 대포 이야기를 마저 하자. 앞에서 하던 식으로 포구 초속을 계속 올려 나가면 원지점은 점점 더 높아지고 타원궤도는 점점 더 늘어진다. 그러다 어느 순간 원지점 고도가 돌이킬 수 없는 거리에 도달하면 포물선을 그리며 열린 궤도로 나아간다(그림 2.1).

이는 특기할 만한 사건이니 포반원에게 포구 초속 기록을 요청하자. 대원들 보고에 따르면 약 11km/sec에서 포물선궤도를 관측했다고 한다. 이제 제1장의 포물선궤도 이야기를 상기해 보기 바란다. 11km/sec와 포물선, 이는 곧 주어진 최소한의 에너지로 지구 중력을 벗어나는 기준선을 뜻한다. 포가 제아무리 엄청난 기세로 불을 뿜는다 해도 포탄의 운동에너지는 고도가 높아질수록 중력장에 의해 소모된다. 지구에서 무한대로 멀어지면 탄속은 결국 0으로 떨어져 더 이상 움직이지 못하고 정지한다. 하지만 포구 초속을 더 높여 주면 탄은 그때부터 쌍곡선궤도를 따른다(그림 2.1). 앞의 내용을 상기해 보자. 이번 포탄의 운동에너지는 지구 중력장을 벗어나기에 충분하다. 그래서 지구의 중력 영향권을 벗어나는 거리에 도달해도 잉여 운동에너지를 가진 채 일정 속력으로 비행할 수 있다.

뉴턴의 대포는 궤도운동의 본질이 무엇인지를 잘 보여 준다. 하지만 독자 모두 주지하다시피 실제 우주선의 궤도 진입은 뉴턴의 대포와는 전혀 다른 문제이다. 이 임무는 발사체(로켓)에게 돌아가는데, 제5장에서는 뉴턴의 대포와 실제 발사체 간에 어떤 관련이 있는지 또한 살펴볼 예정이다.

무중력상태

궤도운동의 본질이 무엇인지 감을 잡았으니(궤도상의 우주선은 중력하에 자유낙하하는 중이다) 무중력 현상도 잘 이해할 수 있으리라 본다.

뉴스에 유인 우주 임무에 관한 보도가 나올 때면 영상으로 무중력상태를 쉽게 구경해 볼 수 있다. (본문에 유인 우주 임무를 일컬어 *manned space missions*라고 썼는데, 남녀 구분 없이 받아들였으면 한다. 필자 역시 manned란 단어가 정치적으로 올바르지 않다는 데 인식을 공유하고 있지만 다른 용어, 이를테면 crewed나 peopled와 같은 단어는 아무래도 부자연스럽다는 생각에 내키지가 않는다. 독자의 양해를 바란다.) 우주인이 선내 공간을 마음대로 떠다니는가 하면, 허공에 물을 비눗방울처럼 띄우고 꿀꺽 삼키는 장면은 우리에게 낯설지 않다. 지구에서라면 상상도 못할 일이다. 우리 모두 이러한 모습에 익숙하지만 무중력상태의 본질에 대해 오해하는 부분이 있다. 하지만 우주선부터 시작해 선내의 우주인이나 물방울이 중력장 안에서 자유낙하하고 있다는 사실만은 쉽게 이해할 수 있다.

아무튼 모든 사물이 크기나 질량에 관계없이 똑같은 가속도로 중력장하에 자유낙하한다는 점이 핵심이다. 이 명제는 갈릴레오 갈릴레이**Galileo Galilei**(1564년 피사 출생)의 입에서 처음 나왔다. 전하는 말에 따르면, 그는 대포알과 똑같은 크기의 목제 모형을 만들어 피사의 사탑에서 대포알과 목제 모형을 동시에 떨어뜨렸다고 한다. 무게 차이에도 불구하고 지면에 동시에 닿는다는 점을 입증해 보일 목적이었다. 정말이라면 역사에 남을 명장면이지만 사학계의 중론으로는 그저 믿거나 말거나 한 이야기라 한다.

그보다는 1971년 7월 달 표면 시범이 훨씬 믿을 만하다. 아폴로 15호 우주비행사 데이비드 스콧**David Scott**이 달 표면에 망치와 깃털을 들고 나가 어느 것이 먼저 땅에 닿나 떨구어 보았다. 아폴로 15호 우주비행사 3명 전원이 공군 복무 중이었으므로 미국공군사관학교의 마스코트를 기념하고자 착륙선 선명을 팰컨Falcon으로 지었다. 그래서 실험에는 상관없지만 굳이 매의 깃털을 사용했다고 한다. 독자에게도 마침 망치와 깃털이 있다면 직접 실험해 볼 수 있다. 하지만 굳이 해 보지 않아도 결과를 알지 않을까 싶다. 망치가 깃털보다 훨씬 무거우니 망치부터 땅에 닿고 깃털은 그 후에 착지한다. 갈릴레오의 주장으로는 모든 사물이 똑같은 가속도로 자유낙하한다고 했는데 완전히 상반되는 결과를 얻는다. 하지만 이 경우는 실험 방식에 문제가 있다. 바로 공기 때문인데, 독자에게는 공기가 있어 다행이지만 실험 자체만 놓고 보면 공기는 없는 편이 낫다. 반면, 달 표면 실험은 공기에 영향을 받지 않는 탓에 깃털이나 망치나 똑같이 떨어진다. 중력장하에서 자유낙하하면 무엇이든 가속이 동일하다는 점을 확실히 실증해 보인 셈이다.

궤도상의 무중력은, 우주선과 우주인 및 선내 모든 물체가 지구 중력장하에 동일 가속으로 자유낙하하는 현상으로 이해할 수 있다.

이해를 돕고자 지상 실험을 해 보려 한다. 우주선을 초고층 빌딩의 엘리베이터로 대체하면 무중력상태를 재현할 수 있다. 보기에는 좀 이상하지만 그림 2.2a처럼 엘리베이터에 체중계를 설치하였다. 엘리베이터에 탑승해 체중계에 올라서 보자. 엘리베이터가 정지 상태이면 우리 체중도 평소와 같다. 이제 버튼을 누르고 위층으로 가 보겠다. 로프가 엘리베이터를 위쪽으로 가속하기 시작하면 몸이 무겁게 느껴지고, 그만한 무게 증가를 체중계로도 확인할 수 있다. 일상생활에서 흔히 하는 경험이다(그림 2.2b). 이제 본 실험으로 넘어가 무중력상태를 재현할 차례인데 꼭 해 보라고 권하지는 않겠다(그림 2.2c). 로프도 브레이크도 다 떼어 버리고 엘리베이터를 의도적으로 추락시켜야 하기 때문이다! 정말로 추락하기 시작하면 엘리베이터를 비롯해 내부의 물체가 중력하에 동일한 가속도로 자유낙하한다. 사실상 우주선과 다를 바 없는 상황이지만 무중력상태가 금방 끝나 버린다는 점이 문제이다.

흥미롭게도 세계 각지 연구소에서 이런 식의 무중력 시험 시설(일명 낙하탑)을 상업적으로 운용 중이다. 잠시나마 무중력상태를 만들기 위함이다. 물론 하드웨어류 실험이 목적이며 사람은 타지 못하게 되어 있다. 이즈음에 짚고 넘어갈 점이 있다. 지금 논의에서는 무게와 질량을 명확히 구분해야 한다. 우리 공포의 엘리베이터에 탑승한 희생양은 질량이 80kg이다(그림 2.2). 이 80kg은 희생자가 지옥을 경험하는 동안에도 변함없이 80kg이다. 반면, 체중은 엘리베이터의 운동 상태에 크게 좌우된다는 점을 앞에서도 설명한 바 있다. 뉴턴에 따르면, 질량은 물체 고유의 속성으로서 물체의 관성을 특정한다. 물체가 무겁다면(이를테면 피아노 따위) 힘껏 밀어야 움직이지만 가볍다면 슬쩍 밀어도 움직인다.

아폴로 우주인들 역시 질량과 무게의 차이를 경험하였다. 월면月面 보행이

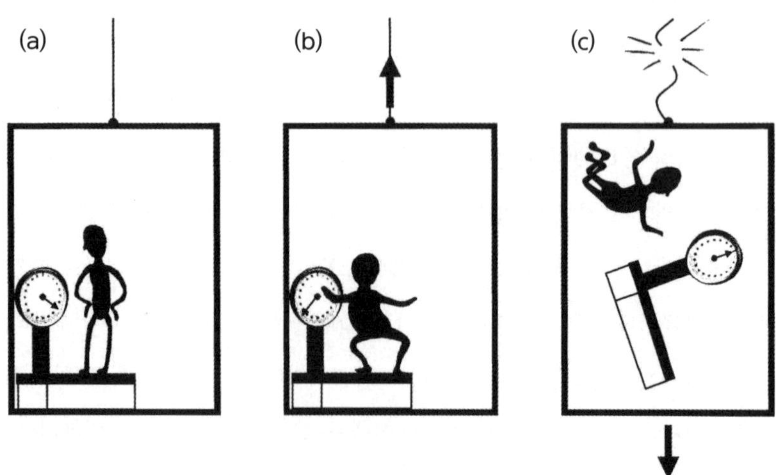

그림 2.2: (a) 엘리베이터가 멈추어 있다. (b) 엘리베이터를 위로 가속하면 탑승자의 체중이 늘어난다. (c) 엘리베이터를 자유낙하하면 무중력상태를 경험할 수 있다.

보기보다 어려워 여차하면 넘어지기 일쑤였다. 월면복에 생명유지 장치까지 포함해 우주인의 질량을 보통 130kg으로 잡는데, 월면 중력이 지표 중력의 6분의 1이므로 무게가 6분의 1로 줄어든다. 이와 같은 무게 감소로 인해 월면화月面靴와 월면 간 마찰까지 6분의 1로 줄어든다. 그래서 월면 탐사 중에 조금이라도 급히 움직이려 들면 적잖은 무게를 감당하지 못하고 발이 미끄러지곤 하였다.

우주선 임무 분석

제1장에서는 역사적인 측면을 살펴보았고 이번 장 역시 서두에 원론적인 이야기를 다루었는데, 이제 정말 우주선 설계에 관한 이야기로 넘어가 볼까 한다. 지금부터 제4장까지는 궤도를 주제로 풀어 나가되 지구궤도, 행성궤도, 태양궤도 내 우주선에 초점을 맞추겠다. *우주선 임무 분석*spacecraft mission analysis이라 하니 무언가 그럴싸하게 들리지만, 이는 그저 엔지니어들이 우주 임무에서 궤도 설계를 어떻게 할지 논하는 내용이라고 보면 된다. 어느 우주선 프로젝트든 간에 여러 팀이 유기적으로 관여하게 마련인데, 어느 한 곳에서는 반드시 다음과 같은 문제를 담당하지 않을 수 없다. 가령 우주선 발사에 어떤 로켓이 적합한지, 임무에 어떤 궤도가 최적인지를 선택하고, 발사대에서 최종 목적 궤도까지 어떻게 이동할지를 정하는 일이다.

궤도 분류

우주선 운용자가 일반적으로 이용하는 지구궤도 유형을 논하려면 일단 궤도를 구분하는 특징부터 알아야 한다. 궤도 구분의 기본은 형태, 크기, 궤도 경사각이다.

닫힌 궤도의 경우라면 *형태*shape는 원이나 타원이다. 타원은 그림 2.3에서 보다시피 늘어진 정도가 다양한데, 늘어진 정도는 *이심률*eccentricity로 나타낸다. 이심률이 클수록 타원궤도는 더 늘어진다.

*크기*size도 어렵게 생각할 필요 없다. 궤도 크기란 다름 아닌 궤도 높이를 말한다. 정확히 표현하면 원궤도에서는 지구 중심을 기준으로 하는 궤도 반지름 또는 지표를 기준으로 하는 고도를 뜻한다(그림 2.4a). 타원궤도의 경우 근지점과 원지점 간 거리를 전체 크기로 본다(그림 2.4b). 근지점과 원지점은 지구 중심 및 지표로부터 각각의 거리에 의해 고정된다.

궤도 3요소의 마지막인 *궤도경사각*orbital inclination은 적도 기준으로 궤도면 방향을 나타낸다(그림 2.5). 궤도경사각은 적도면과 궤도면이 이루는 각으로 정의하며, 승교점(상승점)에서 측정한다. 또다시 전문용어가 등장하였지만 겁먹지 말자. *교점*node은 우주선이 궤도상에서 적도를 통과하는 지점을 말한다. 방향상으로 한 번은 북상하고 또 한 번은 남하하는데, 남쪽에

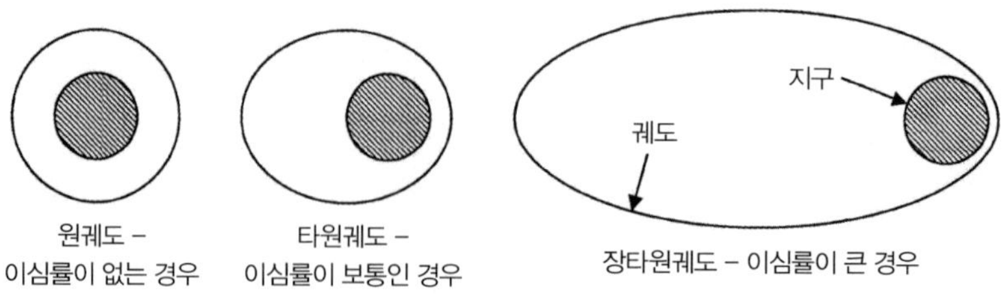

그림 2.3: 궤도 특성을 구분하는 주된 요소로 형태를 들 수 있다. 늘어진 정도는 이심률이 정한다.

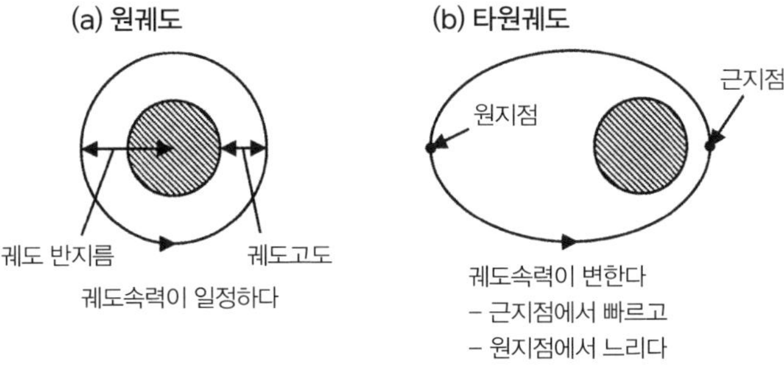

그림 2.4: 크기 역시 궤도 특성의 핵심 요소이다. 지표상의 고도 혹은 지구 중심까지의 거리를 궤도 크기로 정의한다.

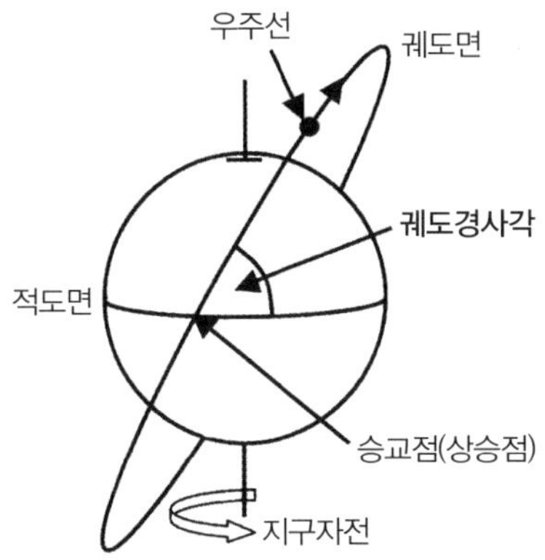

그림 2.5: 궤도면과 적도면이 이루는 각을 궤도경사각이라 한다. 궤도 특성을 논할 때 형태나 크기 못지않게 중요한 요소이다.

서 북쪽으로 지나는 지점을 *승교점*ascending node이라 한다. 그림 2.6a를 보자. 경사각 0°인 궤도는 적도궤도이며, 지속적으로 적도 상공을 비행한다(지상 항적ground track이 적도와 일치한다). 반면, 경사각 90°인 궤도는 극궤도이며, 궤도면이 적도면과 수직을 이룬다(그림 2.6b). 물론 경사각은 0°부터 180°까지 무엇이든 가능하다. 경사각이 45° 정도라면 그림 2.6c와 같다.

궤도에서 유심히 볼 변수가 또 있다. 그림 2.4에서도 시사한 바 있는데, 바로 *궤도속력*orbital speed(궤도상에서 우주선의 속력)이다. 궤도속력은 궤도의 주요 특성이 아니라 궤도 형태와 크기에 따르는 결과물로 볼 수 있다. 수

식으로 풀면 원궤도에서 우주선의 속력은 궤도 반지름과 중심 천체 질량이 좌우한다. 지금 지구궤도를 놓고 이야기하는 중인데 중심 천체(지구) 질량이 변할 리 없으니 우주선 속력은 오로지 궤도 반지름에만 좌우한다는 결과가 나온다. 즉 특정 고도의 원궤도를 도는 경우 우주선 궤도속력이 고정된다. 예를 들어, 우주선이 200km 상공에서 원궤도를 돌고 있다면 그 속력은 7.78km/sec이다. 앞서 뉴턴의 대포에서 살펴보았던 그대로이며, 지구저궤도low Earth orbit, LEO의 전형이라 할 수 있다. 규칙은 간단하다. 원궤도에서 궤도 반지름이 커지면 궤도속력은 줄어든다. 가령 10,000km 상공에서 원궤도를 도는 경우 궤도속력은 약 5km/sec가 된다.

타원궤도의 경우 속력을 정량화할 수는 있지만 원궤도보다 계산이 복잡하다. 속력을 정량화하기보다 차라리 에너지 관점에서 보는 편이 이해가 빠를 것이다. 우주선이 위치에너지(고도)와 운동에너지(속력)를 맞바꾼다고 생각하자. 고도를 높인다는 말은, 즉 우주선이 주어진 속력으로 중력장의 사면을 기어오른다는 뜻이다. 우주선은 자신의 속력을 고도로 전환하고 있다. 그렇게 속력을 이용해 고도를 얻었으니 원지점에 올랐을 때 속력이 근지점보다 느릴 수밖에 없다. 앞서 제1장에서 케플러가 한 말(행성운동 제2법칙)이 바로 이 말인데, 다만 옛날 사람이다 보니 역학적 관점보다 기하학적 관점에

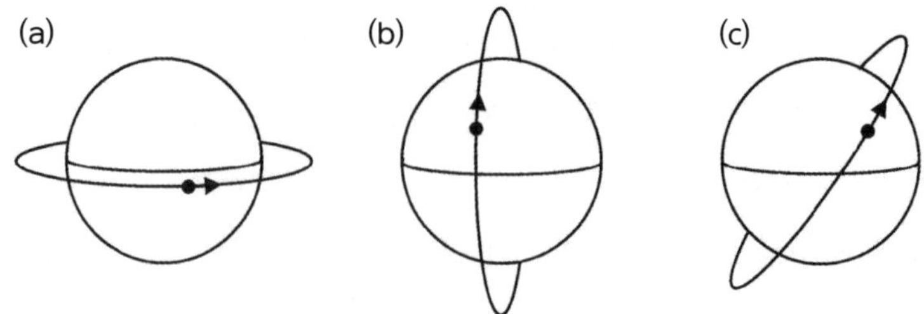

그림 2.6: 궤도경사각에 따른 각각의 궤도. (a) 적도궤도. (b) 극궤도. (c) 경사궤도, 궤도경사각 약 45°.

익숙했을 뿐이다. 타원궤도상의 속력 변화는 굽이굽이 고갯길을 자전거로 넘는 상황과 흡사하다. 고개를 내려갈 때는 고도를 속력으로 바꾸기 때문에 올라갈 때에 비해 속력이 훨씬 빠르다. 올라갈 때는 그 반대 과정을 되풀이하게 된다.

일반적인 위성 궤도

궤도의 핵심 3요소인 형태, 크기, 궤도경사각에 대해 알아보았으니 이번에는 일반적으로 활용되는 위성 궤도를 살펴보자. 위의 3요소에 제약을 두지 않으면 가능한 지구궤도가 너무나 많다. 여기서 소개하는 일반적인 위성 궤도는 지구궤도 전체 가운데 극히 일부에 지나지 않지만, 그 특성상 과학위성 및 실용위성의 성능을 높이는 데 유리하게 작용하므로 지금과 같이 널리 쓰이고 있다. 이번 장을 쓰면서 사실 취사선택에 애를 먹지 않을 수 없었다. 전문가들이 보기에 여차여차할 때는 이런저런 궤도도 많이 쓰지 않나 아쉬운 생각이 드는 것이 당연하다. 다만 때에 따라 얼마간 단순화나 일반화하

일반적인 위성 궤도

1. 저경사각 LEO: 원형 LEO에 경사각 약 50° 이내.
2. 극궤도 LEO: 원형 LEO에 경사각 90° 내외.
3. HEO(Highly Eccentric Orbit): 장타원궤도.
4. GEO: 특정 고도의 원형 적도궤도로서 궤도주기가 1지구일과 같다. 지구정지궤도(Geostationary Earth Orbit, GEO)라 한다.
5. 군집위성 궤도: 단위 궤도(보통 원궤도에 특정 경사각)를 적절히 배열해 궤도망을 구성하고 위성을 다수 배치.

는 편이 바람직할 수 있다는 점 또한 고려해 주었으면 한다.

이 점을 염두에 두고 일반적인 위성 궤도를 다음의 다섯 가지 유형으로 압축해 보자.

저경사각 LEO

원형 LEO 중 궤도면이 적도 부근에 위치하는 경우를 뜻하지만(그림 2.7) 말처럼 간단하지는 않다. 아울러 지구'저'궤도('low' Earth orbit, LEO)와 '적도 부근'이 의미하는 바를 한정할 필요가 있다.

*저*low궤도를 어떻게 정의할지 전문가들 간에도 의견이 분분한데, 필자는 잠정적으로 고도 2,000km 이내를 저궤도로 본다. *적도 부근*near-equatorial이라는 말도 해석하기 나름이지만 궤도면이 경사각 50° 이내에 위치한다는 뜻으로 의미를 한정하겠다. 이런 궤도에는 대개 대형 우주선을 올리곤 하는데, 스페이스셔틀이나 우주정거장 같은 초대형 유인우주선이나 중량급 무인우주선 따위를 예로 들 수 있다. 괜히 중량급이라고 부르는 것이 아니다. 이

그림 2.7: 저경사각 LEO. 스페이스셔틀이나 우주정거장 같은 대형 기체는 보통 이 궤도에 올린다. [사진 제공: 미국항공우주국(NASA)]

부류의 유명인사 허블 우주망원경의 경우 질량이 무려 11톤에 달한다. 무게로나 크기로나 지구궤도에 이층 버스를 올려놓은 셈이다. 우주선의 임무 궤도 유형은 우주선의 질량과 관련이 있다. 제5장에서 더 자세히 설명하겠지만, 대형 우주선은 저경사각 LEO에 올리는 편이 훨씬 수월하다.

장거리 행성 탐사선의 경우에도 저경사각 LEO에 올라가고는 한다. 태양계 행성의 공전궤도면이 지구의 적도면과 가까운 탓이다. 이 경우 저경사각 LEO를 일종의 *대기궤도*parking orbit로 활용한다. 지구궤도를 임시로 돌며 선내 시스템을 점검하고 준비를 마치면 최종 목적지를 향해 로켓을 점화한다.

극궤도 LEO

극궤도는 지구관측위성이나 정찰위성 운용에 주로 쓰인다(그림 2.8). 실용궤도로서 워낙 쓰임새가 많지만 그중에서도 고도 700~1,000km 구간에 위성이 집중 분포한다. 기후변화와 같은 환경문제를 범세계적 관점에서 보고자 하는 목적이 크기 때문이다. 이에 따라 세계 각국과 국제 우주 기구 등이 이곳으로 인공위성 함대를 띄워 보내는 중이다. 물론 이러한 위성들은 지표관측용 고성능 장비로 무장하게 마련이다. 지구 관측에는 당연히 군사적인 차원도 있으므로 각종 군 관련 기관이 '군사적 우위를 점하기 위해' 앞다투어 첩보위성을 쏘아 올린다. 세계에서 미국 공군이 우주에 가장 많은 투자를 한다는 사실은 잘 알려지지도 않았지만 아무튼 이들 미국 공군 위성의 정체나 자세한 활동 내용에 대해서는 세간에서 아는 바가 거의 없다. 그럼에도 불구하고 광학 정찰위성 성능이 어느 정도인지 귀띔하자면 대충 이렇게 표현할 수 있다. '허블 우주망원경이 땅을 보고 있다.'

지구 관측에 왜 극궤도 LEO를 선호할까? 이유는 간단하다. 그림 2.8에서 보듯, 극궤도에 위성을 배치하면 다만 시간문제일 뿐 지표 대부분을 손쉽게 훑을 수 있다. 이를 *글로벌 커버리지*global coverage라 한다. 극궤도 위성은 보통 100분이면 지구 한 바퀴를 도는데, 아래에서는 지구가 24시간에 걸쳐 자전하고 있다. 즉 지구 전역의 관심 표적을 하루 이틀 내로 남김없이 찍어 보낼 수 있다는 뜻이다. 인공위성 운용 주체에 따라 관심 표적이 상당히 다

그림 2.8: 지구관측위성은 보통 극궤도 LEO에 올린다. 위의 랜드샛 위성도 이런 종류이다. [이미지 제공: NASA]

를 수밖에 없는데, 적진의 기갑부대 이동이 관심인 곳이 있는가 하면, 옥수수 밭을 들여다보며 작물의 건강 상태를 확인하는 곳도 있다.

극궤도 LEO와 저경사각 LEO를 같이 놓고 보면 지구 관측 임무에는 극궤도가 적임이라는 사실이 확연히 드러난다. 지구관측위성을 그림 2.7과 같이 저경사각 궤도에 올렸다고 하자. 적도 주변을 살피기에는 좋을지 몰라도 그 밖에는 별로 볼 것이 없다.

HEO(장타원궤도)

장타원궤도highly eccentric orbit, HEO는 보통 그림 2.9와 같은 형태이며, 특성상 각종 임무에 요긴하게 쓰인다.

HEO에는 과학위성이 다수 배치되어 있다. 유럽우주기구 클러스터Cluster 위성도 그 가운데 하나이다. 이 위성은 지구자기장 및 이에 포획된 고에너지 입자 분석을 주요 임무로 하는데, 이들 고에너지 입자가 무엇인지 간략히 살펴보자. 태양은 이온을 상시 대량 분출한다. 이온은 태양에서 발원하는 순간부터 태양계 전역을 향해 고속으로 퍼져 나간다. 이를 태양풍solar wind이라 한다. 클러스터 위성의 조사 대상 역시 태양풍에서 온 입자들이다. 이렇게 태양풍이 날아오다가 지구자기장과 마주치면 그 가운데 일부가 지구 주변에 포획되어 도넛 모양으로 고에너지 입자 집중 구간을 형성한다(제6장 참조). 1958년에 발견자 이름을 따서 밴앨런대Van Allen radiation belt라고 부르기 시작했는데, 고에너지 입자 집중 구간이기 때문에 함부로 진입하면 사람이건 우주선이건 방사선 피해를 입는다. 이러한 위험 요소는 반드시 파악해야만 하는 과제였고, 이에 HEO가 최선의 수단으로 부상하였다. 궤도를 도는 동안 위성의 고도가 계속해서 변하므로 자기장 및 하전입자 분석을 다각도로

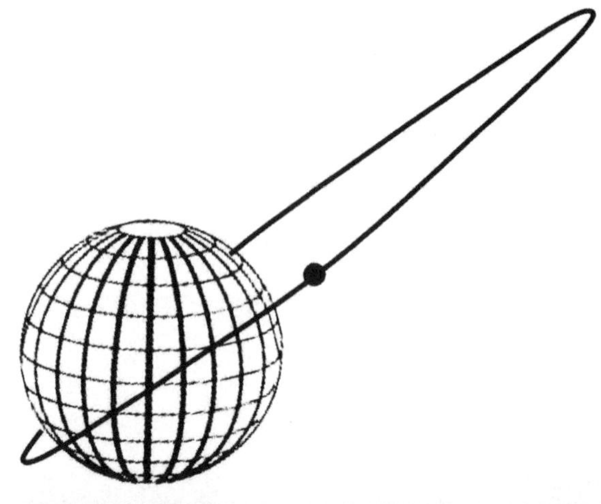

그림 2.9: 장타원궤도(HEO). 활용 분야가 다양한데 천문 관측 임무도 그중의 하나이다. 사진은 XMM 뉴턴 X선 우주망원경. [이미지 제공: 유럽우주기구(ESA)]

수행할 수 있다.

HEO는 우주 관측에도 유리하다. HEO에 우주망원경을 배치한다고 생각해 보자. 원지점에 도달하여 지구와 멀어지면 지구의 각 크기가 줄어든다

(지구가 자그마하게 보인다). 지구가 시야를 덜 가리는 만큼 *천체 관측 효율* sky viewing efficiency도 당연히 높다. 그뿐만 아니라 인공위성이 원지점 쪽에서 속도를 늦추며 한참을 보내기 때문에 지상관제소와 오랜 시간 교신할 수가 있다. 덕분에 지상관제소는 마치 지상 천문대에 딸린 제어실에 앉은 듯한 감각으로, 우주망원경에 명령을 내리고 관측 데이터를 받아 본다. 이런 운용 방식을 *천문대 모드*observatory mode operation라 하는데, 이는 우주망원경에서 볼 수 있는 중요한 특징이다. HEO 원지점 고도가 높을 경우 우주망원경이 대부분의 시간을 밴앨런대 바깥에서 보내기 때문에 고방사선 환경에 민감한 일부 장비에도 유리하다.

그런가 하면 러시아는 구소련 시절부터 오늘날에 이르기까지 HEO를 통신 궤도로 널리 사용하고 있다. 구소련에서 경사각 63°, 궤도주기 12시간짜리 HEO에 일련의 통신위성을 쏘아 올린 뒤부터 이 HEO는 *몰니야*Molniya(Молния, 러시아어로 '번개') 궤도라고 불렸다. 소련은 1960년대 들어 이 궤도를 활용하기 시작했는데, 고위도 지상 시설 간 통신을 목적으로 위성의 원지점이 북반구에 위치하도록 안배하였다. 원지점에서 속도가 느리기 때문에 몰니야위성은 궤도주기 대부분을 북녘 하늘 높이에서 보낸다. 지상 사용자들 간에 중단 없이 장시간 통신할 수 있는 길을 열어 준 셈이다. 1964년부터 1998년 무렵까지 170대에 가까운 위성이 몰니야 궤도로 올라갔다. 이런 식으로 북극해와 맞댄 고위도 지역에까지 전화와 위성 TV 서비스가 보급될 수 있었다.

GEO(지구정지궤도)

지구정지궤도geostationary Earth orbit, GEO는 실용 궤도로서 수요가 상당

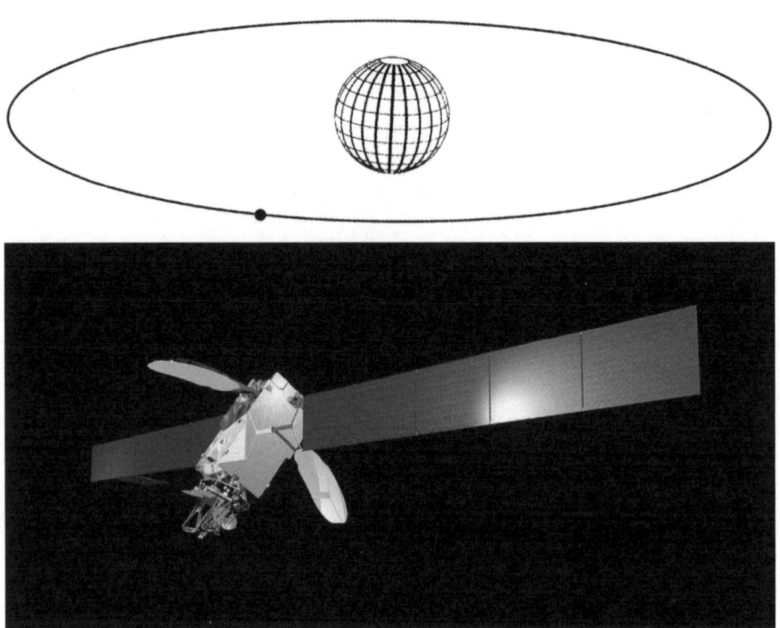

그림 2.10: 정지궤도(이 그림은 실제와 비율이 같다)에는 통신위성이 다수 배치되어 있다. 인텔샛 위성도 그 가운데 하나이다. [이미지 제공: EADS 아스트리움(Astrium)]

하다. GEO에는 통신위성이 대부분이지만 과학위성이나 지구관측위성도 더러 존재한다(그림 2.10). 메테오샛Meteosat 같은 정지궤도 관측위성은 우리가 매일 저녁 TV 일기예보에서 보는 인상적인 사진을 보내 온다. 정지궤도도 발명에 속한다면 공상과학 작가 아서 C. 클라크Arthur C. Clarke경이 특허권자이다. 1945년에 특허출원만 했더라면 지금쯤 갑부가 되고도 남지 않았을까. 지구정지궤도가 실용 궤도로서 인기 있는 이유는 이름 때문이다. 정지궤도 위성은 지표의 관찰자에게 정지 상태로 보인다. 이러한 궤도는 원궤도인 동시에 적도궤도이면서 궤도주기가 지구 자전주기와 같도록 특정 고도 조건을 만족해야만 한다.

흔히 지구정지궤도와 *지구동기궤도*geosynchronous orbit, GSO를 혼동하곤 하는데 그 의미와 관계를 살펴보고 가겠다. GSO는 궤도주기가 지구 자전주기와 일치하는 경우를 통칭하는 용어이다. 즉 GEO는 GSO의 일개 궤도에 지나지 않는다. 지구 자전주기, 즉 1일을 주기로 하는 궤도는 너무나 많다. 타원궤도나 경사궤도 혹은 둘 다 해당될 경우라도 이런 조건을 만족할 수 있다. 그러나 동기궤도 위성은 정지궤도 위성과 달리 지상의 관찰자에게 정지 상태로 보이지 않는다. 바로 이 점이 핵심이다.

GEO 궤도주기는 보통 24시간으로 통하지만 실제로는 23시간 56분으로 만 24시간에 조금 못 미친다. 우리가 아는 하루 24시간은 역법에 따른 계산이며, 지구가 태양을 기준으로 한 바퀴 자전하는 데 걸린 시간이다. 이를 *태양일*solar day이라 한다. 태양이 정확히 남중하고 이튿날 같은 위치로 오기까지 시간을 재면 예의 그 24시간임을 알 수 있다(남반구에서라면 태양의 북중 시간을 잰다). 반면, 정지궤도 위성 주기 23시간 56분은 지구가 붙박이별을 기준으로 한 바퀴 자전하는 데 걸린 시간이다. 이는 *항성일*sidereal day이라 한다. 태양일과 항성일 간 시차는 지구의 공전 현상에 기인한다. 지구가 공전하기 때문에 태양이 붙박이별에 대해 움직이는 것처럼 보인다. 붙박이별을 기준으로 1회전에 23시간 56분이 소요되고, 태양의 위치가 전날과 다르니 추가로 4분 더 돌아 태양을 따라잡아야 한다.

그렇다면 정지궤도 위성은 어느 고도에 떠 있기에 궤도주기가 23시간 56분인가? 케플러의 행성운동 제3법칙을 이용하면 정지궤도의 크기를 구할 수 있다(제1장 참조). 이렇게 계산하면 딱 35,786km가 정지궤도 고도라고 나온다. 즉 원궤도, 궤도고도 35,786km, 궤도경사각 0° 조건으로 위성을 발사하면 위성이 궤도를 도는 그 자체로 목표 상공(정지궤도에 진입한 바로 그 지점, 적도상의 특정 지역)에 머무르게 된다. 따라서 지상의 관찰자 눈에는 위성이 하늘의 어느 한 지점에 가만히 떠 있는 듯이 보인다.

이 점이 정지궤도의 인기 비결이다. 위성이 움직이면 지상의 접시안테나가 위성을 해바라기처럼 쫓아다녀야 하지만 정지궤도 위성은 그럴 필요가 없다. 안테나를 고정해도 그만이므로 위성통신에 유리하다. 아울러 위성의 위치가 시시각각 변하면 특정 시간대(위성이 지평선 밑으로 내려간 동안)에 통신 연결이 끊길 수 있지만 정지궤도 위성은 24시간 연결 상태를 유지한다. 우리 일상 속에서도 그 증거를 찾을 수 있다. 베란다에 걸린 수많은 위성안테나, 모두 어느 한 방향을 보도록 고정해 놓았다. 조그마한 접시들이 가리키는 하늘 높이 어딘가에는 우리 눈에는 보이지 않지만 정지궤도 위성이 자리 잡고 있다.

정지궤도의 최대 수요자는 단연 통신위성이다. 궤도선상에 있는 활성 통신위성comsat 수는 수백 기에 달한다. 국제전화 이용자는 통신위성을 이용하면서도 그 존재를 의식하지 못할 때가 많다. 사실 모르는 것이 당연한데, 이참에 국제전화가 어떠한 과정을 거치는지 살펴보겠다. 필자가 바다 건너 친구에게 안부 전화를 걸었다. 송화기에 대고 "어, 나야." 하고 말하면 필자 음성이 전기신호로 변환되어 지상 통신선이나 마이크로파 링크를 통해 가까운 위성 지상국에 전달된다. 위성 지상국이 대형 파라볼라안테나parabolic antenna로 신호를 송출하면 정지궤도 통신위성이 이를 받아서 증폭 과정을 거쳐 친구 부근의 지상국으로 송출한다. 이에 따라 친구 수화기에 "어, 나야." 소리가 들린다. 친구가 그 말을 듣고 "어! 잘 지내?" 하면 반대 방향으로 전 과정이 되풀이된다. 이런 대단한 기술을 사용자는 영문도 모르고 쓰는 셈이다.

정지궤도는 본질적으로 우주상의 원주, 그야말로 가느다란 선에 지나지 않는다. 여느 천연자원과 같이 유한하기 때문에 미래를 위해 보전하고 관리할 필요가 있다. 하지만 안타깝게도 정지궤도는 현역 통신위성뿐만 아니라 각종 폐위성으로 넘치고 있다. 이런 위성들은 사실상 우주 쓰레기로 자리만 차지한다. 정지궤도 점유율이 갈수록 높아지고 있기 때문에 통신위성의 수명 종료 시 정지궤도에서 200~300km 위로 궤도를 변경해 자리를 내주도록 하고 있다. 이러한 궤도를 일명 묘지궤도라 한다.

군집위성 궤도

시스템에 따라 위성 하나가 아닌 위성 집단이 필요한 경우가 있다. 이때는 단위 궤도(대개 특정 경사각의 원궤도를 이용한다)를 적절히 배열해 궤도망을 구성하고 위성을 분산 수용한다. 군집위성 배열은 보통 그림 2.11과 같다. 궤도상의 위성을 검은 점으로 표시했는데 이들이 모여 군집위성 시스템을 이룬다. 군집위성은 지난 수십 년간 위성항법 분야에 주로 쓰였다. 위성을 이용함으로써 지상, 해상, 공중 혹은 그 어떤 곳에서든 위치를 쉽게 파악할 수 있게 되었다. 군집위성 궤도는 근래에 들어 위성통신에 활용되고 있다. 최근에는 지구 관측에 군집위성 배치를 적용하려는 움직임이 보인다.

군집위성 시스템의 응용 사례로는 GPS 항법위성이 대표적이지 않을까 한다. 내브스타 GPS 위성(제1장 참조)은 미국 국방부가 군용으로 운용하는 항법위성 체계이지만, 민간 개방 이후로 급격히 대중화되어 지금은 내비게이션 없이 다니는 차량이 드물다. 하이킹이나 요트 항해 등 여가를 즐기는 중에도 GPS 수신기만 있으면 사용자 현 위치를 정확도 10m 이내로 알 수 있다. 지상의 사용자 위치를 삼각측량하려면 수신기가 최소 4대의 GPS 위성으로부터 동시에 신호를 받아야만 한다. 언제 어디서나 4대 이상의 GPS 위성이 보이게끔 군집위성을 안배해야 한다는 뜻이다. 이와 같은 커버리지 요구 조건을 만족하려면 군집위성을 기하학적으로 어떻게 배치해야 할까? 이 문제는 궤도 설계로 해결해야 한다. GPS의 경우 위성 24기로 군집위성을 구성하여 지상 커버리지 요구 사항을 달성하였다. 고도 20,200km, 경사각 55° 원궤도 여섯을 적도를 따라 일정 간격으로 배열하고 각 궤도마다 위성을 4기씩 투입하였다. 그림 2.12a는 GPS 군집위성 배치를 보여 준다. 역시 백문이 불여일견이다. GPS 위성은 그림 2.12b처럼 생겼다.

그러나 내브스타 GPS 시스템은 엄연한 군사 자산이기 때문에 우주 기반 항법 시스템의 미래라고 생각하기에는 조심스러운 면이 있다. 그도 그럴 것이 미국 국방부가 칼자루를 쥐고 있으므로 의도적으로 정확도를 낮추어도 할 말이 없다. 무력 충돌 시에는 여차하면 민간 접속 자체를 차단할 수 있는 권한을 갖고 있다. GPS 시스템은 이처럼 정치적 사안에서 자유롭지 못한 측

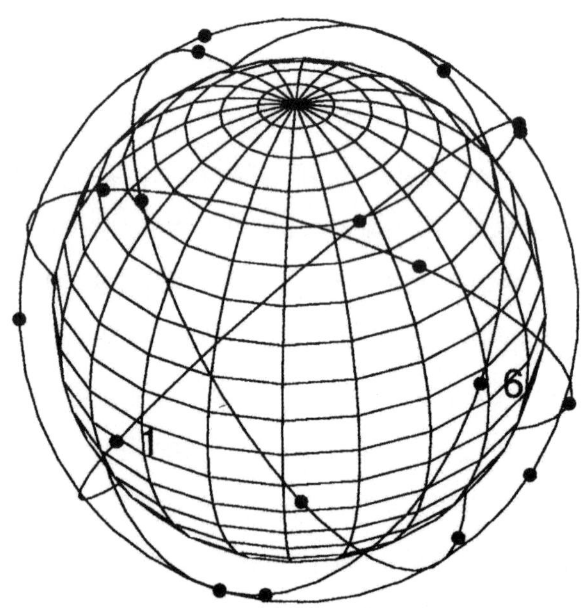

그림 2.11: 저궤도 군집위성으로 통신시스템을 구축할 경우 보통 위와 같은 모양이 나온다. 검은 점은 궤도상의 위성을 나타낸다.

(a)

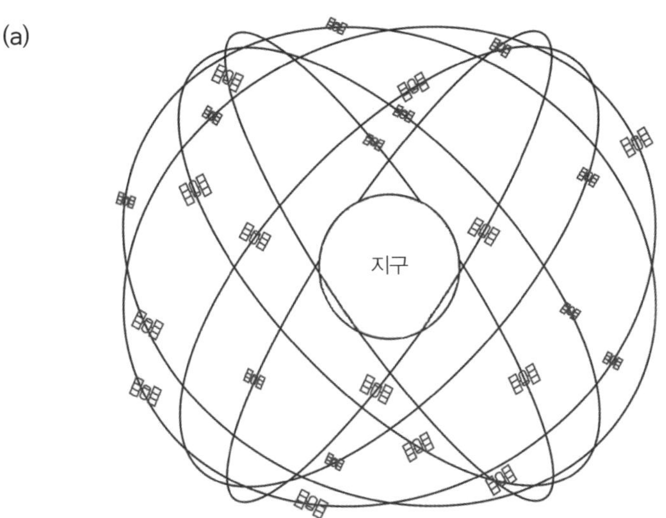

(b)

그림 2.12: (a) 내브스타 GPS 군집위성 배치 형태. (b) GPS 위성. [이미지 제공: 록히드 마틴 (Lockheed Martin)]

면이 있다. 상황이 이렇다 보니 기술적으로 놀라울 만큼 편의를 제공할 수 있어도 민간에서 이를 전폭적으로 받아들이지 못하고 있다. 요즘과 같이 항공 수송량이 폭주하는 세상에 항공교통관제 등에 위성항법을 전면 활용할 수만 있다면 얼마나 유용할까. 이런 문제를 극복하고자 유럽연합EU에서는 갈릴레오Galileo라는 독자 위성항법 체계를 구축하고 나섰다. 이는 GPS와 달리 소유권이 민간에 있다. 갈릴레오 시스템은 위성 30기로 구성되며, 2012년께 활동에 들어갈 예정이다. 이 시스템이 가동되기 시작하면 고정밀 측위를 요구하는 인간 활동 전 분야에 우주 기반 항법 기술이 더욱 밀접하게 융화하리라 생각한다.

군집위성으로 통신시스템을 구축하려는 계획도 있는데, 이 경우에는 저고도 궤도가 필요하다. 이런 종류의 저궤도 군집위성을 예로 들면 그림 2.11과 같다. 앞서 우리는 정지궤도를 이용하면 범세계 통신시스템 구축에 매우 유용하다고 했다. 그렇다면 정지궤도 위성이 이미 잘하고 있는 일을 전혀 다른 방법으로 다시 하겠다는 말처럼 들린다. 과연 그럴 필요가 있을까? 사실 이 문제는 휴대전화 이용자의 편의 추구 과정에서 나왔다고 보아야 한다. 휴대전화 이용자의 성원에 힘입어 이동통신망 사업은 폭발적으로 성장하였다. 휴대전화가 지상기지국 네트워크에 연결되어 있기 때문에 우리는 마음대로 돌아다니며 친구 혹은 거래처 전화를 받는다. 웬만해서는 연결에 실패하는 경우가 드문데, 통신사업자가 사람이 몰린다 싶은 곳에 미리 기지국을 세웠기 때문이다. 이는 물론 시장경제의 힘에 의해 움직인다. 반면, 외진 산악지역으로 하이킹을 갔다가 전화할 일이 생기면 전화가 대개 먹통이 되고 만다. 산골짜기에까지 기지국이 들어서지는 않으니 당연한 일이다. 그렇다면 에베레스트산에 올라 고비사막을 횡단 중인 친구와 통화하려면 어떻게 해야 할까? 억지 시나리오이지만 있을 수도 있는 일이다. 이 상황에는 이동통신이 아니라 위성통신이 답이다. 지상기지국에 의존하는 대신 하늘의 위성이 기지국 역할을 하도록 위성망을 구성하면 되겠다. 위성망의 궤도 배열이 관건인데, 언제 어디서나 위성이 최소한 하나 이상 보이게(가시선 내에 들어오게) 설계한다면 진정한 의미의 글로벌 이동통신을 실현할 수 있을 것이다. 그림 2.11에서 보는 식의 군집위성 배열도 커버리지 요구 조건에 의해 움직인다. 지표상의 언제 어디서든 하나 이상의 위성이 시야에 들어와야 한다.

그렇다면 기존의 정지궤도 위성 네트워크로 직접 통화하면 될 텐데 굳이 저궤도 군집위성 시스템이 필요할까? 그렇게 못하는 이유는 간단하다. 그러기에는 정지궤도 위성이 너무 멀다. 휴대전화 마이크로파 송신 출력이 36,000km 정지궤도까지 도달할 정도면 전자파가 전자레인지처럼 우리 뇌를 익혀 버리고 만다. 기술에 있어 중대한 생리적 제약이 아닐 수 없다.

이런저런 문제를 따져 보면 이동통신 위성망 구성은 대개 극궤도 LEO 네트워크로 결론이 난다. 이러한 통신위성망의 예로는 이리듐Iridium 시스템이 유명하다. 원래 계획에는 활성 위성 77기(백업 위성 제외)로 위성망을 구성할 예정이었으므로, 이리듐 원자의 전자 수 77개에 착안하여 이리듐이라 이름 붙였다. 이후 계획을 수정하는 과정에서 위성 수요가 줄어 최종 66기가 고도 780km 원형 극궤도에 안착하였다. 이리듐은 지상파 이동통신망과의 경쟁으로 인해 상용화 과정에서 여러 곡절을 겪었고, 이로 인해 본의 아니게 우주 기반 이동통신 분야의 성장이 가로막혔다. 그러나 경제성이 나아지면 어느 광고 문안처럼 "전망이 밝다"고 할 수 있다.

항법, 통신에 이어 지구 관측 분야도 빼놓을 수 없다. 아직은 이렇다 할 개발 사업이 없지만 군사 분야에서 필자 모르게 움직임이 있을 수 있다. 앞서 극궤도 LEO와 지구관측위성에 관해 간략히 논의하면서 광학 정찰위성의 거리 분해능spatial resolution이 수준급이라 한 바 있다. 기상 조건이 양호하다면 수십 센티미터의 물체를 식별할 수 있을 정도라 한다. 다만 기존 배치 형태를 고집해서는 아무리 고성능이라 해도 데이터 세트 간의 시차를 극복하기 어렵다. 지구가 24시간에 걸쳐 자전하는 동안 위성이 100분에 한 번꼴로 궤도를 도는 구조라 특정 지상 표적을 촬영하고서 다시 그 지역 상공을 지나가기까지 시차가 나게 되어 있다. 위성 한 대만 이용한다면 관측 간 시간 간격이 너무 크다. 군사 작전에서는 실시간 전황을 지속적으로 파악해야 하므로 관측 시간 간 공백을 극복하는 문제가 특히 중요하다. 재난 감시 등과 같은 비군사 분야에도 군집위성을 활용하면 특정 지역을 시간 공백 없이 관측할 수 있다. 충분한 수의 관측위성을 발사하여 군집위성 시스템을 구축한다면 이론상으로는 지상의 관심 표적을 지속적으로 가시선상에 둘 수 있다.

위의 설명만 보아도 알겠지만 군집위성 시스템은 유리한 점이 한둘이 아니다. *단계적 기능 축소*graceful degradation 역시 군집위성 시스템에서만 볼 수 있는 장점이다. 통신위성 혹은 지구관측위성을 하나만 올렸는데 시스템이나 탑재체에 예기치 못한 중대 장애가 발생하면 위성이 하던 일은 즉시 중단된다. 반면, 다수의 위성이 임무를 분산 수행할 경우 위성 하나에 문제가 생겨도 기능 저하에 그칠 뿐 임무 중단으로 이어지지 않는다. 군집위성 시스템이 갖는 신뢰성은 군사 우주 활동에서 특히 중요하다. 적성국이 상대국의 위성 이용을 방해하고자 적극적으로 공격에 나설 수 있기 때문이다.

군집위성 시스템의 단점으로는 비용을 꼽을 수 있다. 위성을 여러 기 제작해 궤도에 올리고 하나의 체계로 통합 운용하는 데 드는 비용은 위성 한 기를 운용할 때와는 차원이 다르다. 앞서 항법 및 이동통신 서비스 사례에서 보았지만, 이러한 비용 부담은 사업자가 떠안게 된다. 군집위성 시스템에서 목표하는 바를 달성하려면 다수의 위성 확보가 필수적이기 때문이다.

어떤 궤도를 택해야 하는가?

지금까지 살펴본 궤도 유형 다섯 가지는 실제로 위성 운용에 널리 활용된다. 그런데 수많은 궤도 가운데 주어진 임무에 가장 적합한 궤도를 어떻게 선정할까? 이 문제는 임무 분석팀 업무의 핵심이라 할 수 있다.

한마디로 말해 우주선을 적절한 곳, 즉 알맞은 궤도에 보내야 한다. 그래야 우주선 탑재체가 임무 목적을 효과적으로 달성할 수 있다. 간결하지만 간단하지는 않은 이 문장, 천천히 곱씹어 볼 필요가 있다. 일단 *우주선 탑재체* spacecraft payload는 무엇인가? 기본적으로 우주선 발사의 목적이 되는 부분, 즉 우주선의 임무 수행에 있어 실질적인 작업 도구를 말한다. 예를 들어, 지구관측위성의 경우 이미지 수집이 목적이므로 카메라 같은 촬영 장비를 탑재체로 싣는다. 통신위성의 경우 탑재체는 원격 통신기기와 안테나 등 통신 서비스 유지에 필요한 장비 일체를 말한다. 두 번째로 *임무 목적* mission objective이란 무엇인가? 이는 프로젝트 전체에 깔린 목적, 프로젝트의 *존재 이유* raison d'être이다. 우주선의 임무 목적은, 예를 들면 다음과 같은 식이다.

1. 지구 전역에 대한 고해상도 이미지 제공
2. 대형 지상 안테나를 이용, 오스트랄라시아 지역에 통신 서비스 제공
3. 고해상도 천문 이미지 획득

임무 목적과 그에 따른 임무 궤도 선정은 어떤 식으로 연관되는지 그 과정을 한번 살펴보겠다.

- 우주선 임무 목적의 규정: 우주선의 주목적이 무엇인지 명확히 한다.

- 탑재 장비 및 기기 선정: 전문 인력이 하드웨어 윤곽을 잡는다. 이들은 담당 분야에 정통한 사람들로서 임무 요건에 맞추어 하드웨어 세부 사양을 정할 수 있다.
- 탑재체 운용 요구 사항의 구체화: 탑재 하드웨어를 어떠한 방식으로 운용해야 목적 달성에 효과적일까? 탑재체 효용성을 극대화하는 차원에서 물리적인 배치 장소를 함께 고려해야 한다.
- 탑재체 배치 장소에 대한 고려는 자연히 임무 궤도 선정 문제로 이어진다. 이로써 임무 수행에 알맞은, 혹은 최적인 궤도를 선택하게 된다.

이 모든 것이 다소 형식적이고 복잡하게 들릴 수 있지만, 때로는 그 과정이 의외로 간단할 수도 있다는 점을 보여 주고자 한다. 위의 임무 목적 예시로 돌아가 보자.

임무 예시 1번은 지구 관측과 관련된다. *고해상도* 이미지를 얻으려면 카메라가 지상의 *관심 표적*에 가까이 위치해야 한다. 따라서 LEO(지구저궤도)를 택해야 하겠다. 아울러 *지구 전역*global coverage을 커버하려면 극궤도로 가는 수밖에 없다. 촬영 장비를 극궤도에 배치하면 일정 시간 후 지구 표면 전체를 훑을 수 있다. 선택지는 자연스럽게 극궤도 LEO로 좁혀진다(그림 2.8). 비슷한 식으로 임무 예시 2번에는 GEO(지구정지궤도)가 최선이라는 결론이 나온다.

위의 사례에서 보다시피 특정 우주선 프로젝트의 경우 임무 목적이 임무 궤도 선정을 주도한다. 하지만 다음 사례를 보면 임무 궤도 선정 문제가 그리 분명하게 떨어지지 않을 때도 있다는 점을 알 수 있다. 임무 예시 3번은 궤도상의 천체망원경 운용과 관련된다. 현역 우주망원경들의 임무 궤도를 보면 이렇다 할 일관성이 없다. 가령 허블 우주망원경은 LEO에, XMM 뉴턴

X선 우주망원경은 HEO(장타원궤도)에 올라갔고, 히파르코스Hipparcos는 GEO용으로 설계되었지만 원지점 킥모터apogee kick motor 점화에 실패해 실제로는 HEO를 돌고 있다. 보다시피 궤도가 각양각색이다. 이 경우에는 임무 궤도 선정이 생각처럼 간단하지 않다는 뜻이다.

이와 같은 경우라면 궤도 선정 문제에 심층 분석을 요한다. 탑재체와 시스템 요구 사항 측면에서 결정에 영향을 주는 요소를 모두 고려해야 한다. 우주망원경 궤도 선택 시 아마도 표 2.1과 같이 타협점을 찾으리라 생각한다(약식이지만 큰 틀은 이와 같다). 보통 이런 식으로 여러 옵션 가운데 하나를 선택하게 되는데, 현재 고려 대상으로는 LEO, HEO, GEO가 있다(표의 우측 칼럼). 각각에 대해 판단 기준 혹은 타협 요소(표의 좌측 칼럼)를 비교함으로써 장단점을 따져 보아야 한다.

무엇을 고려할지 뽑아 놓은 목록을 살펴보면 탑재체(망원경) 운용 관련 사항, 우주선 시스템 운용 관련 사항이 각각 3개씩이다. 천문대 모드와 관측 효율에 대해서는 타원궤도 우주망원경 부분에서 이미 설명한 바 있다. 탑재체 관련 사항의 나머지 하나는 *피사체 연속 관측 능력*uninterrupted source observation을 꼽았다. 피사체 연속 관측 능력이란 우주망원경이 특정 성운이나 은하를 겨냥한 상태로 (지구에 시야가 가려지기 전까지) 최장 얼마를 지속할 수 있는가를 말한다. 우주망원경은 감도를 극대화하기 위해 일종의 장노출 모드time-exposure mode로 작동할 때가 많다. 관심 천체를 겨눈 상태로 셔터를 개방하고 장시간에 걸쳐 빛을 최대한 모은다는 뜻이다. 우주의 끝에 있는 극히 먼 곳의 천체를 촬영하기 위해서는 광자photon 하나하나가 중요하다. 그런데 주기 100분짜리 LEO에 우주망원경을 올린다고 하자. 매 위성 주기 100분에 30분은 지구가 목표 천체를 가리기 때문에 장노출이 어렵다. 표 2.1에서 보다시피 탑재체 측면에서는 HEO와 GEO가 선호된다는 점을 알 수 있다.

그러나 시스템 환경 관련 측면에서는 LEO가 유리하다. LEO는 고궤도보다 *방사선 노출*radiation exposure 정도가 덜하다. 우주선이 입자 방사선에 노출되면 방사선 열화로 인해 기능이 저하된다. 방사선 피해가 적다는 점에서 LEO를 선호할 수 있다. *궤도 접근성*ease of orbit acquisition 역시 간과하면 안 된다. 임무 궤도는 추진 문제와 직결된다. LEO는 고궤도에 비해 추진제 소요가 훨씬 적다. 추진제 질량을 줄이면 그만큼 탑재 질량에 여유가 생긴다. 임무 수행과 관련해 우주선 전반의 성능 향상을 꾀할 수 있다는 뜻이다. 셋째 항목인 *궤도 내 유지 보수*in-orbit repair and maintenance는 우주망원경 임무 수명을 효과적으로 연장하는 수단이다. 이런 작업은 보통 우주인이 선외 활동으로 수행하게 마련인데, 유인우주선이 일상적으로 방문할 수 있는 궤도는 LEO에 한정된다. 즉 LEO에 배치되는 우주선 외에는 이런 식의 유지 보수가 사실상 불가능하다고 볼 수 있다.

표 2.1 우측의 확인란을 종합해 보아도 예상과 달리 뚜렷한 결론이 나오지 않는 데 실망할 수 있다. 사실 앞서 살펴본 궤도 선정 과정은 실제 문제를 다루기에는 너무 단순하다. 우리는 각종 고려 사항 간에 타협하는 과정이 이렇다는 점을 알고 넘어가면 된다. 물론 실제 상황에서는 우주선 특성에 맞추어 철저한 조율이 이루어지며, 고려 사항마다 경중을 따져 중대 요소에 가중치를 부여한다. 예를 들어, 허블 우주망원경의 궤도 선택 시에는 궤도 접근성과 궤도 내 유지 보수가 최우선순위를 차지하였다. 허블 우주망원경은 워낙 크고 무거워 LEO 외에는 선택의 여지가 없었다. 유효 수명 연장도 사람이 직접 가지 않는 이상 불가능한 일인데, 이 점 역시 임무 궤도 선정에 제약으로 작용하였다. 우주인의 운송 수단인 스페이스셔틀이 LEO를 벗어날 수 없었기 때문이다. 허블 우주망원경은 그렇게 LEO에 올랐다. 우주망원경 임무

표 2.1: 우주망원경 임무 궤도 선택 시 고려 사항

고려 사항	분류		선호 궤도		
	탑재체	시스템	LEO	HEO	GEO
천문대 모드(지상 통신 링크 지속 시간)	✓			✓	✓
피사체 연속 관측 능력	✓			✓	✓
관측 효율	✓			✓	✓
방사선 노출		✓	✓		
궤도 접근성		✓	✓		
궤도 내 유지 보수		✓	✓		

궤도로서 최적이라 할 수 없는데 말이다(표 2.1 참조).

이번 장에서는 뉴턴의 대포로 시작해 현대의 과학위성 및 실용위성 운용 궤도에 이르기까지 먼 길을 왔다. 이러한 과정을 통해 궤도운동의 본질을 이해했기를 바란다. 제3장에서는 실제 궤도를 논하고, 궤도 문제로 좀 더 깊이 들어가 보려 한다. 궤도 섭동 현상의 비밀을 설명하는 한편, 섭동이 임무 분석 과정에 어떤 영향을 주는지 검토하겠다. 일독을 권하는 바이지만 읽기 어렵다고 생각하면 그대로 넘어가도 나머지를 읽는 데 크게 지장이 없다는 점을 일러둔다.

3. 실제 궤도
Real Orbits

이상 궤도와 실제 궤도

앞서 제1장과 제2장에서 우리는 케플러 궤도로 알려진 *이상적인 궤도*(이상 궤도)ideal orbit를 살펴보았다. 인공위성 하나가 지구궤도를 돌고 있다고 하자. 위성에 정확히 역제곱법칙 중력장에 따른 힘만 작용할 경우(제1장 참조) 궤도운동이 이상적이라고 할 수 있다. 이상 궤도의 주요 특징은 궤도 크기, 모양, 경사각 등 궤도를 규정하는 속성이 시간에 관계없이 항상 일정한 값을 유지한다는 것이다(제2장 참조).

반면, *실제 궤도*real orbit에서는 위와 같은 속성이 일정하게 유지되지 않는다. 이는 *궤도 섭동*orbital perturbation이 작용한 결과이다. 실제 위성에는 역제곱 중력 외에도 기타 여러 힘이 작용한다. 궤도 섭동은 이러한 힘을 지칭하는 그럴싸한 용어일 뿐이다. 궤도 섭동이 작용하면 위성의 궤적은 이상적인 원궤도나 타원궤도로부터 벗어나게 된다. 임무 분석팀은 지구궤도 임무 취급 시에 궤도 섭동을 감안하고서 궤도를 설계해야 한다. 궤도 섭동의 요인은 여러 가지가 있지만, 여기서는 가장 영향을 주는 몇 가지만 다루겠다.

지구 중력장은 뉴턴의 역제곱법칙에서 거의 벗어나지 않는다. 따라서 주요 부분을 *중심 중력장*central gravity field이라 하고, 여기에 벗어나는 약간의 변칙은 *이상중력*gravity anomaly이라 부른다. 이상중력 역시 섭동의 일종으로서, 이상적인 궤도운동에서 벗어나게 하는 데 원인을 제공한다. 섭동의 발생 원인은 다양하지만 대체로 중심 중력장에 비하면 그 영향이 미미하다고 할 수 있다. 실제 궤도는 기본적인 모양새에서 이상 궤도와 크게 다르지 않지만 시간이 흐름에 따라 모양, 크기, 경사각이 서서히 변화하게 된다.

지구궤도 섭동

아래의 섭동 요인 네 가지는 지구궤도 우주선의 궤도운동에 상당한 영향을 미칠 수 있다.

1. 이상중력
2. 제3체의 중력
3. 공력
4. 태양복사압

일단 이들의 원리를 간단히 소개하고, 각각이 궤도 특성에 어떤 식으로 영향을 주는지 살펴보겠다. 위의 넷 말고 다른 섭동도 많은데, 정도는 약할지언정 모두 궤도운동에 영향을 미친다. 가짓수만 따지면 한참을 적어 내려야 할 정도이다. 특정 우주선을 운용하고 제어하는 데 어떠한 섭동을 고려에 포함하느냐 하는 문제는 우리가 우주선 위치를 얼마나 정확히 알 필요가 있는지에 달렸다. 오늘날 일부 지구관측위성의 경우 탑재 장비 성능을 최대한 끌어내려면 우주에서 불과 몇 센티미터 오차로 자신의 위치를 알아야 한다. 이만한 정확도를 달성하려면 온갖 섭동을 다 고려해야 한다. 반면, 정지궤도 통신위성의 경우 가로세로 100m 박스 내 어디쯤 있다고 알면 지상국 안테나를 올바른 방향에 맞추어 놓을 수 있다. 이때는 이상중력, 제3체의 중력, 태양복사압 이렇게 세 가지만 고려해도 충분하다.

궤도 섭동을 본격적으로 다루기에 앞서 하나 묻고 넘어가자. 왜 이런 부분까지 관심을 가져야 할까? (굳이 관심 없는 독자는 다음 장으로 넘어가도 된다. 이번 장을 나중에 읽어도 나머지를 이해하는 데 지장이 없다.) 이런 주제에 관심 있는 이유는 크게 두 가지이다. 첫째, 우주선을 운용함에 있어 그때그때 위치를 파악하는 문제가 상당히 중요하다. 예를 들어, 지상국은 우주선이 내일 정확히 몇 시에 수평선 어디서 떠오르는지를 확실히 알아야 한다. 그래야 위성이 임무를 지시 받고 지상국에 탑재체 데이터payload data를 전송한다. 위성의 시간별 위치를 정확히 예측하려면 섭동이 작용한 실제 궤도의 특성을 이용할 필요가 있다. 또한 스페이스셔틀과 우주정거장의 랑데부 같은 저궤도 활동을 설계할 때에도 궤도 섭동을 포함한 분석이 필요하다. 섭동을 무시하면 랑데부 예정 시각이 되었음에도 두 우주선이 실제로는 수십 혹은 수백 킬로미터나 어긋날 수 있다. 우주 임무를 계획하는 데 지구저궤도 이상중력에 의한 섭동을 무시하면 정말로 이런 불상사가 일어난다.

둘째, 궤도 섭동 작용은 우주선의 궤도제어를 요구한다. 이 말뜻을 이해하려면 제2장의 임무 궤도 선정 관련 내용을 상기할 필요가 있다. 탑재체이 임무 목적을 달성하는 데 가장 효과적이라 판단되는 곳에 우주선을 배치해야 하며, 이에 대한 고려를 바탕으로 임무 궤도를 선정한다고 했다. 임무 궤도가 정해지면 우주선을 그 궤도로 올릴 일만 남았다. 그 임무 궤도가 이상적인 궤도라면 모양, 크기, 경사각이 고정되고 우주선은 계속해서 케플러 궤도를 따라 돈다. 그러나 우리가 아는 바에 따르면 현실은 이와 다르다. 임무 궤도 진입에 성공해도 섭동으로 인해 궤도 속성이 점차 변하기 시작하여 결국에는 임무 목적에 부적합한 궤도로 변질된다. 이에 대처하고자 궤도 수정용 로켓을 점화해 우주선을 제자리로 돌려놓는다. 우주선 운용 인력은 이 작업을 계획하에 정기적으로 수행한다. 이를 *궤도제어*orbit control라 한다.

이상중력

지구가 완전 균질 구체라고 하면 지구 중력장은 뉴턴의 설명대로 역제곱 법칙에 정확하게 일치한다. 그러나 실제 지구는 완전 구체도 아니고 균질체도 아니다. 산은 8km 높이까지 솟아 있고 해구는 11km 깊이까지 내려앉는 등 지형적 특징 때문에 완전한 구(球)와는 상당한 차이가 있다. 게다가 지구는 기본적으로 편평 회전타원체(그림 3.1), 다시 말해 눌린 공 모양을 하고 있다. 적도와 극을 놓고 지구 중심까지 거리를 비교하면 21km 가까이 차이가 난다. 극지방이 그만큼 지구 중심에 가깝다는 뜻이다.

지구가 자전축을 따라 하루 한 바퀴씩 돌고 있으니 적도는 부풀고 극은 납작해지는 것이 당연한 일이다. 그러나 지구의 편평률, 즉 반지름 6,400km가량에 21km의 차이가 그렇게 눈에 띌 정도는 아니다. 달에 가서 지구를 바라보면 푸른 구슬처럼 영롱하다는 생각이 들 뿐 눈에 띄게 눌려 보이거나 하지

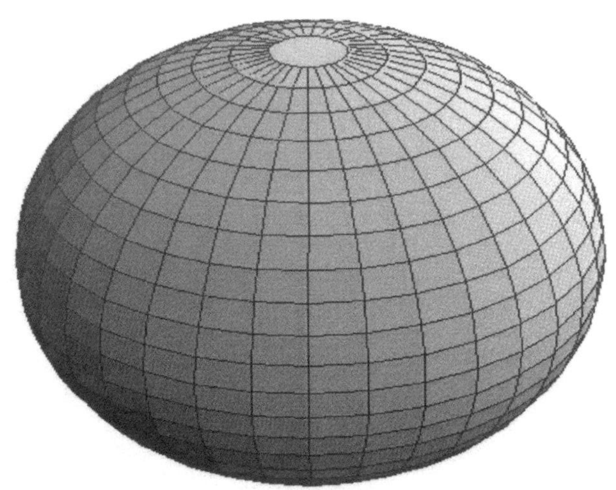

그림 3.1: 지구의 기본 형상은 편평 회전타원체로서 극지방이 납작한 반면 적도는 부풀어 있다. 그림이 다소 과장되었는데, 지구의 실제 편평률은 이보다 훨씬 작다.

않는다. 그러나 지구저궤도 우주선에 미치는 섭동을 생각하면 지구 허리의 군살(적도에 얹혀 있는 지각 21km)은 결코 무시할 만한 수준이 아니다. 이에 따른 중력 질량은 지구저궤도 우주선이 적도 상공을 지날 적마다 궤도운동에 상당한 영향을 준다. 지구 중력장에는 이처럼 뉴턴 이론에 벗어나는 부분이 존재하며, 이로 인해 이상중력에 의한 궤도 섭동이 일어난다.

그렇다면 이러한 지구 형상이 위성의 궤도운동에 어떤 영향을 주는가? 답하기 쉽지 않은 문제이다. 필자는 강단에서 우주공학 분야를 가르치며 적잖은 시간을 보냈음에도 불구하고 아직도 이 문제를 쉽게 설명할 방법을 찾지 못했다. 수식 활용이 가능한 상황이라도 그다지 나을 바가 없었다. 아무튼 크게 두 가지 영향을 끼치는데, 둘 다 궤도운동을 크게 바꾸어 놓는다. 바로 근지점 전진과 교점 역행 현상이다.

*근지점 전진*perigee precession은 이상중력에 의한 섭동으로서 타원궤도에 영향을 준다. 이상적인 타원궤도라면 장축(근지점과 원지점을 연결한 선)이 움직이지 않아야 한다. 위성의 근지점이 북극 상공이어야 한다면, 북극 상공을 근지점으로 하는 극궤도에 위성을 올리면 된다. 이상중력이 없을 경우 근지점은 의도한 대로 북극 상공에 고정된다. 하지만 적도 부근에서 중력 질량 분포가 늘어나기 때문에 근자점 부분에서 가속이 발생한다. 이에 궤적이 조금 더 안쪽으로 파고들면서 궤도가 커브를 튼다. 따라서 원지점도 같이 움직이며, 결과적으로는 장축선이 궤도면 안에서 시곗바늘처럼 돌아가는 모양이 된다. 그림 3.2는 이러한 현상을 보여 주고 있는데, 1에서 2까지 궤도를 네 바퀴 도는 동안 장축이 각도 α만큼 회전하였다.

사실 그림 3.2 정도 크기의 궤도에서 장축이 이만큼 돌아가려면 회전을 여러 번 거듭해야 하지만 이해를 돕고자 일부러 과장되게 표현하였다. 북극 상공을 근지점으로 하는 궤도 문제로 돌아가자. 근지점은 실제로는 근지점 전

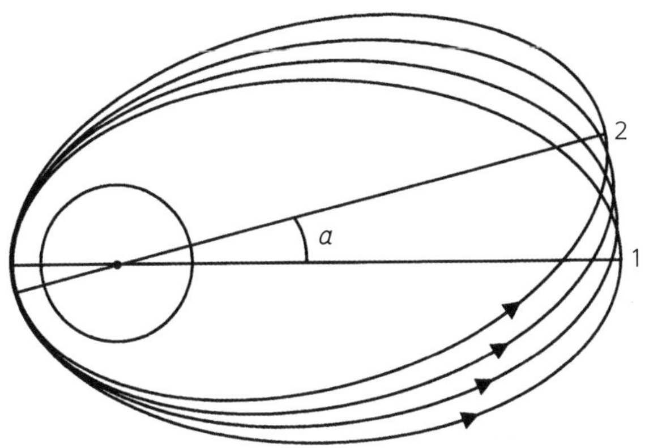

그림 3.2: 근지점 전진 현상으로 인해 타원궤도의 장축이 궤도면을 따라 시곗바늘처럼 돌아간다. 장축은 원래 1번 위치에 있었으나, 궤도를 몇 번 도는 사이에 2번 위치까지 나아갔다.

진 현상 때문에 북극 상공에 머물지 못하고 궤도면 안에서 꾸준히 이동한다.

근지점이 움직이는 속도는 궤도 크기, 모양, 경사각에 따라 다르기 때문에 일반화하기가 어렵다. 다만 저궤도가 고궤도보다 더 많은 영향을 받는다는 정도는 말할 수 있다. 우주선이 적도 상공을 낮게 통과하면 적도에 분포한 추가 질량의 영향을 더 받게 마련이다. 이해를 돕고자 수치로 예를 들어보겠다. 근지점 고도 300km, 원지점 고도 500km, 궤도경사각 30°인 타원형 저궤도의 경우 장축이 하루에 약 11° 회전한다. 고도에 따른 변화도 한번 살펴보겠다. 궤도경사각은 그대로 두고 근지점 1,000km, 원지점 10,000km로 고도만 높이면 장축 회전은 하루에 2°가량이다. 이 정도면 상당한 수준의 섭동이다. 더 높이 올라가더라도 사정은 마찬가지이다. 다른 섭동 요인에 의한 궤도 변화는 보통 하루에 몇 분의 1° 정도 움직이는 수준인데, 임무 분석팀은 이만한 차이에도 신경을 곤두세우곤 한다.

교점 역행nodal regression도 이상중력 섭동의 일종으로 원궤도와 타원궤도 모두에 영향을 미친다. 일단 교점이 무엇인지부터 알아보자. 아마 제2장

에서 살펴본 기억이 있으리라. 우주선의 궤도가 적도면과 만나는 지점을 교점이라 한다. 교점은 당연히 두 개가 나온다. 남에서 북으로 올라갈 때와 북에서 남으로 내려갈 때이다. 우주선이 북상할 때의 교차점은 *승교점*ascending node, 남하할 때의 교차점은 *강교점*descending node이라 한다. 두 교점을 연결하는 직선은 *교선*line of nodes(궤도면과 적도면이 만나는 직선)이라 한다. 이상적인 궤도라면 교선은 붙박이별에 대해 고정된다. 그러나 실제 궤도에서는 이상중력 섭동으로 인해 적도를 따라 움직인다. 이러한 교점 이동 혹은 교점 역행 현상을 도해하면 그림 3.3a와 같다. 이 경우도 적도에 분포한 추가 질량에서 원인을 찾을 수 있다.

그림에서 보다시피 궤도경사각이 90° 미만이면 교점이 적도를 따라 서쪽으로 움직이지만, 정확히 90°(극궤도)이면 제자리에 머무른다. 궤도경사각이 90°를 넘어서면 그때부터는 동쪽으로 움직인다. 교점이 이동하면서 궤도면이 함께 돌아가는 반면, 궤도경사각은 그대로 유지된다. 교점이 움직이고 궤도면이 돌아가는 현상은 그림 3.3b와 같이 끝없이 이어진다. 궤도면에

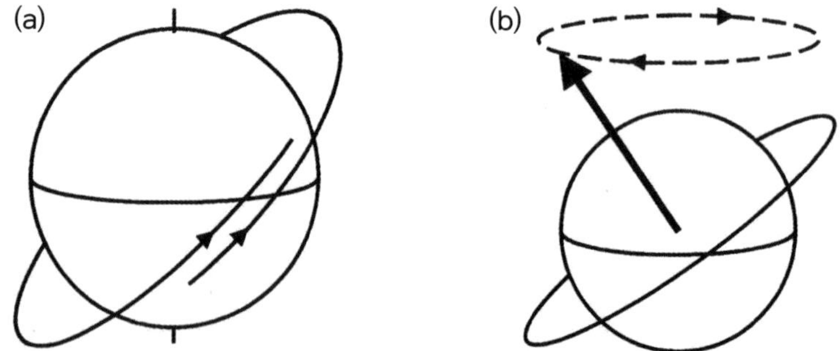

그림 3.3: (a) 이상적인 궤도는 교점이 고정이다. 그러나 지구가 편평 타원체 형상을 한 탓에 실제 궤도에서는 교점이 이동한다. 적도 통과 지점이 매 궤도마다 조금씩 다르다는 뜻이다. (b) 위 현상을 달리 설명하는 방법도 있다. 궤도면에 수직으로 화살표를 세우면 화살표 끝이 서서히 원을 그리는 모습을 볼 수 있다. 지구의 편평 타원체 형상으로 인해 이와 같은 현상이 일어난다.

수직으로 화살표를 세우면 화살표 끝이 그림과 같이 빙글빙글 원을 그린다. 지구의 편평 타원체 형상이 교점 역행을 일으키는 과정은 설명하기 까다로운 면이 있다. 아무튼 기본 원리는 *자이로스코프 세차운동*gyroscopic precession과 관련된다.

교점 역행과 관련해 간단히 설명문을 준비하였다. 물리를 조금만 알면 쉽게 읽을 수 있겠지만 혹시 어렵다면 거르고 가도 다음을 이해하는 데 별 지장은 없다.

교점 역행

토크torque 관점에서 볼 때 교점 역행이 궤도에 미치는 영향은 자이로스코프 세차운동과 비슷하다. 펑크 난 타이어를 교체하려면 바퀴의 볼트를 풀어야 하는데 그러려면 돌림힘, 즉 토크가 필요하다. 볼트에 렌치를 걸고 손잡이 끝을 내리누르면 회전 방향으로 힘이 발생한다. 회전축에 걸리는 토크 크기는 렌치 손잡이 끝에 가하는 힘뿐만 아니라 사용하는 손잡이 길이에도 좌우된다. 손잡이가 길수록 '모멘트암moment arm'이 길어지고 토크 또한 강해진다. 토크의 축은 회전이 일어나는 중심축(이 경우는 볼트의 장축)과 평행하다.
아래 그림은 지구를 나타내는데, 편평 타원체 형상을 다소 과장되게 묘사하였다. 위성이 지구궤도를 돌면 궤도면에 수직한 회전축 S가 생긴다. 이를 *궤도각운동량 벡터*orbital angular momentum vector라 한다. 적도 쪽의 질량 분포가 높기 때문에 궤도상의 최북단 위치인 1지점에서 우주선에 미치는 중력은 적도 쪽에 살짝 치우친다. 이에 따라 궤도면에 수직으로 약간의 면외 중력 성분out-of-plane component of gravity이 발생한다. 이와 비슷하게 2지점에도 면외 중력 성분이 생기지만 이번에는 방향이 반대이다(앞서는 아래쪽이었고 이번에는 위쪽이다). 이러한 작은 힘이 어우러져 궤도에 토크가 발생하는데(화살표 T 표시), 그 방향이 궤도의 교선 N–N'과 나란하다. 궤도면에 이런 식으로 토크가 걸리면 마치 자이로스코프처럼 궤도의 회전축이 토크 축을 향해 정렬하려는 움직임을 보인다. 즉 궤도각운동량 벡터 S가 토크 벡터 T 방향으로 나아가려 한다. 회전축 S가 토크 축 T 쪽으로 눕는다는 뜻이다. 그런데 회전축 S는 언제나 궤도면에 수직이므로, 회전축이 기울면 궤도면도 따라서 기울고 결과적으로 교점 N은 적도를 따라 서쪽으로 이동한다.

아울러 토크 축 T가 교선과 평행이므로 토크 축 방향도 궤도면에서 서쪽으로 회전한다. 그 결과 궤도 회전축은 그림 3.3b에서 보는 바와 같이 세차운동을 한다.

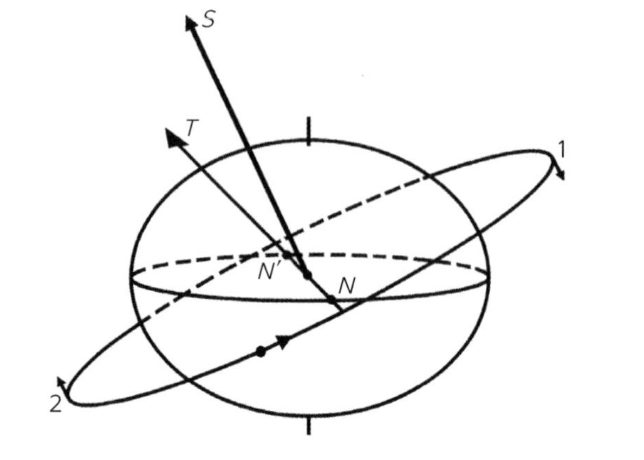

그렇다면 교점 역행은 얼마만큼 영향을 미칠까? 스페이스셔틀이 주로 이용하는 원궤도를 예로 들면, 궤도고도 300km, 궤도경사각 30° 조건에서 궤도교점이 하루에 약 7°씩 서쪽으로 이동한다. 다른 섭동 효과에 비해 상당히 큰 편이다. 그러나 고궤도에서는 교점 역행의 영향이 줄어든다. 우주선이 적도상에 분포한 추가 질량으로부터 멀리 떨어져 있기 때문이다. 예를 들어, 경사각은 그대로 두고 고도만 10,000km로 올리면 교점 역행 속도는 하루에 0.3° 수준으로 떨어진다.

논의를 정리하자면 다음과 같다. 지구의 편평 타원체 형상으로 인한 섭동은 지구저궤도 우주선 운용에 극히 중요하다. 이를 무시하면 나중에는 우주선의 위치 오차가 수천 킬로미터에 달하게 된다.

이상중력 섭동 – 지구정지궤도 편

이번에 살펴볼 이상중력 섭동은 지구정지궤도 위성의 운동으로 아주 잘 드러난다. 우리도 알다시피 지구는 대체로 눌린 공 모양을 하고 있지만 여기에는 아직도 의외의 모습이 숨어 있다. 적도면을 따라 지구를 잘라 보면, 단면이 원이 아니라 타원에 가깝게 나온다. 지구의 윤곽을 조금 과장하여 표현하자면 그림 3.4와 같다. 공을 가져다 위아래로 지그시 누르고 양옆으로도 슬쩍 눌러 보겠다. 이로써 전체적인 형상은 편평 타원체이지만 적도 단면은 타원인 형태를 만들 수 있다. 그림과 같이 3차원 직교좌표축을 설정하고 a, b, c 길이를 서로 다르게 택하면 위에서 만들어 낸 모형이 된다. 앞서 설명한 바 있지만 적도반지름 b는 극반지름 a보다 21km가량 길다. 여기서 b와 c도 약간 다르지만 그 차이는 1km보다 작다고 제안하자. 지구의 적도반지름 $b=$ 6,378km를 상기하면, b와 c의 차이에 따른 적도 단면의 타원율은 정말 작다고 할 수 있다. 이러한 사소한 차이가 정지궤도 위성의 운동에 어떤 영향을

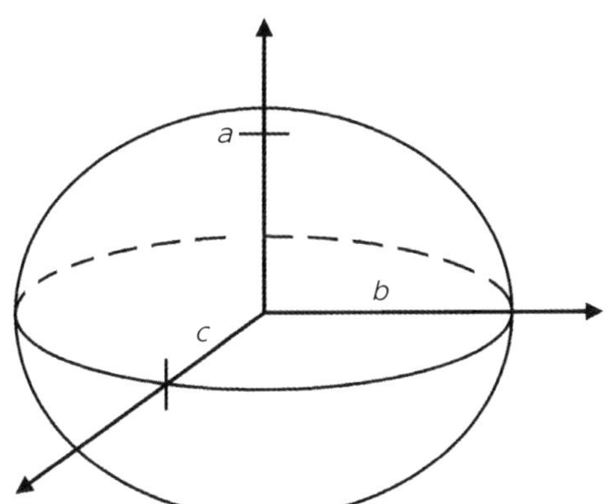

그림 3.4: 지구의 모양을 3차원 직교좌표축에 근사해 나타냈다. 축마다 길이가 다르다는 점에 유의하라. 지구는 기본적으로 편평 타원체 형상인데, 이에 더해 적도 단면 자체도 타원형을 하고 있다.

미치는지 살펴보자.

적도 단면은 타원이지만 사실상 원에 가깝다. 원이나 별 차이가 없는데 과연 위성의 궤도운동이 얼마나 영향을 받을지 의문이다. 이 문제에 대한 결론은 이렇다. 섭동은 위성이 궤도를 돌 적마다 같은 방식으로 작용한다. 섭동력 자체는 작을지 몰라도 찔끔찔끔 계속해서 변하다 보면 나중에는 그 영향을 무시할 수 없게 된다.

그림 3.5처럼 북극 상공 높이에서 지구와 정지궤도를 내려다본다고 가정하고 섭동 효과를 설명하겠다. 적도 단면의 타원 형상을 일부러 크게 부풀려 그렸다. 실제 지구 지형과 쉽게 연계되도록 그리니치자오선Greenwich Meridian을 함께 표시하였다. 그림 3.5a에서 A, B지점은 적도 단면 돌출부에 해당하며 각각 동경 160°, 서경 10° 부근에 위치한다(이번 장을 읽는 동안 지구본을 곁에 두고 지리적인 내용을 참고하면 좋겠다). 어딘가 하면 A지점은 서태평양, B지점은 아프리카 서안 부근이다. 정지궤도 위성의 위치는 임의로 정

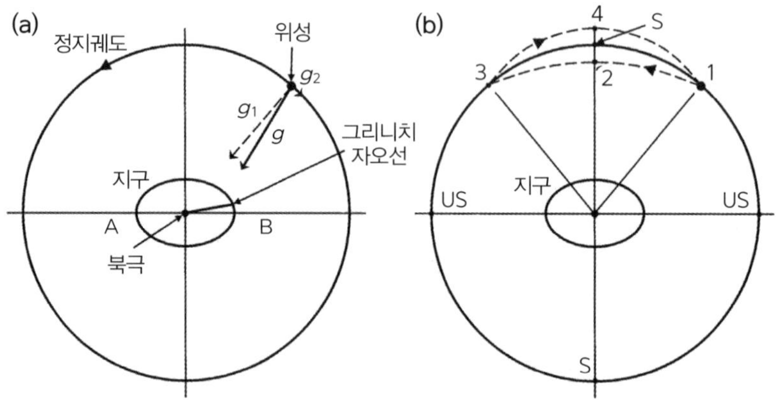

그림 3.5: (a) 북극 상공 높이에서 지구와 정지궤도를 내려다본 모습. 적도의 타원 형상이 드러난다. (b) 적도가 타원형이라서 정지궤도 위성에 이상중력 섭동이 나타난다. 위성이 그림처럼 왔다 갔다 하는 모습을 보인다.

했는데, 동경 40° 정도 될 것이다. 정지궤도 위성의 위치(경도)는 서비스 대상 지역에 따라 얼마든지 다를 수 있다. 이 경우는 동아프리카와 중동 지역을 타깃으로 올렸다고 생각하자.

그림 3.5a에서 눈여겨볼 점이 있다. 정지궤도 위성이 이상적인 궤도를 따른다면 위치에 변화가 없어야 한다. 지구가 하루 한 바퀴 자전하는 동시에 위성도 꼭 한 바퀴 공전한다는 뜻이다. 즉 그림 3.5a 전체가 북극을 축으로 하루에 한 바퀴씩 돌아간다고 생각하자. 이 경우 지구와 위성의 상대 위치는 변하지 않는다. 이번에는 위성에 초점을 맞추어 살펴보겠다. 위성에 작용하는 중력은 적도에 분포한 추가 질량에 영향을 받는다. 위성이 A보다 B '돌출부'에 가까이 위치하므로 중력 방향(화살표 g)이 정확히 지구 중심을 향하지 않고 B 쪽으로 살짝 치우친다. 이 그림 역시 이해를 돕고자 과장되게 표현했지만 실제로는 정말 미미하다. 위성에 작용하는 합력resultant force을 두 가지 *성분*component으로 나누어 볼 수 있다. 주축이 되는 힘은 g_1이며 지구 중심을 향한다. 이에 비하면 훨씬 작지만, g_2는 위성의 국지 수평 방향을 향한다.

힘을 각 방향 성분으로 분해하는 개념을 설명하기 위해 테니스장의 롤러를 예로 들어 보겠다. 그림 3.6에서 보다시피 롤러를 밀든지 당기든지 할 수 있다. 어떤 방법을 택하든지 마찬가지 아닌가? 그런데 힘을 성분으로 분해하고 보면 차이가 보인다. 롤러를 밀 경우(그림 3.6a) 우리가 가한 힘(실선 화살표)은 롤러가 움직이는 수평 방향과 아래로 향하는 수직 방향, 이렇게 두 성분(점선 화살표)으로 분해된다. 한편으로 롤러를 당길 경우(그림 3.6b) 수평 방향 성분은 같지만 수직 방향 성분이 위를 향한다. 롤러를 밀면 수직 방향으로 롤러를 누르는 힘이 발생해 실효 하중이 증가한다. 이로 인해 지면과의 마찰이 커져 움직이기 힘들어진다. 반면, 롤러를 당기면 롤러의 실효 하중 및 지면 마찰이 줄어들기 때문에 움직이기 편하다. 힘의 분해는 엔지니어

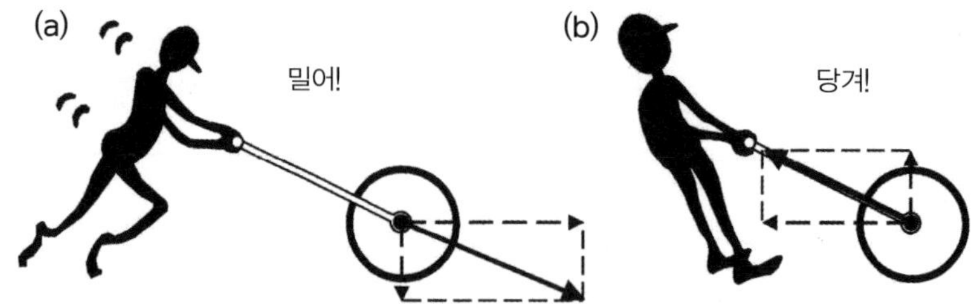

그림 3.6: 테니스장 롤러에 가한 힘(실선 화살표)을 수평 방향 및 수직 방향 성분으로 분해하였다 (점선 화살표).

들도 즐겨 쓰는 수법이다. 정지궤도 위성에 작용하는 중력 문제를 다루는 데에도 편의상 수직 방향 성분과 수평 방향 성분으로 분해해서 보는 편이 눈에 잘 들어온다.

힘의 성분이 무엇인지 이해했으니 지구정지궤도 섭동 문제로 돌아가자. 중력에 국지 수평 방향 성분이 있다니 우리에게 생소한 개념이 아닐 수 없다. 일상적인 경험에 따르면 중력은 항상 국지 수직 방향으로 작용한다. 하지만 적도에 분포한 추가 질량은 이와 같은 기묘한 중력 현상을 야기한다. 이러한 중력 성분이 위성의 운동에 미치는 결과는 상당하다. 그림 3.5b에서 1지점의 국지 수평 방향 중력 성분은 미미하지만 힘의 방향이 정지궤도 위성의 운동 방향과 반대이다. 이 방향을 *역행*retrograde이라 한다. 이와 같이 역행 방향으로 작은 힘이 작용하면 궤도의 에너지가 감소하므로, 그만큼 궤도고도가 낮아진다. 정지궤도 위성의 고도가 떨어지면 어떻게 될까? 위성의 궤도속력이 증가하면서 궤도주기(1일) 역시 조금씩 빨라진다. 더 이상 지구 자전주기와 궤도주기가 일치하지 않는다는 뜻이다. 고도가 낮아짐과 동시에 정지궤도 위성은 머물러 있어야 할 자리(목표 경도)를 벗어나 표류하기 시작한다. 1지점에서 2지점으로 이어지는 점선 화살표가 이러한 표류 상황을 나타내고 있다. 이해를 돕고자 2지점의 고도 변화를 과장되게 나타냈으니 주의하기 바란다.

2지점은 거리상 A와 B 돌출부의 중간쯤이라 중력 방향이 정확히 지구 중심을 향한다. 하지만 궤도고도가 여전히 낮기 때문에 위성은 계속해서 표류하며 2지점을 지나친다. 그렇게 2지점을 지나가면 이때부터 다시금 수평 방향 중력이 발생한다. 그런데 이번 수평 방향 중력은 방향이 반대이다. 위성이 A 돌출부 쪽에 더 가깝기 때문이다. 수평 방향 중력 성분은 위성의 진행 방향과 일치한다. 이러한 중력 방향은 궤도 에너지를 증가시켜 위성의 고도를 다시금 높여 준다. 2지점에서 3지점으로 이어지는 점선 화살표가 이러한 상황을 나타내고 있다. 3지점에 이르면 위성은 정지궤도 고도를 회복한다. 아울러 궤도주기 역시 지구 자전주기와 일치하여 경도에 대한 표류를 멈춘다. 하지만 중력의 수평 방향 성분이 위성의 진행 방향, 즉 순행prograde으로 계속해서 작용하기 때문에 궤도고도가 정지궤도 이상으로 높아진다. 그러면 위성의 궤도속력이 정지궤도 속력에 못 미쳐서 주기의 동기 현상이 깨진다. 위성은 이제 반대 방향으로 표류한다. 3지점에서 4지점으로 이어지는 점선 화살표가 이러한 표류 상황을 나타내고 있다. 4지점을 지나면 수평 방향 중력은 다시 한 번 역행으로 작용한다. 이로써 궤도고도가 떨어지고 위성은 결국 정지궤도상의 원위치 1지점으로 돌아간다.

정지궤도 위성이 이렇게 돌고 돌아 제자리를 찾는 과정은 보통 수백 일씩 걸리는 상당히 긴 여정이다. 주기운동 현상 자체는 흥미롭지만 위성 관제 인력에게 정지궤도 위성의 방랑벽은 사실 골칫거리가 아닐 수 없다. 위성 관제소는 정지궤도 위성이 지정된 배치 위치를 벗어나지 않았으면 한다. 엔지니어들은 이러한 이상중력 섭동 효과를 상쇄하기 위한 계획을 수립하고 그에 맞추어 궤도제어 기동orbit control maneuver을 실시해야 한다. 위성에 장착된 소형 로켓 추력기를 작동시켜(제9장 참조) 위성을 제자리에 돌려놓는다는 뜻이다. 이러한 궤도 유지station-keeping 작업이 없으면 위성은 안정점stable point S를 중심으로 무한정 왔다 갔다 한다(타원형 적도면의 단축과 정지궤도가 만나는 지점이 안정점이다). 위의 사례에서 동경 40° 동아프리카 상공에 떠 있는 정지궤도 위성을 제어하지 않으면 인도네시아(동경 120°)까지 주기적으로 왔다 갔다 하는 진풍경이 벌어진다. 실제 지구와 구형 지구의 형상 차이가 미미함에도 불구하고 위성 궤도에 어쩌면 이렇게 큰 차이를 야기할 수 있는지 필자로서도 그저 놀라울 따름이다.

그림 3.5b에서 USunstable는 질량이 몰려 있는 적도상의 위치로서, US 상공의 정지궤도 위치는 불안정하다. 이 지점에 위성을 배치하고 그대로 방치하면 가까운 안정점stable(S 표시) 쪽으로 움직이기 시작한다.

제3체의 중력

우주선과 지구 외 제3의 천체 중력이 우주선과 지구로 구성된 시스템의 운동에 영향을 주는 경우를 일컬어 제3체에 의한 섭동이라 한다. 지구는 우주에서 고립된 존재가 아니다. 우주에는 다른 천체들이 존재하며, 이들의 중력은 지구궤도 우주선의 운동에 상당한 영향을 미칠 수 있다. 그중 태양과 달이 가장 큰 섭동의 영향을 준다. 이들 제3 천체의 존재를 의식하고 그림 3.7을 살펴보자. 우주선의 운동을 좌우하는 전체 중력은 지구와 태양 및 달 중력의 총합이라는 점을 이해할 수 있다. 제3체 섭동을 분석한다고 하면 보통 태양과 달 정도를 포함하게 마련이며, 그 영향을 *일월섭동*luni-solar perturbations이라고 한다. 물론 우주선 임무에 따라서는 고도의 위치 정확도를 요구하는 경우도 있다. 이때는 화성, 금성, 목성 등 기타 천체도 분석 대상에 포함

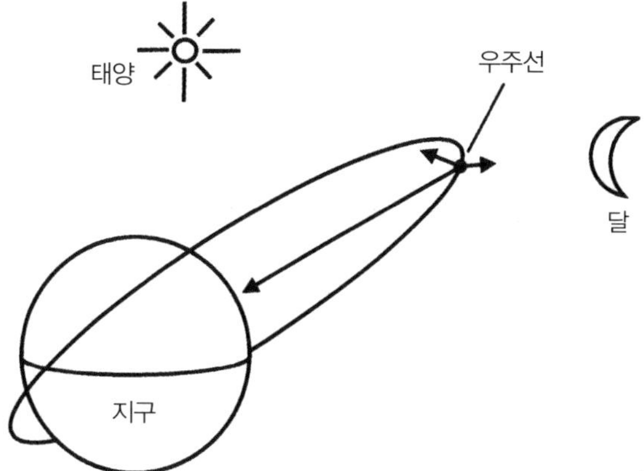

그림 3.7: 우주선의 궤도운동은 지구 중력만이 아니라 제3체 중력장에 의해서도 영향을 받는다. 제3체에서 주 고려 대상은 태양과 달이다.

시켜 필요한 수준으로 정밀도를 높인다.

저고도 원궤도는 제3체 섭동에 영향을 덜 받는 편이다. 우주선이 지구에 가까이 위치하기 때문에 기타 천체의 중력에 비해 지구 중력이 지배적이다. 하지만 정지궤도 혹은 장타원궤도의 원지점처럼 지구와 상당한 거리를 둔 상황이면 제3체의 중력 섭동을 중요하게 취급해야 한다. 지구 중심에서 멀어지면 우주선에 작용하는 지구 중력은 감소하지만, 태양 중력은 크게 변하지 않는다. 태양 중력이 우주선의 궤도에 미치는 전반적인 영향은 여전히 작은 상황이지만, 지구 중력에 대한 태양 중력의 비율이 증가한다는 점이 중요하다. 그런즉 제3체 섭동은 고궤도에서 두드러진다. 그러면 자연스럽게 다음과 같은 질문이 나오겠다. 제3체의 섭동은 우주선의 궤도에 어떤 변화를 주는가?

이 질문을 풀어 나가는 데 다음에 주목할 필요가 있다. 제3체 중력에 따른 섭동력의 방향은 일반적으로 우주선의 궤도면에서 벗어나 있다. 태양이나 달 같은 천체가 우주선의 궤도면과 동일한 평면상에 위치하는 경우가 드물기 때문이다. 그 결과 제3체 섭동은 궤도경사각을 조금씩 바꾸어 놓는 등 주로 궤도면에 변화를 일으킨다. 이에 더해 궤도 크기semi-major axis와 모양eccentricity에도 약간의 진동oscillation이 발생하는데, 이 문제는 근지점 고도가 낮은 장타원궤도에 중요하게 작용할 수 있다. 이 경우 궤도 크기 및 모양이 변화하면 근지점 고도가 들쭉날쭉하여, 근지점이 지구 대기권 안팎을 들락거리게 된다(다음 절의 공력 부분을 참조). 우주선이 대기권에 재진입하면 임무 수명의 조기 종료라는 불길한 예상이 현실화될 수도 있다.

공력

우주는 진공인데, 우주선 이야기를 하던 중에 공력이라니 조금 이상해 보인다. 그렇지 않은가? 사실 살아 숨쉬는 생물체로서 사람에게는 진공이나 다름없다. 우주정거장 바깥으로 나가서 헬멧을 벗기라도 하면 우주가 진공이라는 생각이 확실해지리라. 그런데 궤도를 선회하는 우주선은 거의 1,000km 상공에서도 공기저항을 겪는다. 이 정도 고도에도 대기는 존재한다. 다만 밀도가 극도로 낮을 뿐이다. 대기가 얼마나 희박한지 예를 들어 보겠다. 태양 활동이 평균적이라 가정한다면 800km 상공의 대기 밀도는 세제곱미터당 0.000 000 000 000 01kg이다(태양 활동이 대기 밀도에 미치는 영향은 제6장에서 다룬다). 숨을 쉬지 못하는 것이 당연하다. 해수면 기준 대기밀도 1.2kg/m^{3}와 비교가 안 되는 수준이다.

그렇다면 의문이 들지 않을 수 없다. 대기가 이처럼 희박한데 공기저항이 어떻게 우주선의 궤도운동을 교란할 수 있는가?(제5장에서 발사체에 작용하는 항력 이야기를 참조하라) 우리는 다음과 같은 사실에서 실마리를 찾을 수 있다. 물체에 작용하는 항력은 공기 밀도 외에도 물체가 공기를 헤치고 이동하는 속력에 좌우된다. 풍속이 충분히 빠르면 겨울철 비바람에도 정원 울타리가 넘어간다. 이 힘을 일명 *동압*dynamic pressure이라 하는데, 동압은 사실상 풍속의 제곱에 비례한다. 풍속이 2배면 울타리에 작용하는 힘이 4배(2^2), 풍속이 3배면 힘이 9배(3^2)로 증가한다. 아기 돼지 삼형제 이야기가 괜히 나온 것이 아니다.

위의 논지 그대로 장소를 이동해 보겠다. 정원 울타리보다 훨씬 높은 곳, 비행 중인 항공기를 살펴보자. 항공기도 풍속이 높은 바람을 맞는다. 그러나 이번 바람은 공기 속을 운동하는 항공기 그 자체가 만들었다. 대기 중을 비행하는 항공기는 공기저항에 의한 힘을 받는다. 공기저항력(항력)은 보통 뉴턴Newton, N(힘의 단위로서 아이작 뉴턴의 이름을 땄다) 단위로 측정한다. 1N의 힘은 공식적으로 다음과 같이 정의한다. 1N은 1kg의 질량을 1m/sec^{2}로 가속하는 데 필요한 힘이다. 제1장에 설명한 대로, 1N의 힘이 작용하는 동안 1kg 물체의 이동속도는 초당 1m/sec씩 빨라진다. 1N이 얼마나 되는 힘인지 좀 더 와닿게 설명하자면 이렇게 표현할 수 있겠다. 자그마한 사과 한 알 무게! 다시 항공기 문제로 돌아가 보자. 민항기가 순항 고도를 비행할 때 기체에 미치는 동압은 얼마나 될까? 맞바람을 맞는 단면적에 제곱미터당 10,000~15,000N이 걸린다. 10,000N이면 근 1톤 무게의 힘이다. 항공기는 이처럼 엄청난 공기저항력을 받는다. 비행을 계속하려면 엔진 추력으로 항력을 극복해야 한다.

마지막으로 위성 궤도고도까지 올라가도 똑같은 원리가 그대로 적용된다. 물론 항공기에 비교할 바는 아니지만, 우주선 역시 항력을 받는다. 궤도의 공기 밀도가 극히 낮은 수준이라 해도 우주선 자체가 워낙 빠른 탓에 그 영향을 어느 정도 체감할 수 있다. 속도에 수직한 면적에 대해 제곱미터당 100

분의 1N(고도 200km)에서부터 작게는 0.000 000 05N(고도 1,000km)에 이르기까지 상황별로 다양하다. 대기 분자 충돌로 인해 이처럼 미미한 힘이 발생한다. 너무 작아 보잘것없어 보이지만 이런 힘이 속도의 역방향으로 항시 작용하기 때문에 고도가 조금씩 계속해서 떨어진다. 가령 우주선이 200km 상공 원궤도에 올라가 있다면 얼마 못 가 대기권에 재진입하고 만다. 기체의 공력 특성에 따라 다르지만 짧게는 며칠, 기껏해야 몇 주 정도가 한계이다.

이제 항력 섭동이 일반적인 위성의 궤도를 어떻게 바꾸는지 이해할 수 있을 것이다. 항력 섭동은 주로 궤도 크기를 감소시키고 궤도 형태를 원에 가깝게 변형시킨다. 이러한 영향을 살피고자 그림 3.8a와 같은 편심궤도를 가정하자. 초기 원지점은 1지점이며, 근지점은 고도가 낮아 대기권 상층부를 지난다. 근지점을 한 번씩 통과할 때마다 항력으로 인해 궤도 에너지에 손실이 발생한다. 그 때문에 다음 원지점 때는 2지점, 3지점과 같이 고도가 조금씩 낮아진다. 그림에서 관심을 끄는 점은 두 가지이다. 궤도 크기는 줄고 모양은 점점 원이 되어 간다. 설명을 위해 배율을 무시하고 그렸으니 유의하길 바란다. 궤도를 두 바퀴 돈다고 원지점 고도가 저렇게 떨어질 수는 없다. 실제로 수백 번은 돌아야 가능한 일이다. 이심률이 작은 경우(그림 3.8b)라도 변화의 양상은 비슷하다. 이번 역시 원지점 고도 감소가 현저한 데 비해 근지점 고도 감소는 미미하다.

원궤도의 경우 궤도 회전 내내 항력이 작용하므로 우주선은 마치 나선을 그리듯 고도를 상실한다. 고도가 얼마나 떨어지느냐 하는 문제는 우주선 공력 특성에 따라 다르다. 작고 무거운 물체, 가령 포탄(제2장 뉴턴의 대포 참조) 따위는 항력의 영향이 상대적으로 덜한 편이다. 반면에 크고 가벼운 물체, 예를 들면 기구위성balloon satellite과 같은 경우 항력이 궤도고도에 미치는 영향이 상당하다. 1960년대 우주통신 초창기에 전파 반사 실험을 목적으

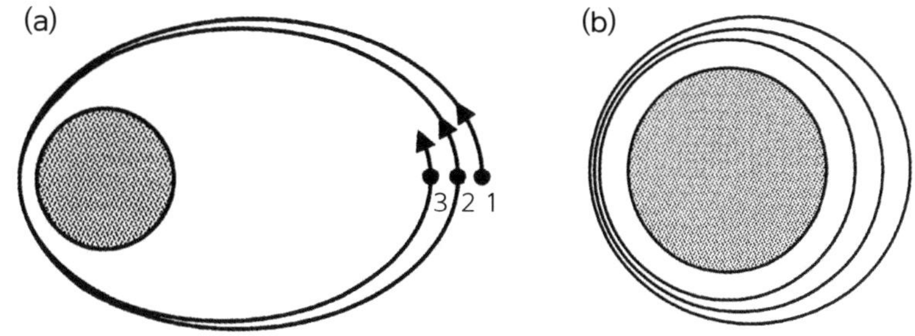

그림 3.8: (a) 근지점 쪽에서 항력이 작용하여 원지점 고도가 떨어지기 시작한다. 그 결과 궤도 크기와 이심률이 감소한다. (b) 이심률이 작은 경우 항력에 따른 궤도 변화 양상. 바깥쪽의 타원궤도로 시작하여 안쪽의 원궤도로 변하는 모습을 볼 수 있다.

로 이러한 기구위성을 다수 발사했는데 항력 때문에 모두 얼마 못 가 떨어지고 말았다. 대강의 수치를 말하면 이렇다. 일반적인 우주선을 고도 800km 원궤도에 올리는 경우 항력에 따른 고도 변화는 매 궤도당 몇 내지 몇십 센티미터 수준이다. 반면, 고도 200km 원궤도라면 궤도를 한 바퀴 돌 적마다 고도가 1km 혹은 그 이상도 떨어질 수 있다. 저고도 원궤도에는 우주선이 오래 머무를 수 없다.

저고도 원궤도 항력 문제와 관련해 다음과 같은 특징이 눈길을 끈다. 항력은 우주선의 운동 방향 반대로 작용함에도 불구하고 실제로는 우주선의 속력을 높이는 결과를 부른다. 이런 사례는 흔히 경험할 수도 없을뿐더러 직관에 반하는 현상으로 보인다. 하지만 조금만 생각해 보면 퍼즐이 풀린다. 어떠한 힘이든 간에 우주선에 역행으로 작용하면 궤도 에너지 손실로 인해 고도가 떨어진다. 그리고 제2장에서 보았듯이 궤도고도가 낮아질수록 우주선의 속력이 빨라진다. 현상의 본질은 이러하다. 매 궤도 회전마다 고도가 떨어지는데, 이는 곧 우주선이 중력장에서 '활강' 비행을 한다는 의미이다. 자전거를 타고 비탈길을 달려 내려오는 상황과 조금도 다르지 않다. 중력이 자전거를 앞쪽으로 끌어당기면서 속력이 붙지만 그와 동시에 몸에 바람을 맞는다. 이에 따라 자전거 속도 반대 방향으로 항력이 작용해 앞으로 나가는 속력을 감속한다. 위성의 경우, 위성을 앞으로 끌어당기는 중력이 위성을 감속하는 항력보다 크기 때문에 궤도고도가 떨어지는 동안 궤도속력이 실질적으로 증가하는 모양새를 보인다. 필자는 뜻밖에도 어느 학술지에선가 "항력이 궤도속도를 떨어뜨린다"라는 식의 표현을 본 적이 있다. 이럴 때 보면 전문가 말이라고 다 들을 일은 아니라는 생각이 든다.

태양복사압

궤도 변형 문제와 관련해 주요 섭동 몇 가지를 다루었는데, 끝으로 태양복사압solar radiation pressure, SRP에 따른 궤도 섭동을 살펴보고자 한다. 태양복사압은 우주선에 압력을 가함으로써 궤도를 변형시킨다. 일견 항력과 비슷한 면이 있지만 압력원이 빛, 우주선에 비추는 저 찬란한 햇살이란 점이 다르다. 20세기 물리학자들은 영민한 사람들이라 빛이 표면에 반사하면서 표면에 압력을 가한다는 점을 알아냈다. 여러분이 이 책을 읽는 와중에도 광원은 책장에 작디작은 힘을 가하고 있다. 그전에는 아무도 몰랐으나 20세기에 들어 실체가 드러났다고 함은 그만큼 별 볼일 없는 힘이나 마찬가지라는 뜻인데 아주 틀린 말은 아니다. 우주선이 대기 중을 비행하면 공기 분자와의 충돌로 인해 항력이 발생한다. 태양복사압도 원리 자체는 동일하지만 이 경우에는 태양광선의 입자(이름하여 *광자*photon)가 대기 입자를 대신한다.

태양복사압의 세기는 태양광에 수직한 평면 1m²당 수백 만분의 1N 정도로 미미하다. 우주선이 600~700km 고도의 원궤도를 도는 경우 항력과 태양복사압의 영향력은 엇비슷한 수준이다(태양복사압의 정도는 태양 활동에 좌우한다. 제6장 참조). 하지만 둘의 작용에는 차이점이 있다. 항력은 고도 상승에 따라 감소하는 반면, 태양복사압은 태양으로부터 멀어질수록 감소한다. 힘의 방향 역시 다르다. 항력은 언제나 우주선의 속도 방향과 반대로 작용하지만, 태양복사압은 보통 태양으로부터 밀어내는 방향으로 작용한다.

태양복사압이 우주선 궤도에 이러이러한 영향을 미친다고 잘라 말하기는 아무래도 쉽지 않다. 고도 600~700km 이하에서는 항력이 압도적이라 태양복사압을 무시할 수 있다. 그 이상의 고도에서는 위성 궤도면의 방향이 중요하게 작용한다. 위성 궤도면이 태양을 기준으로 어느 쪽을 향하는가에 따라 태양복사압에 의한 결과가 크게 달라진다. 태양복사압이라는 힘이 미미하다는 점도 고려하도록 하자. 태양복사압은 보통 궤도 크기, 모양, 경사각에 변화를 일으키게 마련인데, 정도가 크지는 않지만 주기적이라는 특징이 있다. 항력의 사례에서 보듯, 미약한 힘이라도 궤도를 돌 적마다 같은 식으로 반복 작용해 쌓이기 시작하면 나중에는 궤도에 상당한 변화를 줄 수 있다. 아울러 태양광 투영 면적도 변수로 작용한다. 우주선이 큼지막한 태양전지판이라도 달고 있다면 섭동은 한층 더 증폭된다.

정지궤도 위성의 궤도운동을 예로 들면, 태양복사압 섭동 효과의 누적을 가시화할 수 있음은 물론 그 영향을 상당히 직관적으로 설명할 수 있다. 그림 3.9a처럼 북극 상공 저 높이에서 지구를 내려다본다고 생각하자. 바깥쪽의 실선은 정지궤도를 나타낸다.

위성이 정지궤도상의 1지점에 위치할 때 태양복사압은 위성의 운동 방향 반대쪽으로 작용한다. 이에 약간이지만 궤도 에너지가 감소한다. 그 결과, 지구 반대편에서의 궤도고도가 떨어져 2지점에 근지점이 형성된다. 이때부터는 태양복사압이 위성을 밀어주기 때문에 얼마간 에너지가 증가하고,

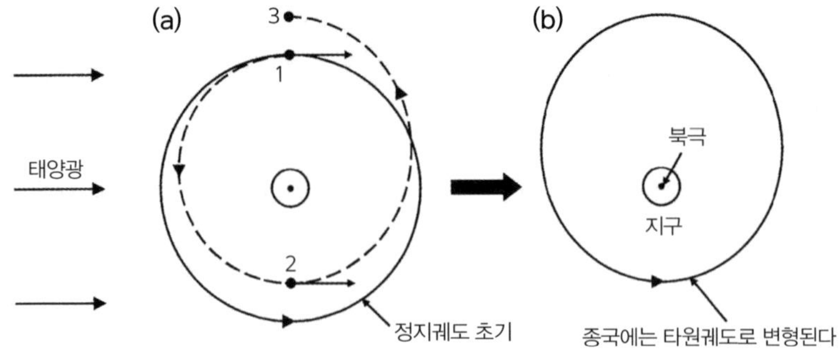

그림 3.9: 초기에는 원궤도였으나 태양복사압으로 인해 이심률이 발생한다.

위성은 기존 고도보다 높은 3지점까지 올라간다. 이러한 효과가 함께 작용해 정지궤도는 (원래 원궤도이지만) 그림 3.9b와 같이 타원궤도로 변형된다(장축 방향은 일광과 수직을 이룬다). 이번 논의 역시 설명을 위해 단순화했다는 점을 밝힌다. 실제 태양복사압 섭동으로 인한 정지궤도의 변형은 그림 3.9b보다 훨씬 미미한 수준이다. 그림의 타원궤도는 이심률이 그렇게 크지도 않지만, 이 역시 궤도 회전을 여러 번 반복했을 때나 나올 수 있는 결과이다. 그림처럼 한 바퀴 돈다고 이렇게 되지 않는다. 그러나 말하고자 하는 바는 분명하다. 태양복사압 섭동은 정지궤도의 이심률을 높여 원궤도를 타원궤도로 만들어 놓는다. 이 문제가 왜 중요할까?

제2장 지구정지궤도 관련 내용을 상기해 보자. 정지궤도 위성의 경우 지상의 관찰자에 대해 위치가 한 점에 고정된다. 지상의 접시안테나를 움직이지 않아도 링크가 유지된다는 점은 정지궤도만의 장점이다. 그러려면 위성의 속력이 일정해야 하는데, 이는 오직 원궤도에서만 가능한 일이다. 하지만 태양복사압으로 인해 궤도에 약간의 이심률이 발생한다. 위성은 근지점에 가면 원궤도 속력보다 빨라지고, 원지점에 가면 원궤도 속력보다 느려진다. 지상관제소에서 보면 위성은 통신 안테나를 맞추어 둔 자리에 머무는 대

신, 안테나 지향점을 지나다니며 24시간 주기로 왔다 갔다 한다. 따라서 태양복사압의 영향이 누적되지 않도록 위성 궤도를 그때그때 바로잡아야만 한다. 지상관제소는 위성의 소형 로켓엔진(추력기)을 점화함으로써 정지궤도를 유지해 나간다. 빛이 사물을 밀어낸다고 하니 황당한 이야기처럼 들릴지 모르겠다. 엔지니어들은 위성의 추진제 적재량(궤도제어 및 자세제어 용도) 산정 시 태양복사압의 몫을 반드시 포함한다. 태양복사압이 허구가 아니라는 증명이다.

요약

앞선 논의에서 보다시피 궤도 섭동은 상당히 복잡한 문제이다. 필자는 두 가지를 의도하였다. 실제 우주선 프로젝트의 경우 임무 분석에 섭동 문제를 포함시킬 필요가 있다는 점을 보여 주고 싶었다. 아울러 섭동 문제의 취급은 수학 및 수치계산 전문 지식을 요한다(이는 어떠한 우주 임무 분석에서도 일상적으로 행하는 업무이다)는 점이 지금까지 논의에 내포되어 있음을 지적하고자 하였다.

제2장의 케플러 궤도와 제3장에서 다룬 실제 궤도의 차이는 정지궤도의 사례로 깔끔하게 정리된다. 정지궤도에 통신위성을 올린다고 하자. 섭동이 존재하지 않을 경우 적도 상공을 따라 24시간 주기 원궤도를 돌도록 발사하면 그만이다(제2장 참조). 지상에서 보기에 통신위성은 하늘의 어느 지점에 정지해 있다. 서비스를 이용하려면 지상의 접시안테나를 위성 방향으로 고정하면 된다. 하지만 현실 세계에서는 각종 섭동 효과를 상쇄해야 하기 때문에 위성 관제소가 할 일이 늘어난다. 앞서 설명한 바 있지만, 정지궤도 위성

에는 다음과 같은 섭동 세 가지가 주로 작용한다. 즉 이상중력, 일월섭동 및 태양복사압이다. 지상의 관찰자가 보기에 각 섭동에 따른 위성의 운동은 저마다 독특한 자취를 남긴다. 이상중력이 작용하면 위성은 지상관제소의 접시안테나 지향점으로부터 동-서(혹은 경도) 방향으로 서서히 멀어진다. 어떤 경우에는 아예 수평선 밑으로 사라져 버리기도 한다! 일월섭동은 궤도경사각에 변화를 유발하는데, 이에 따라 위성의 위치가 하루 주기로 북-남(혹은 위도) 방향으로 진동한다. 끝으로 태양복사압이 작용하면 위성 궤도에 이심률이 발생함을 보았다. 이 역시 동-서(혹은 경도) 방향의 진동을 유발한다. 위성을 지상 안테나의 가시선상에 계류하는 작업은 궤도제어 활동에서 결코 쉽지 않은 과제이다.

앞으로 등장하는 내용은 이번 장에 비하면 기술적 부담이 적은 편이다. 궤도에 대한 기본 지식을 갖추었으니 이제 제4장으로 넘어가자. 제4장에서는 독특한 임무 궤도 몇 가지를 살펴보겠다. 지금까지 보던 일반 궤도와는 사뭇 다른 모습을 볼 수 있다.

4. 원궤도와 타원궤도 너머

Beyond Circls and Ellipses

우리는 앞서 세 장에서 궤도가 무엇인지, 임무 분석 담당자는 무슨 일을 하는지 등을 살펴보았다. 그런데 요즘 들어 우주 임무가 복잡해지면서 딱히 원궤도나 타원궤도라고 하기도 무엇한 그런 궤도를 이용하는 경우가 많아졌다. 이 가운데 일부, 이를테면 쌍곡선 스윙바이 같은 경우는 뉴턴 이론의 산하에 있다는 점에서 *이상 궤도*ideal trajectory라 보아도 무방하겠다. 하지만 제1장에서 설명한 내용을 상기해 보자. 쌍곡선궤도는 열린 궤도에 해당하는 만큼 원궤도나 타원궤도와는 전연 딴판이다. 게다가 우주 공간에 따라서는 중력을 비롯한 역학 관계를 뉴턴의 역제곱법칙으로 근사하기 어려운 경우도 있다. 이런 데서 활동하는 우주선의 궤도는 원이나 타원과 아무런 상관도 없으며, 따라서 완전 *비케플러 궤도*non-Keplerian라 표현할 수 있다.

이러한 특수 궤도 가운데서 널리 쓰이는 몇 가지만 간단하게 살펴보자. 일명 행성 근접 비행이라고 하는 스윙바이 궤도, 소천체(소행성 및 혜성 등으로 크기가 작고 형태가 고르지 않다) 주변 궤도, 라그랑주점 주변의 달무리 궤도가 우리의 주요 관심사이다.

스윙바이 궤도

우주선이 행성 간 공간을 이동하는 중에 제3의 행성을 근접 통과하는 경우가 있는데, 이러한 경로를 일컬어 *스윙바이 궤도*swing-by trajectory라 한다. 제1장에서도 이런 형태의 궤도에 대해 다룬 바 있으니 배운 내용을 상기해 보자. 복습할 겸 그림 1.9와 1.10의 관련 내용을 다시 한 번 읽고 와도 좋다. 그림 속의 우주선 궤적, 이런 형태의 곡선을 쌍곡선이라 한다. 뉴턴은 *역제곱법칙 중력장*inverse square law gravity field 내 운동을 방정식으로 기술하고 이를 *원뿔곡선*conic section 네 가지로 정리하였다. 쌍곡선은 그중 하나에 해당한다. 우리가 모르고 보아서 그렇지 사실 쌍곡선 형상은 사방에 널렸다. 지금 독자 방에도 숨어 있을지 모른다. 제1장에서도 나온 이야기이다. 플로어스탠드 혹은 탁상 조명이 벽에 어떤 문양을 만드는지 유심히 살펴보자(그림 1.10 참조).

쌍곡선 스윙바이 궤도는 그림 4.1과 같은 모양새이다. 우주선이 행성에 다가가려면 아직 멀었을 때, 그림에서 A지점에도 못 미친 상황을 떠올려 보자. 행성의 중력이 영향력을 행사하기에는 거리가 너무 멀기 때문에 우주선은 가던 방향 그대로 사실상 직선비행을 한다. 이러한 직선을 쌍곡선의 *점근선*

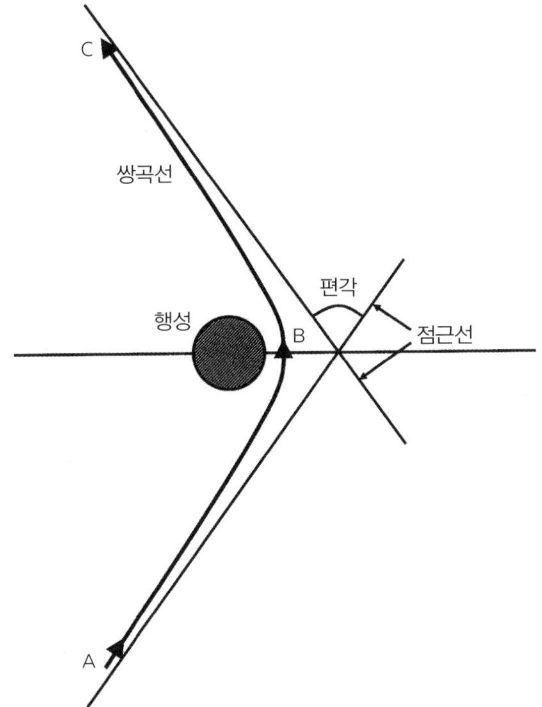

그림 4.1: 행성 근접 비행을 스윙바이 기동이라 한다. 궤도 형상은 전형적인 쌍곡선이다.

asymptote이라 한다. 하지만 어느 이상으로 행성에 다가서면 중력이 꾸준히 증가하는 탓에 전형적인 쌍곡선 형상을 그리며 비행하게 된다. 그림 4.1의 A지점에서 시작해 B지점, C지점을 거쳐 가는 식이다. C지점 이후로는 중력의 영향이 급감하여 다시금 점근선을 따라 직선비행한다. 이 과정에서 행성은 우주선의 진로를 바꾸어 놓았다. 진로 변경은 *편각*deflection angle으로 나타내는데, 편각은 실질적으로 진입 점근선과 진출 점근선 간 각도라 볼 수 있다(그림 참조). 궤도가 얼마나 꺾이는지는 다음 변수 세 가지에 달렸다. 행성이 얼마나 크고 무거운가, B지점이 행성에 얼마나 가까운가, 그리고 우주선이 얼마나 빠르게 접근하는가 등이다.

제1장에서 한 이야기를 다시 반복하는가 싶지만, 쌍곡선상에서 우주선의 속력에 관한 이야기는 아직 나오지 않았다. 쌍곡선궤도를 따라 행성으로 낙하하는 동안에는 중력이 증가한 덕분에 우주선의 속력도 그만큼 빨라진다. 이와 반대로 행성에 가장 근접한 이후로는 중력의 비탈길을 기어오르는 셈이라 속력이 다시금 느려지기 시작한다. 여기서 핵심은 속력과 고도를 맞바꾼다는 점이다. 행성과 조우하고 그 옆을 비껴 지나가는 동안 에너지 손실은 일절 발생하지 않는다. 행성 입장에서 우주선이 A지점에 진입할 때나 C지점을 빠져나갈 때나 속력상으로 차이가 없어 보인다. 사이클 선수가 이 언덕에서 저 언덕을 향해 골짜기를 달려 내려가는 상황을 생각해 보자. 선수는 이쪽 언덕을 16km/h 속력으로 출발해 내리막 구간에서 가속을 한다. 그렇게 골짜기에 이르렀을 때 최고 속력에 도달하지만 반대쪽 사면으로 치고 올라가면서부터 점차 속력이 떨어진다. 마침내 저쪽 언덕배기에 도달할 즈음에는 다시 16km/h가 된다. 물론 우주선의 운동과 똑같이 놓고 비교하려면 지면 마찰이나 공기저항 등 에너지 손실이 없다고 가정해야 한다. 그럼에도 쌍곡선궤도상에서 우주선의 속력이 어떻게 변하는지 위의 예시를 통해 쉽게

이해할 수 있다.

중력 부스트

그런데 쌍곡선 스윙바이 이야기는 여기서 끝이 아니라 이제부터 시작이다. 스윙바이 궤도를 이용하면 로켓 모터를 점화하지 않고도 태양궤도 우주선의 속력을 높일 수 있다는 점, 바로 그 부분에 주목해야 한다. (반대로 스윙바이 궤도를 통해 우주선을 감속하는 경우도 있지만 이 문제는 일단 논외로 하자.) 로켓추진제를 쓰지 않고도 공짜 에너지를 얻을 수 있다니 임무 분석가 귀가 솔깃할 일이다. 저 멀리 행성으로의 여정을 단축할 수 있음은 물론 추진제를 싣느라 탑재체를 줄일 필요도 없으니 일석이조이다. 이런 식의 기동을 중력 부스트gravity assist라 한다. 중력 부스트 기법은 지금까지 우주 임무에 여러 차례 활용된 바 있다.

스윙바이의 활용 사례를 들자면, 외행성 탐사 계획인 그 유명한 보이저Voyager 프로그램 이야기부터 꺼내야 하겠다. 지난 세기 우주항행학이 걸어온 길을 회고하면 필자는 스푸트니크 1호의 비상, 유리 가가린Yury Gagarin과 인류 최초 유인 우주 비행, 아폴로 우주인의 월면 보행, 외행성 탐사와 보이저 1, 2호의 활약상이 가장 먼저 떠오른다. 보이저 2호는 1977년 우주를 향해 날아올랐다. 행성 정렬 시점을 노려 발사한 덕분에 목성, 토성, 천왕성, 해왕성을 두루 거쳐 태양계를 벗어났다. 보이저 우주선은 과학자들에게 만선의 기쁨을 안겼다. 중력 부스트 없이는 불가능한 일이었다. 보이저는 각 행성과 조우하는 과정에서 태양에 대한 상대속력을 높여 발사 12년 만에 해왕성 근접 비행에 성공하였다. 중력 부스트 없이 초기 조건 그대로 간다면 해왕성 도달까지 족히 30년은 걸린다. 그랬다면 불가사의한 존재, 해왕성의 달 트리톤Triton에 대해서도 이 책의 집필 시점인 2006년에나 알았으리라. 30년이라, 그쯤 되면 우주선이 초기 기능을 대부분 유지하고 있는지조차 미지수이다.

중력 부스트가 상황을 얼마나 유리하게 만드는가? 두말하면 잔소리이다. 그런데 정작 어떤 원리인지 궁금하지 않나? 우리도 목성으로 중력 부스트를 한번 시도해 보자. 목성은 태양계 행성의 헤비급 챔피언이다. 질량이 가장 큰 만큼 중력장도 최고 수준이라서 지나가는 우주선에 막강한 영향력을 행사한다. 우리 우주선은 지구를 떠나 목성 쪽으로 행성 간 공간을 비행 중이다. 우주선은 태양궤도이자 타원궤도를 따른다고 가정하자. 이 말은 즉 태양 중력이 우주선의 운동을 지배한다는 뜻이다. 그런데 우주선이 목성까지 약 4000만km 거리에 있을 때면 목성의 중력장이나 태양의 중력장이나 영향력이 비슷해진다. 이 지점 이후로는 목성의 영향력이 태양보다 커지기 시작한다. 1000만km에 육박할 즈음이면 태양이 더는 힘을 쓰지 못한다. 우주선이 완전히 목성의 손아귀에 들어간 셈이다. 이 무렵이 그림 4.2의 A지점이다. 우주선은 사실상 직선 경로를 따라 V_{in} 속력(목성에 대한 상대속력)으로 목성을 향해 빨려 들어간다. 우주선은 목성 중력장의 지배하에 해당 코스를 비행하면서 전형적인 쌍곡선궤도를 그린다. 최근접 위치, 즉 B지점을 지날 때 최고 속력에 도달하고 이후에는 중력을 거슬러 오르며 C지점에 도달한다. 우주선은 전과 같이 직선에 가까운 궤적을 그리며 V_{out} 속력(목성에 대한 상대속력)으로 목성을 이탈한다. 쌍곡선상에서 우주선의 속력 변화가 어떠했는지 기억하는가? 진입할 때나 이탈할 때나 차이가 없었다. 즉 V_{in}이나 V_{out}이나 똑같다는 이야기이다. 변한 것이 없다는데 스윙바이 기동을 왜 했는지 모르겠다. 하지만 그렇지 않다. 우리가 지금 *목성에 대한 상대속력*만 보고 있어서 그렇다. 태양계로 시야를 넓혀 보자. 목성 자체도 태양에 대해 13

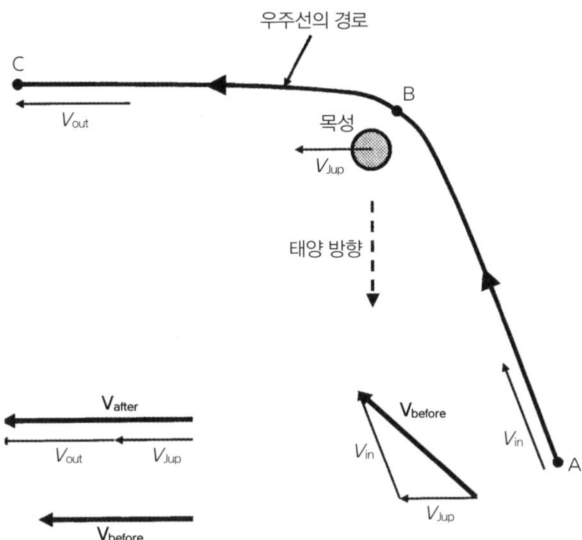

그림 4.2: 목성 중력 부스트를 도식화한 모습.

km/sec 속력으로 태양궤도를 도는 중이다. 모든 차이는 여기서 비롯한다.

그림 4.2에서 화살표는 물체의 속력을 나타낸다. 화살표 방향이 물체의 이동 방향, 길이가 빠르기인 셈이다. 즉 화살표가 길면 고속이고 짧으면 저속이다. 이런 화살표를 속도 *벡터*velocity vector라 한다. 위와 같은 문제 분석에 아주 요긴하다. 그러고 보니 제3장 궤도 섭동 관련 논의에서 힘 벡터가 등장하였다. 방금 설명한 식으로 표현하자면 화살표의 방향은 힘의 방향, 화살표의 길이는 가한 힘의 크기라 할 수 있다. 물리학이나 역학에서는 방향과 크기 이 두 가지를 모두 알아야 하는 경우가 많다. 과학자나 엔지니어들은 이런 상황을 전부 벡터로 처리한다. 가령 위치 벡터, 속도 벡터, 힘 벡터, 토크 벡터 등등이 있지만 여기서 굳이 논지에 벗어나는 이야기를 할 필요는 없을 듯하다.

다시 중력 부스트 이야기로 돌아가자. 우리 우주선은 태양궤도를 도는 와

중에 목성 스윙바이를 시도하였다. 그러므로 스윙바이 이전, 즉 목성의 중력 영향권에 진입하기 전에는 태양에 대한 위치 및 속도에 따라 정해진 궤도를 도는 중이었다. 그림 4.2의 A지점이 목성의 중력 영향권 경계선이라 가정하자(목성으로부터 4000만km 내외). A지점에서 우주선의 속도(목성에 대한 상대속력)는 V_{in}, 목성의 태양궤도 속도는 V_{Jup}이다. 스윙바이를 앞둔 상황, 우주선은 태양에 대해 어떤 속도로 비행 중일까? 목성에 대한 우주선의 속도와 태양에 대한 목성의 속도를 합산해 보면 알 수 있다. 이를 그림에 V_{before}로 표시하였다. 그런데 화살표 혹은 벡터가 동일한 방향이 아니기 때문에 속도 벡터 다이어그램velocity vector diagram을 그려 합산해야 한다(그림 우측 하단의 삼각형 참조). 주의할 점이 있는데, 우주선이 애초에 타원형으로 태양궤도를 도는 중이라 했다. V_{before}는 지금 그 태양궤도 속도를 말한다. 아직 목성과 만나기 전이라는 뜻이다.

이후 상황은 다루기가 한결 수월하다. V_{out}과 V_{Jup}가 같은 방향이기 때문에 둘을 그냥 더해도 V_{after}(태양에 대한 우주선의 속도)가 나온다. 그림 4.2의 좌측 하단, 벡터 삼각형 맞은편을 참조하라. V_{out}과 V_{Jup}가 반드시 같은 방향일 필요는 없다. 방향이 같으면 중력 부스트 개념을 직관적으로 이해할 수 있을 것 같아 의도적으로 그렇게 그렸을 뿐이다. 다시 한 번 강조하는데, 이제 중력 부스트가 끝났다. V_{after}는 중력 부스트 이후 태양에 대한 우주선의 속도를 나타낸다. 즉 목성의 중력 영향권을 벗어나 다시금 태양궤도로 진입하는 상황인데, 지금부터 궤도는 V_{after}가 결정한다. 그림 4.2의 좌측 하단을 보자. 중력 부스트 전후(V_{before}와 V_{after})로 태양 상대속력을 비교하였다. 우주선에 속력이 붙는다는 점을 쉽게 알 수 있다.

그렇다면 궁금해진다. 우주선이 속력을 얻은 줄은 알겠는데, 이 속력은 대체 어디서 났을까? 답은 간단하다. 목성과 우주선이 에너지를 주고받았다.

목성이 우주선을 견인하면서 문자 그대로 부스터 역할을 한 반면, 우주선은 목성에 질질 끌려가며 브레이크를 건 셈이다. 하지만 목성의 질량에 비하면 우주선의 질량은 무시할 만한 수준이다. 그런즉 목성이 중력 부스트로 받는 영향은 대단히 미미하다. 물론 오래 기다리면 확인할 수는 있다. 미국항공우주국(NASA) 측에서 보이저 목성 스윙바이와 관련해 보도 자료를 낸 적이 있다. "목성의 위치는 1조 년에 30cm꼴로 틀어질 전망"이라 한다.

그림 4.3은 보이저 2호의 태양 상대속력 그래프이다. 외행성으로의 행성 간 여정에서 속도가 어떻게 변하는지 보자. 대단하다. 5, 10, 20, 30천문단위(AU) 부근에 피크가 하나씩 찍혔다. 각각 목성, 토성, 천왕성, 해왕성의 순으로 스윙바이를 한 흔적이다. 제1장에서도 나왔는데 기억하는지? 1AU는 지구–태양 간 평균 거리와 같다. 보이저 2호는 스윙바이를 거듭하며 속력을 높인 덕분에 태양계 탈출 속도 이상을 꾸준히 유지하였다(그래프 점선

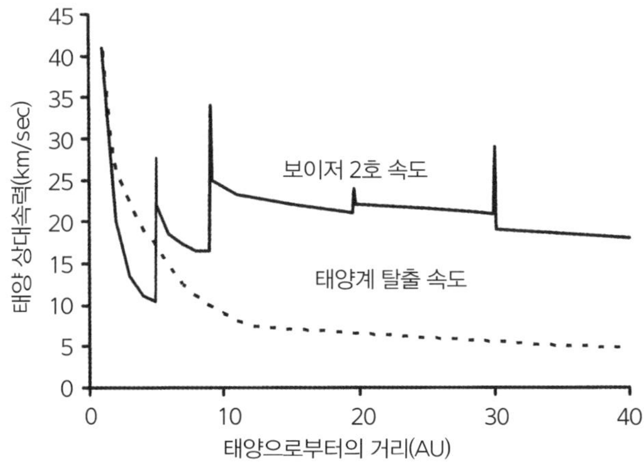

그림 4.3: 보이저 2호 외행성 탐사는 12년에 걸친 대장정이었다. 태양 상대속력 변화에 유의하라. [자료를 편집하여 수치를 보완하였음. 자료 제공: 미국항공우주국/제트추진연구소-캘테크(Jet Propulsion Laboratory-California Institute of Technology, JPL-Caltech) 스티브 마투삭(Steve Matousek)]

참조).

중력 부스트가 어떤 느낌인지 알고 싶은 독자를 위해 조금 독특한 실험을 제안하려 한다. 이층 버스가 필요한데 일단 경고부터 하고 시작하자. 절대 따라 하지 말길 바란다. 필자는 독자들이 험한 꼴 당하는 모습을 보고 싶지 않다. 하나 더, 우주 비행 책에 이층 버스 사진이 등장하는 것(그림 4.4a)은 흔치 않은 경우이다. 구식 이층 버스를 아는 독자라면 버스 후미의 승강구 구조에 익숙할 것이다. 그림 4.4에서 보다시피 개방형 승강구라 문이 따로 없다. 개문발차가 일상화되었으므로 승객은 안전을 위해 수직 난간을 잘 붙들어야 한다. 이제 수직 난간을 목성이라 생각하고 우주선 놀이를 해 보자!

실험 배치는 그림 4.4b와 같다. 버스를 위에서 내려다본다고 생각하자. 수직 난간은 버스 후미 승강구에 위치한다. 좌측통행의 나라답게 승강구도 좌측에 있어야 맞지만 편의상 우측으로 이동하였다. 그래야 그림 4.2의 진행 방향과 비교하기 쉽다. 승강구 옆 도로변에 한 사람이 서 있다. 그림 솜씨가 싱겁지만 아무튼 동그라미가 사람이다. 이 사람 지금 왼팔로 난간을 잡고서 건들건들하고 있다. 그림으로 보아하니 무슨 실험을 할지 뜻밖인데, 보기에는 어떨지 몰라도 중력 부스트가 무엇인지 확실히 알 수 있다. 그림 4.4b의 각 부분은 실제와 마찬가지 역할을 한다. 예를 들어, 수직 난간이 목성이라면 지면에 대한 수직 난간의 움직임(버스의 이동)은 태양에 대한 행성의 궤도운동이라 볼 수 있다. 난간을 잡고 방향을 트는 사람은 우주선 그 자체, 방향을 전환하는 동안 팔에 걸리는 힘은 행성과 우주선 간 중력과 같다. 준비되면 시작하자. 먼저 서 있는 버스로 연습 한번 해 보자. 다음번에는 움직이는 버스에 달려들어야 한다.

우리의 용감한 스턴트맨이 시범을 보이겠다. 첫 번째 시도는 비교적 쉽다. 서 있는 버스 꽁무니에 4.5m/sec로 달려들면서(그림 4.5 평면도 참조) 1지점

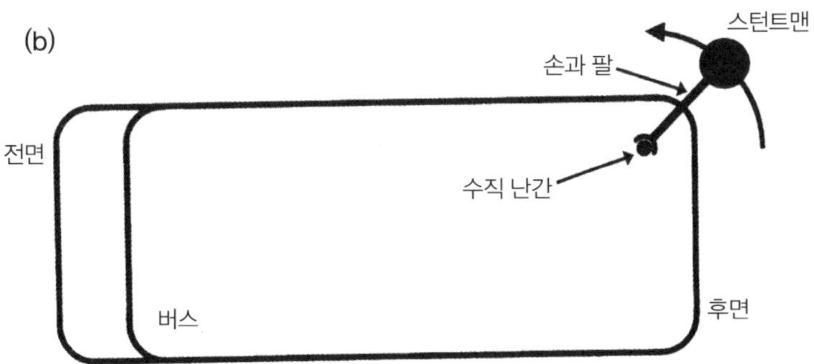

그림 4.4: (a) 버스 뒷모습. 개방형 승강구가 보인다. 발판 부분의 수직 난간을 눈여겨보자. (b) 버스 평면도. 우리의 사고실험과 관련해 주요 부분을 표시하였다. 자세한 내용은 본문 참조.

을 지나는 순간 수직 난간을 쥐었다가 2지점을 지나는 순간 놓는다. 이에 따른 결과는 단순한 방향 전환이다. 스턴트맨이 벡터 V_{in}으로 달려오다가 벡터 V_{out}으로 달려갔을 뿐 달리던 속력에는 실질적인 변화가 없다. 쌍곡선 스윙바이 궤도도 이와 똑같다고 하겠다. 행성에 대한 우주선의 상대속력은 진입 때나 이탈 때나 차이가 없지만 우주선의 진행 방향은 스윙바이를 전후해 바뀐다.

다음 단계는 난이도가 센 편인데 한마디로 손발이 잘 맞아야 한다. 달리는 버스에 뛰어들어 아까와 같이 수직 난간을 낚아채야 한다. 우리 스턴트맨의 운동신경을 믿어 보는 수밖에. 스턴트맨이 못하겠다고 하면 안 되니까 버스 기사더러 시속 16km 이상 밟지 말라고 하자. 그림 4.6의 상황판을 보면, 요령은 전과 같다. 1지점에서 난간을 잡았다가 2지점에서 놓으면 된다. 우주선의 중력 부스트와 똑같은 상황을 연출하려면 스턴트맨이 조금 전 연습한 그대로를 해 보여야 한다. 승강구에 카메라맨을 배치하여 스턴트맨의 동작을 촬영하게끔 하자. 버스가 정차했을 때든 주행 중일 때든 안에 있는 카메라맨 눈에는 스윙 동작이 똑같아 보여야 한다. 스턴트맨은 이 점에 유의해 연기를 펼쳐 보이도록 한다. 너무 기술적인 부분에 치중했나? 아무튼 달리는 버스 비유에서 주목할 점은 분명하다. 스턴트맨은 난간을 낚아채는 동시에 지면에 대해 추가로 속도를 얻는다. 버스가 달리고 있으니 당연히 그럴 수밖에 없다. 달리는 버스 난간을 직접 움켜잡는다고 상상해 보자. 팔을 잡아당기는 느낌이 확연히 전해진다. 잘못하면 팔이 빠질 수도 있다. 버스가 여러분을 그만큼 가속하고 있다는 뜻이다. 버스가 여러분의 팔을 잡아당기는 만큼 팔도 버스를 잡아당겨서 이론상으로는 버스가 약간이나마 느려진다. 보이저가 목성의 궤도속력을 티끌만큼 훔쳐 간 식이나 마찬가지이다. 우리 스턴트맨이 지면에 대해 얼마의 속도를 내고 있는지 알아볼 차례이다. 그림 4.6 하

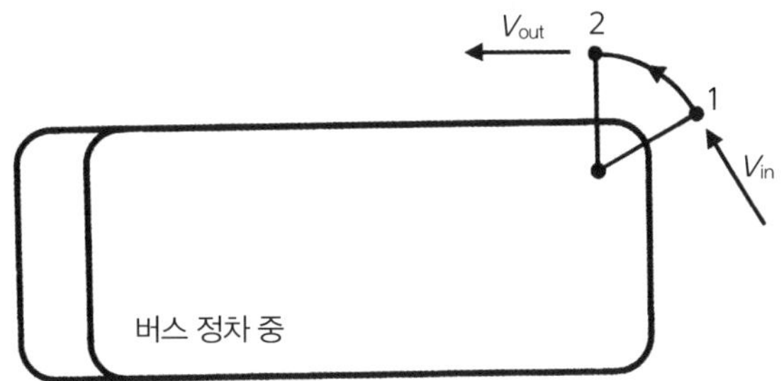

그림 4.5: 쌍곡선 스윙바이를 비유하자면 그림과 같다. 버스와 스턴트맨이 각각 목성과 우주선의 대역으로 나왔다.

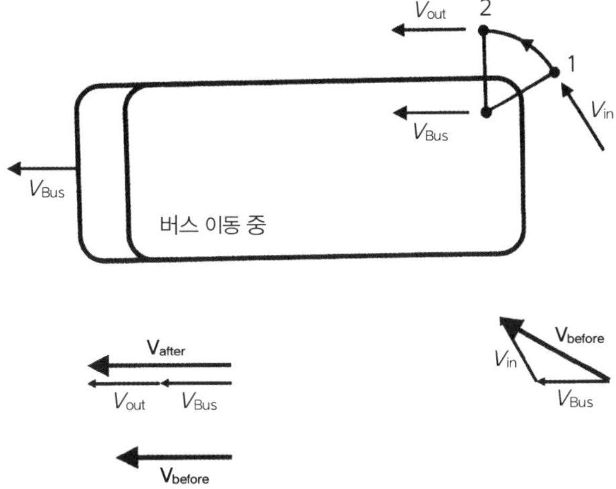

그림 4.6: 중력 부스트를 비유하자면 그림과 같다. 달리는 버스의 난간을 낚아채는 동시에 지면에 대해 추가로 속력을 얻는다. 그림 4.2와 비교해 보자.

단에 V_{before}와 V_{after}를 계산하였다. 그림 4.2의 우주선 스윙바이 때와 하나도 다르지 않은데, 결과적으로 속력이 늘었다. 위의 비유에서 지면에 대한 속력은, 중력 부스트 기동 시 우주선의 태양 상대속력에 상응한다.

비록 사고실험이기는 하지만, 우리는 위의 비유가 묘사하는 상황에서 중력 부스트와 비슷한 방식으로 속력 증가를 경험할 수 있다.

소천체 주변 궤도(천체의 크기가 작고 형상이 불규칙한 경우)

최근 들어 태양계 내 소천체 탐사 임무가 종종 눈에 띈다. 태양계 내 소천체란 소행성 혹은 혜성 등을 말한다. 행성 간 우주 공간에는 이런 천체들이 아주 많다. 이들은 태양 및 여타 행성의 형성 과정에서 나온 부스러기라 연구 가치가 높다. 탐사선에게 매력적인 표적이 아닐 수 없다.

소행성(경우에 따라서는 소행성체minor planet라 할 때도 있다)은 대개 딱딱한 덩어리이다. 크기는 각양각색인데, 크게는 직경 900km짜리부터 작게는 가로세로 몇 미터밖에 안 되는 바윗덩이도 있다. 대부분은 화성과 목성 사이에서 태양궤도를 돌고 있지만, 자그마한 소행성은 내행성계 어디에서나 찾아볼 수 있다. 혜성 역시 소규모 천체이다. 직경은 1~10km가량에 성분은 얼음과 먼지가 주를 이룬다. 현대적 관점에서 이런 '더러운 눈덩이'는 오르트 구름Oort cloud이라 하는 우주 공간에서 날아왔다고 본다. 오르트 구름은 태양으로부터 몇만AU 거리에 있다고 추정된다. 상당히 먼 곳이다. 여기에 소형 천체들이 모여 있다가 인근 항성 중력의 영향으로 불안정해지면 위치를 이탈해 이쪽 내행성계로 날아든다는 식이다, 그것도 주기적으로. 내행성계 접근 과정에서 태양을 중심으로 반경 5AU에 들어서면 얼음이 태양열을 받아 가스와 먼지를 기둥처럼 뿜어낸다. 그 때문에 혜성은 아주 눈에 띄는 모양새를 하고 나타난다. 조그마한 핵에 기다란 꼬리를 끌고서. 그 꼬리는 태양광을 반사해 찬란하게 빛난다. 고대사회는 혜성의 방문을 상당히 착잡하게 생각했던 듯하다. 경외심을 일으키지만 한편으로 꺼름해 보이는 그 모습이 파국과 대혼란을 예감케 하였다. 다행스럽게도 현대인은 혜성을 보고 더러운 눈덩이라고 농담할 정도로 아는 것이 많아졌다. 그래도 빛나는 혜성을 마주할 때면 그 옛날 고대인의 경외감이 어디 가지 않았음을 깨닫곤 한다.

우리 태양계의 기원과 초기 진화 과정을 이해하는 데에 이러한 소규모 천체가 결정적인 단서를 쥐고 있다고들 한다. 요즘 들어 부쩍 탐사선을 보내려 하는 데는 다 이유가 있는 셈이다. 소행성 주변 궤도 임무는 지구 근접 소행성 랑데부Near Earth Asteroid Rendezvous, NEAR 니어 슈메이커NEAR Shoemaker 우주선이 그 시초라 할 수 있다. 니어 슈메이커는 2000년 2월 목표 소행성 에로스Eros 주변 궤도 진입에 성공하였다. 애당초 소행성 표면 착륙까지 염두에 두고 우주선을 제작하지는 않았으나, 2001년 2월 임무 종료 시 에로스 표면에 임기응변으로 강하 및 착륙을 시도하였다. 결과는 성공적이었다. 우주 비행 사상 최초이다. 이 책을 집필하고 있는 시점을 기준으로 현재 진행형인 프로젝트도 있다. 이쪽에도 세간의 관심이 쏠린다. 유럽우주기구의 혜성 궤도 비행 및 착륙 계획, 일명 로제타Rosetta 임무이다. 목표 혜성 랑데부 예정은 2014년 5월경이다. 로제타 탐사선은 소형 혜성 67P/추류모프-게라시멘코Churyumov-Gerasimenko 주변 궤도에 진입, 최종적으로는 혜성의 핵에 별도의 탐사 로봇을 연착륙시킨다.

앞서 제2, 3장에서 이상 궤도를 다룬 바 있는데, 소행성이나 혜성 주변 궤도는 그런 범주에 들지 않는다. 중력장이 역제곱법칙과 정확히 일치한다면 우주선은 이상 궤도에 따라 궤도운동을 한다. 이상 궤도는 익히 아는 대로 원뿔곡선을 그리는데 원, 타원, 포물선 아니면 쌍곡선, 넷 중의 하나이다. 소천체 주변 궤도는 어째서 이상 궤도와 다른 양상을 보일까? 소행성이나 혜성은 생김새가 고르지 못한 경우가 대부분이다. 따라서 중력장 역시 뉴턴의 역제곱법칙에 크게 벗어난다. 이 점이 궤도운동에 상당한 영향을 미친다.

제2장에서 배운 내용을 또 하나 상기해 보자. 우주선이 이상 궤도를 돌고 있다면(원궤도 혹은 타원궤도) 우주선의 궤도운동은 고정된 평면상에서 진행된다. 아울러 궤도운동에 주기성이 나타난다. 궤도를 돌 적마다 같은 속력

으로 같은 위치에 돌아오기 때문이다. 천체 형상이 고르지 못하면 이런 특징들이 나타나지 않는다. 그림 4.7을 보자. 우주선이 소행성 주변 궤도를 돌고 있는데, 궤적이 이전과 일치하지 않음은 물론 매 궤도마다 변한다는 점을 알 수 있다. 천체 가까이에서 저고도 궤도를 도는 경우 이런 예측 불허 상황이 특히 문제가 된다. 보다시피 궤적이 일정하지 않다. 이런 식이라면 우주선이 불과 몇 바퀴 만에 표면에 충돌할 수도 있다. 그러므로 근접 궤도를 선정할 때는 장기적인 안정성을 고려하여 신중하게 판단해야 한다. 단, 우주선이 소행성과 거리를 두고 궤도를 도는 상황이라면(가령 소행성 직경의 20배 정도 거리) 이상 궤도와 얼추 비슷하게 접근해도 무리가 없다. 거리가 멀면 형상에 영향을 덜 받기 때문이다.

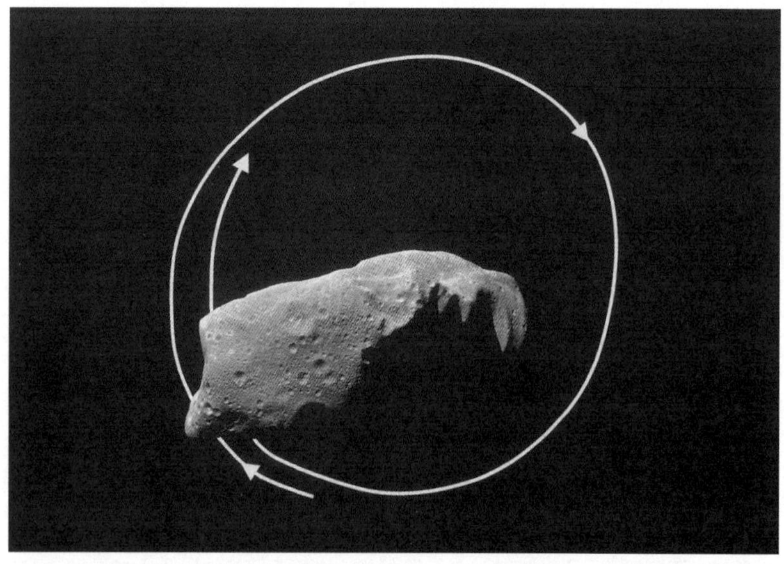

그림 4.7: 소행성은 형태가 고르지 못하며, 질량 분포 역시 구형이 아니다. 이런 천체에 바싹 붙어 궤도를 돌면 중력 분포 불균형으로 인해 궤도 섭동이 발생한다. 사진 속의 소행성은 아이다(Ida)이다. 갈릴레오 우주선이 1993년 8월 촬영한 모습이다. [배경 이미지 제공: NASA/제트추진연구소(JPL)-캘테크]

로제타 임무 같은 경우는 혜성에 착륙선을 내려보내는 과정에서 아주 애먹을 수 있다. 이 작업을 성공적으로 수행하려면 혜성의 핵에 상당히 가까이 접근해야 하는데 결코 만만한 일이 아니다. 설계 인력이 부닥치는 첫 번째 난관은 상대를 모른다는 점이다. 우주선을 실제로 거기에 보내기 전에는 혜성의 크기나 주위 환경에 대해 통 알 수가 없다. 실제 현장이 어떻든 웬만큼 대처할 수 있어야 하는데, 그러자면 우주선 시스템이나 탑재체를 설계할 때 만반의 준비를 해야 한다. 우주선 설계 단계에서 혜성의 크기, 질량, 형태 정보가 불분명하다는 점은, 다시 말하면 거리 두기가 필요하다는 의미이다. 혜성에 탐사선을 보낼 때는 멀찌감치 거리를 두고 서서히 좁혀 나가는 식으로 접근해야 한다. 따라서 탐사선 투입 궤도(초기 궤도)는 혜성의 크기에 비해 상대적으로 커지게 마련이다.

논의를 위해 우리도 혜성을 한 분 초빙하자. 우리 혜성의 핵은 직경 약 5km로 혜성치고 무난한 편이며, 밀도는 물과 엇비슷한 수준이다. 초기 궤도 반지름을 혜성 직경의 20배로 잡으면 궤도 반지름 100km짜리 원궤도(이상 궤도)처럼 취급해도 무방하다. 이러한 궤도에서 우주선의 궤도속력은 약 20cm/sec이다. 사람이 잰걸음으로 걸을 때 속력이 6.5km/h, 즉 1.8m/sec 정도라 한다. 우주선치고는 정말 얌전한 속력이 아닐 수 없다. 이 대목에서 앞으로의 상황을 짐작해 볼 수 있겠다. 혜성 근접 임무는 대단히 정적이다. 중력이 미미한 만큼 매사가 무기력하게 돌아간다. 다른 한편으로는 정밀도가 생명이라는 뜻이다. 위와 같은 궤도라면 탈출 속도는 고작 30cm/sec에 불과하다. 지구 탈출 속력 11km/sec와 비교해 보면 그 차이를 실감할 수 있다. 혜성 궤도 투입 시 속력 오차는 치명적이다. 단, 10cm/sec라도 과속하면 탐사선은 혜성을 두고 딴 데로 가 버린다.

궤도 진입을 마치면 임무 분석팀은 다음으로 궤도 반지름을 줄이는 작업에 들어간다. 예를 들어, 10km(우리 혜성 직경의 두 배) 정도 될 때까지 줄이고 모선에서 착륙선을 분리해 내려갈 채비를 한다. 여기서 주의할 부분이 있다. 혜성의 모양새를 보면 알겠지만 중력 분포가 균일할 리가 없다. 혜성의 중력장을 정확히 파악하고 있다면 우주선의 궤적을 예측하는 데 크게 도움이 되겠다. 앞서 말했다시피 혜성에 섣불리 접근하면 탐사선이 궤도를 몇 바퀴 돌기도 전에 혜성 표면에 충돌할 수 있다. 그러니 마구잡이로 내려갈 일이 아니라 초기 투입 궤도에서부터 이미징 센서를 활용해 혜성 모양을 자세히 파악하는 한편, 탐사선을 정밀 추적함으로써 미세한 섭동 하나까지 샅샅이 찾아내야 한다. 천체의 중력장이 역제곱법칙과 어떤 차이를 보이는지 섭동을 통해 알 수 있기 때문이다. 임무 분석팀은 이러한 자료, 즉 모양과 섭동 정보를 바탕으로 혜성 중력장을 일차 분석한다. 이제 어느 정도 정보가 있으니 궤도 반지름을 적당히 좁혀도 좋다. 예를 들어, 혜성 직경 5배(25km)까지 가서 위 과정을 반복하고 중력장 지도를 수정 및 보완한다. 분석팀이 보기에 중력장 데이터가 충분하다고 판단하면 이제 탐사선을 최종 근접 궤도로 보낼 차례이다. 착륙선 분리는 최종 근접 궤도에서 이루어진다. 궤도 반지름이 10km이면 궤도속력은 60cm/sec쯤 된다. 아직도 잰걸음에 한참 못 미친다. 실제 프로젝트 상황에서는 최종 궤도 반지름을 얼마로 하자고 못박기 어렵다. 크게 잡아도 문제, 작게 잡아도 문제이다. 너무 멀면 착륙선 착지까지 한참 기다려야 한다. 너무 가까우면 혜성 주변 환경에 탐사선이 오염되거나 해를 입을 수 있다. 혜성 주변부는 절대로 평온하지 않다. 특히 태양 가까이 다가가면 매우 활기 넘치는 곳으로 변한다. 혜성이 태양열을 받으면 표면이 증발해 가스와 먼지기둥이 솟구친다. 역시나 거리 두기가 필요한 상황이다. 이때부터 엔지니어와 과학자 간에 갈등이 생긴다. 엔지니어들은 탐사선이 상할까 봐 안전거리를 유지하고 싶어 하지만, 과학자들은 "전선으로!"를 부르

짖는다. 과학적 성취도 중요하지만 탐사선의 신변이 위태로워서도 안 된다. 양측 모두 타협점을 찾아볼 일이다.

우리 착륙선은 각종 측정 장비를 잔뜩 싣고 있다. 착륙할 수 있게 다리가 달렸는데 총 질량은 100kg쯤 된다고 가정하자. 이제 궤도상의 탐사선에서 착륙선을 분리해 혜성 표면에 내려보낼 차례이다. 어떻게 내려보낼까? 일단 우주선이 착륙선을 뒤로 밀쳐 내는 방법이 가장 쉽다. 우주선 진행 방향의 반대쪽으로 궤도속력과 똑같이 사출하면(기계적인 작동 메커니즘은 지금 하는 이야기와 별 관련이 없지만 아마도 스프링 메커니즘으로 손쉽게 해결하지 않을까 싶다) 끝이다. 우주선이 앞으로 가는 속력과 착륙선이 뒤로 튕겨 나가는 속력이 똑같으면(우리 우주선의 경우 약 60cm/sec) 착륙선은 일시적으로 혜성 상공에 공중 부양한다. 약하기는 하지만 이제부터 혜성의 중력에 이끌려 표면으로 떨어져 내린다. 혜성의 중력이 너무도 미약하기 때문에 표면에 도달하기까지 한참이 걸린다. 이러한 경우라면 착지까지 약 4.4시간이 소요되며, 표면에 도달할 무렵 최종 속력은 1.6m/sec 전후가 된다(빠른 걸음, 6.5km/h에 약간 못 미치는 정도이다). 표면에 최종 접근을 시도하며 로켓엔진으로 감속하는 모습을 상상할지 모르겠다. 임무의 과학적 목적으로 본다면 그다지 좋은 생각이 아니다. 혜성 표면이 연소 가스에 오염될 우려가 있기 때문이다. 따라서 역추진 감속을 포기하고 구조 보강 쪽으로 가닥을 잡을 가능성이 크다. 1.6m/sec 속력으로 충돌해도 견디게 설계한다는 뜻이다.

착륙선이 표면에 부딪치고 튕겨 나오면 큰일 난다. 다시 궤도로 돌아가 버리기라도 하면? 착지 때 가장 문제가 되는 점이 바로 이 부분이다. 질량 100kg짜리 착륙선이 혜성 표면에 가면 무게로는 얼마나 나갈까? 10분의 1N, 자그마한 사과 한 알 무게의 10분의 1이다! 충분히 튕기고도 남는다. 게다가 표면의 특성도 발 디디기 전까지는 알 방법이 없다. 탄성이 있는지, 점

그림 4.8: 로제타 착륙선이 혜성 67P/추류모프-게라시멘코에 성공적으로 착지하면 아마 이런 모습이지 않을까. [이미지 제공: 유럽우주기구(ESA)]

성이 있는지, 그 중간쯤인지 알 수 없다. 이런 사고를 피하려면 착륙선을 어떻게든 눌러앉혀야 한다. 착지 직후에 위쪽으로 로켓 모터를 점화하든, 혜성 표면을 기계적으로 틀어쥐든 방법은 여러 가지이다.

유럽우주기구 로제타 착륙선이 2014년경 혜성 67P/추류모프-게라시멘코에 성공적으로 착지한다면 아마도 그림 4.8과 같은 모습이지 않을까 한다. 이런 임무에서 궤도의 복잡성을 간과해서는 안 된다. 혜성의 핵은 매끈한 당구공이 아니라 못생긴 감자에 가깝다.

라그랑주점 주변의 달무리 궤도

이전 장에서 각종 지구궤도를 다루었다면 이번 절에서는 좀 독특한 궤도를 살펴볼까 한다. 우주선이 멀쩡하게 궤도운동을 하는데 궤도의 중심에는 아무것도(물체, 즉 질량이) 없는 경우가 있다. 이런 기묘한 상황을 소개하려면 설명이 필요하다.

삼체문제

이야기는 1770년대로 거슬러 올라간다. 조제프 라그랑주Joseph Lagrange라는 이탈리아계 프랑스 수학자가 있었다. 이 무렵이면 뉴턴이 중력장 내 운동에 대해 계시를 남긴 지 근 100년이 다 되어 갈 때이다. 뉴턴의 계시는 세계 유수의 과학자 및 수학자들이 수세기에 걸쳐 파고 또 파게 될 대업이었다. 라그랑주는 뉴턴의 법칙으로 *삼체문제*three-body problem를 연구하고 있었다. 이름이 시사하는 바, 삼체문제는 중력하에서 3개의 거대한 물체가 서로서로 어떻게 움직이는지를 연구하는 장르이다. 문제가 생각보다 복잡한 탓에 라그랑주는 결국 해를 구하지 못했다. 삼체문제의 해는 지금도 구하지 못한다. 그러나 라그랑주의 연구가 헛수고로 돌아가지는 않았다. 완전 삼체문제로는 해를 구할 수 없으니 제한적 삼체문제로 단순화해 접근하였고, 그 과정에서 *라그랑주점*Lagrangian point을 찾아냈다. 이제 곧 보겠지만 라그랑주점은 현대의 우주선 임무 설계와도 관련이 있다.

라그랑주는 삼체문제를 그림 4.9와 같이 단순화해 바라보았다. 중량급 천체 M_1과 M_2가 서로서로 원궤도를 돌고 있다. 제삼체 M_3는 크기도 질량도 무시할 정도로 작으며, 거구들 둘의 중력장하에 궤도를 따라 운동한다. 이

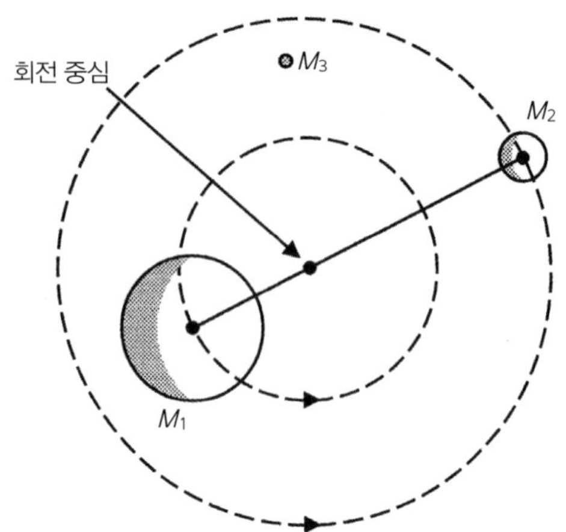

그림 4.9: 회전하는 제한적 삼체문제. 중량급 천체 M_1과 M_2가 서로서로 원궤도를 돌고 있다. 제삼체 M_3는 질량이 무시할 정도로 작으며, M_1과 M_2의 중력 영향하에 운동한다.

러한 설정을 일컬어 *회전하는 제한적 삼체문제*circular restricted three-body problem, CRTBP라 한다. 여기서 유심히 보아야 할 점이 있다. 제삼체의 질량이 너무나 작아서 중량급 천체 둘의 운동에 아무런 영향을 주지 못한다는 점, 바로 이 점이 핵심이다. 그럼 이제 중량급 천체 둘은 어떤 식으로 서로서로 원궤도를 도는가? 둘의 질량이 동일한 경우라면 딱 중간 지점을 중심으로 회전한다(그림 4.10a). 둘의 질량이 똑같지 않은 경우라면 회전 중심점은 질량이 큰 쪽으로 치우친다(그림 4.10b). 이런 회전 중심점을 계系의 *공통 질량중심*barycenter이라 한다. 이를테면 지구-달의 경우 지구 질량이 달의 81배에 육박하므로 공통 질량중심이 지구 중심으로부터 5,000km가량 떨어진 곳에 위치한다. 사실상 지표 밑에 들어가 있는 셈이다.

그림 4.9 라그랑주의 제한된 삼체문제로 돌아가 보자. 현대의 우주선 임무 설계와 관련해 적절한 예시가 더러 눈에 띈다. 멀리 갈 필요 없이 1960년대 아폴로 우주선부터 살펴보자. 지구와 달이 중량급 천체로서 서로서로 원(에 가까운)궤도를 돌고 있다. 아폴로 우주선은 제삼체로서 질량이 무시되는 상

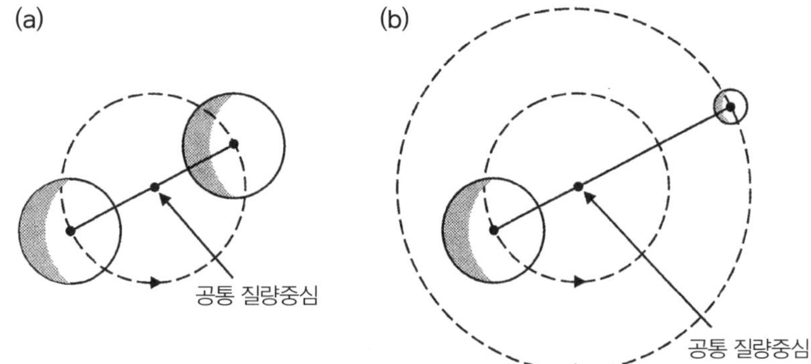

그림 4.10: 공통 질량중심을 축으로 중량급 천체 둘이 서로서로 원궤도를 돌고 있다.

황이다. 또 다른 CRTBP 사례로 태양-지구-우주선 삼자 관계를 들 수 있다. 이 경우는 적용 폭이 더 넓다.

라그랑주는 CRTBP를 수학적으로 탐구한 끝에 재미있는 사실을 발견했다. 상기와 같은 회전 계에서 제삼체(질량이 무시할 정도로 작을 때에 한한다)가 어떤 특정 지점에 위치하는 경우 중량급 천체 둘에 대해 움직이지 않는다. CRTBP에는 이러한 지점이 다섯 군데 존재한다. 그림 4.11에서 이들 *평형점*equilibrium point 위치를 확인할 수 있다. 라그랑주를 기리는 뜻에서 라그랑주점 L_1, L_2, L_3, L_4, L_5로 부른다. 그림 4.11에서 눈여겨볼 점이 있다. 중량급 천체 둘과 라그랑주점 다섯 곳은 상대 위치가 고정이다. 상기의 일곱 가지 요소가 그림의 배열을 그대로 유지한 채 계의 공통 질량중심을 축으로 회전한다. 그림 4.11 자체가 통짜로 빙글빙글 돌아간다고 생각하면 되겠다.

라그랑주점 주변 궤도

이상의 내용이 우주선 임무 설계와 무슨 관련이 있을까? 우리는 그 부분이 궁금하니 여기 걸맞은 사례를 살펴보도록 하자. 중량급 천체는 태양과 지구, 제삼체는 우주선이다. 각 라그랑주점은 두 천체의 중력과 계의 회전에서 생기는 원심력이 상쇄되어 결과적으로 아무런 힘도 미치지 않는 곳이다('계의 회전에서 생기는 원심력'이 무슨 뜻인지는 이어서 설명하겠다). 이러한 성질이 라그랑주점에 평형점의 특성을 부여한다. 즉 라그랑주점 어디든 우주선을 보내기만 하면 계속 그 자리를 지킨다는 뜻이다. 한걸음 더 들어가 볼까? 태양-지구 계의 L_1 및 L_2 지점으로 가 보자. 이 자리에 우주선을 배치하면 더할 나위 없이 좋다. 이유를 살펴보자. L_1과 L_2 지점은 지구에서 150만km 정도 거리에 위치한다. 지구를 기준으로 L_1지점은 태양을 향하고 있고, L_2지점은 태양을 등지고 있다(그림 4.11). L_1, L_2 지점에 우주선을 가져다 놓겠다는데 내용은 둘째치고 그거 뭐 어렵겠나 싶다. 정말 그럴까? 수학적으로 보면 이들 L_1, L_2 지점은 *불안정평형*unstable equilibrium점이다. 섭동이 기척만 내도 라그랑주점을 이탈한다. 말하자면 이런 식이다. 캡틴 아메리카의 방패를 엎어 놓고 꼭대기에 구슬을 얹는다. 구슬에 기를 불어넣어 겨우겨우 세웠다. 그 상태로 얼마나 버틸까? 틀림없이 오래가지 못한다. 잎새에 이

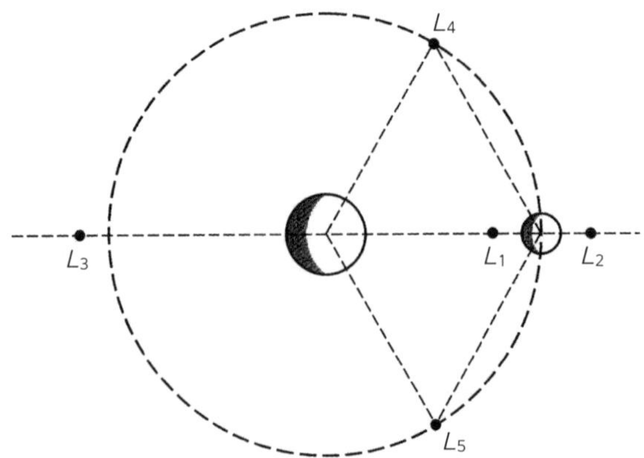

그림 4.11: 중량급 천체 둘이 회전 계를 구성하는 경우 라그랑주점 L_1, L_2, L_3, L_4, L_5의 상대 위치는 그림과 같다.

는 바람조차 괴롭다. 라그랑주점의 우주선도 마찬가지라 하겠다. 단, 추진 체계 도움을 받는다면 이야기가 다르다. 안정성을 회복할 수 있을 뿐 아니라 라그랑주점을 중심으로 궤도운동도 할 수 있다. 허공에 아무 질량도 없는데 이를 중심으로 궤도운동을 할 수 있다니 신기하다. 대체 무슨 조화일까? 태양–지구–우주선 삼체 계의 L_1지점 주변에서 어떠한 일이 일어나는지를 살펴보자. 비결이 무엇인지 알 수 있다.

L_1지점은 어떤 곳인가? 엄밀히 말하면 회전 계에서 중력 및 원심력이 도합 0으로 균형을 이루는 위치이다. 우리는 이제 태양과 지구의 중력이 우주선에 작용한다는 소리만 들어도 기분이 흡족하다. 그런데 원심력 이야기는 조금 생경하다. 태양–지구 계는 회전이 느려 하루 약 1°씩이나 움직일까 한데(지구가 태양궤도를 1년에 걸쳐 돈다) 거기서 원심력이 발생해 보아야 과연 얼마나 될까 싶다. 하지만 여기서는 그 작은 원심력이 중요한 역할을 한다.

우리 한번 아이들 놀이터에 가서 뺑뺑이나 타 볼까? 원심력을 느끼며 동심을 되찾아 보자! 그때 그 시절 아이로 돌아가 손잡이를 꼭 붙들고 서 있으면 짓궂은 친구가 뺑뺑이를 미친 듯이 돌려대고 우리는 마치 날아갈 것만 같은 무서움을 느낀다. 뺑뺑이에서 날아갈 것만 같은 그 힘은 회전에서 생기는 힘이다. 회전 계에서(뺑뺑이에서) 우리를 바깥쪽으로 잡아당기는 그 힘을 원심력centrifugal force이라 한다. 정신 바짝 차리고 손잡이를 꼭 쥐지 않으면 눈 깜짝할 사이에 뺑뺑이 저 밖으로 내동댕이쳐질 수 있으니 주의해야 한다. 우리가 이렇게 정신없는 뺑뺑이 속에서도 제자리를 지킬 수 있는 이유는 무엇일까? 원심력이 우리를 내팽개치려는 만큼 우리 팔이 뺑뺑이 중심을 향해 우리를 잡아끌고 있기 때문이다.

위의 비유, 공교롭게도 너무나 딱 맞아떨어진다. 태양–지구 회전 계의 L_1 지점이 어떤 곳이기에 우주선이 '눌러앉아' 자리를 뜰 생각을 안 하는지 잘 알겠다. 우주선을 태양 쪽으로 끌어들이는 힘은 태양의 중력이다. 뺑뺑이로 말하자면 손잡이를 단단히 붙드는 팔의 힘과 똑같은 역할을 하는 셈이다. 우주선을 바깥쪽으로 잡아당기는 힘은 계의 회전에서 발생하는 원심력이 지배적이지만 지구의 중력도 약간이나마 기여하는 부분이 있다. 안으로는 태양 중력이, 바깥으로는 원심력과 지구 중력이 작용하며, 쌍방은 L_1지점에서 균형을 이룬다는 뜻이다. 세부적으로 들어가면, L_1지점에서 태양 중력이 1일 때 원심력은 0.97, 지구 중력은 0.03이다.

그렇다면 궁금하다. L_1지점을 중심으로 궤도운동이 가능하다는 말은 어떤 의미일까? 그림 4.12를 보면 태양과 지구를 잇는 축이 보인다. L_1지점의 우주선이 이 축을 따라 한 발짝이라도 움직이면 중력과 원심력 간의 균형이 깨져 한쪽으로 끌려간다. 일단 표류하기 시작하면 순식간이다. 라그랑주점으로부터 점점 더 멀어진다. 앞서 이야기한 방패와 구슬 비유를 떠올리면 되겠다. L_1지점은 이렇게 불안정하다.

하지만 여기에는 *안정면*surface of stability이 존재한다. 안정면 위에서라

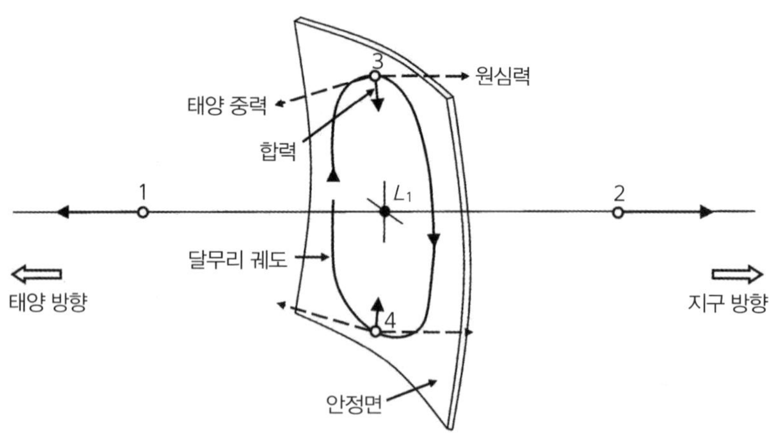

그림 4.12: 라그랑주점에는 말 그대로 아무것도 없지만 우주선은 그 주변을 궤도운동할 수 있다. 원리는 그림과 같다.

면 L_1지점을 중심으로도 궤도를 돌 수 있다. 안정면은 그림 4.12에서 보다시피 태양–L_1지점–지구 축에 수직이다. 안정면은 곡면이 맞기는 한데 그림처럼 곡률이 크지는 않으며, 궤도운동이 일어나는 면을 평면처럼 생각해도 무방하다. 이번에는 우주선을 3지점이나 4지점에 가져가 보겠다. 이 위치에 가도 한쪽으로는 태양 중력이, 다른 한쪽으로는 원심력+지구 중력 약간이 작용한다. 합력은 결국 L_1지점을 향한다. 실은 위의 달무리 궤도상 어느 지점이나 마찬가지이다. L_1지점에는 아무런 질량이 없지만 우주선은 L_1지점을 중심으로 궤도운동을 할 수 있다. 혹시나 싶어 말한다. L_1지점 주변 궤도는 원뿔곡선이 아니다. 소위 *리사주 궤도*Lissajous orbit라고 하는데, 똑떨어지는 궤도라기보다는 다종다양한 고리의 집합체에 가깝다. 앞서 언급했다시피 달무리 궤도는 그다지 안정적이지 못하다. 궤도에 장시간 머무르고자 한다면 추진 체계의 도움을 받아야 한다.

L_2지점 주변의 궤도운동도 이와 비슷한 식으로 설명할 수 있다. 안쪽으로는 태양과 지구 중력이 작용하고 바깥쪽으로는 원심력이 작용해 둘이 균형

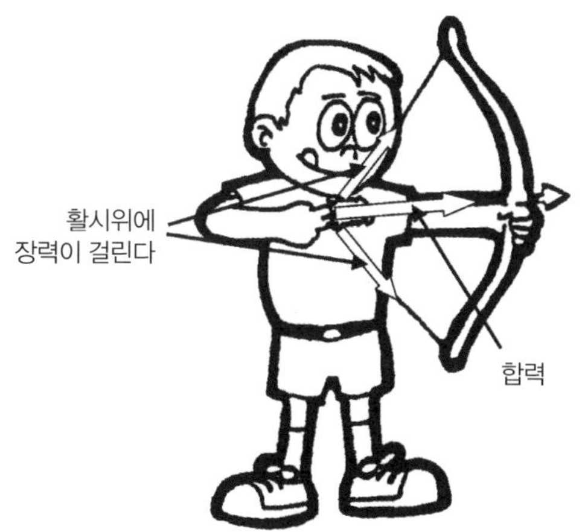

그림 4.13: 활시위의 장력으로 인해 화살 방향의 합력이 발생한다.

을 이룬다는 취지이다. 원심력은 L_1지점 대비 L_2지점이 조금 더 크다. 회전 중심으로부터 멀어졌으니 당연한 결과라 하겠다.

*합력*resultant force 개념은 이렇게 생각해 보면 어떨까 한다. 그림에서 3지점의 힘 벡터 배열을 보자. 활시위에 화살을 걸고 발사하는 모습이 연상된다. 그림 4.13에서 화살에 실제 작용하는 힘 벡터는 화살 양옆으로 뻗은 활시위, 거기 걸린 장력이다. 하지만 이들 힘 벡터의 합계, 다시 말해 합력은 화살 방향을 향하고 있으며 화살을 가속해 날아가게 만든다.

라그랑주점과 달무리 궤도에 어떤 의미가 있기에 설명에 이렇게 공을 들일까? 우주선에 라그랑주점 궤도를 활용하는 구상은 사실 하루 이틀 이야기가 아니다. 예를 들어, 태양 관측이 목적이라면 지구–태양 간 L_1지점 달무리 궤도만한 위치가 없다. 아무런 방해 없이 태양을 관측할 수 있으니 그야말로 로열석인 셈이다. 실제로 소호 태양관측위성SOlar and Heliospheric Observatory, SOHO, 에이스 위성Advanced Composition Explorer, ACE 등이 L_1지점에 배치되어 활동 중이다. L_2지점은 그 반대라고 보면 된다. 태양으로부터 지구 이상으로 멀리 떨어져 있을 뿐만 아니라 사시사철 지구의 밤하늘에 위치한다. 우주망원경 부지로서 아주 그만이라 하겠다. 허블 우주망원경의 경우 지구저궤도를 도는 탓에 관측에 제약이 따른다. L_2지점에서 지구는 각 크기로 0.5°밖에 안 된다. 시야가 탁 트였으니 우주 관측 장소로 더없이 유리하다. 물론 L_2지점 궤도에도 관측 장비가 가 있고 앞으로도 갈 예정이다. 전자는 윌킨슨 마이크로파 비등방성 탐사선Wilkinson Microwave Anisotropy Probe, WMAP, 후자는 제임스 웹 우주망원경James Webb Space Telescope, JWST이 손꼽힌다. 제임스 웹 우주망원경은 허블의 뒤를 이을 기대주로 많은 관심을 받고 있으며, 2013년경 L_2지점 달무리 궤도에 진입할 예정이다.

궤도 이야기만 늘어놓아 지루한가?

지금까지 궤도운동의 면면을 다루느라 상당 시간을 할애하였다. 제5장은 조금 편안하게 가 볼까 한다. 우주선을 지상에서 궤도로 실어 나르는 데 로켓 발사체를 어떻게 활용하는지 알아보자.

5. 궤도에 오르다

Getting to Orbit

로켓 과학과 로켓 공학

사람들 대부분에게 로켓의 작동 원리는 여전히 미스터리인 부분이 있다. 대표적으로 잘못 아는 내용이 있는데, 로켓이 불을 뿜으며 날아오를 때 땅을 박차고 나아간다고 믿는 것이다. 필자 역시 소싯적에 본 장면이 눈에 선하다. 우주개발 초기, 그 옛날 로켓이 최초의 우주비행사들을 태우고 장엄한 모습으로 발사대를 떠난다. 좀처럼 잊히지 않는 장면이다. 당시 생각에 로켓이 땅 혹은 공기를 밀고서 날아오르는 줄 알았다. 저 우주는 진공이라던데 거기 가서는 무얼 밀고 나가지? 거기까지는 생각이 미치지 않았던 듯하다.

로켓 과학에 대한 사람들의 막연한 경외감 역시 필자가 보기에는 선입견이라는 생각이 든다. 우리도 알다시피 구어체 영어에서 로켓 과학이라는 관용구는 난해함을 뜻하는 대명사처럼 쓰인다. 우스운 일이 있었는데, 필자 자택에서 한 집 건너에 외과 의사가 산다. 이웃집 여자가 언젠가 그 사실을 알고 우스갯소리를 하였다. 로켓 과학자와 뇌수술 전문의 사이에서 샌드위치된 기분이라고. 구어체 영어로 뇌수술brain surgery 역시 비슷한 의미로 쓰이지만, 신경외과에서 들으면 펄쩍 뛸 소리이다. 필자의 짧은 소견으로는 신경외과 쪽이 훨씬 더 복잡하지 않을까 싶다. 로켓 과학은 개념상으로는 간단하다. 모쪼록 이번 장에서 그 점을 피력하고자 한다.

한편으로 로켓 공학은 완전히 다른 문제이다. 엔지니어에게 로켓엔진은 큰 산과 같다. 개념상으로는 단순해 보여도 이를 고성능 하드웨어로 탈바꿈하려면 피그말리온을 능가하는 재주와 노력이 필요하다. 스페이스셔틀이 지구궤도에 오를 적마다 무슨 일이 벌어지는지 생각해 보면 엔지니어들이 존경스럽다. 셔틀 궤도선 질량은 거의 100톤에 육박한다. 이 무거운 물체를 약 8km/sec 속력이 날 때까지 가속해야 한다. 에너지로 따지면 TNT 고폭약

700톤에 맞먹는다. 거의 소형 원자탄이나 다름없다. 이제 문제의 심각성이 보인다. 로켓은 저 큰 에너지를 몇 분에 걸쳐 야금야금 소모하며 날아간다. 통제력이 생명이다. 실수하면 그날로 끝이다. 발사체가 이렇게 곡예비행을 할 때 로켓 하드웨어는 극도의 기계적·열적 스트레스를 받는다. 엔지니어의 스트레스도 이루 말할 수 없다.

우주선을 궤도에 올리는 일이 어째서 고위험군에 속하는지 이해하고도 남을 일이다. 현대의 발사체 시스템은 대부분 *신뢰성*reliability 90%가 기본이다. 열 번 쏘면 아홉 번은 성공한다는 뜻인데, 이만만 해도 시장에서 통용되는 분위기이다. 안전성에서 타의 추종을 불허하는 스페이스셔틀은 신뢰성 99%를 자랑한다. 상용 발사체 가운데 수석 자리를 차지해 마땅하다. 그러나 민간항공 운송의 신뢰성에 비교하면 우주 운송은 개선의 여지가 너무 많다. 100명에 하나씩 이번 여름 휴가에 돌아오지 못할 길을 떠난다면, 회사에서 보내 준다고 해도 주저하지 않을 수 없다.

구경하는 사람이야 유인 우주 비행이고 뭐고 아무려면 어떤가 싶다. 그러나 타는 사람 입장은 다르다. 자기 명운이 걸려 있으니 말이다. 로켓이 불을 뿜으며 올라가는 동안 그 속에 웅크리고 앉은 사람들은 기계의 비명을 들으며 부들부들 떤다. 자신의 재능을 믿는 젊은 친구들, 과학이나 공학에 투신하기로 결심했는가? 그렇다면 이 문제는 도전해 볼 가치가 충분하다. 기존 로켓 발사체를 대신할 방법을 찾아보라. 물론 보통 일이 아니라는 점은 누구나 아는 사실이다. *스타 트렉*Star Trek 세대라면 알겠지만 "Beam me up, Scotty." 정도는 되어야 가능한 일인지 모르겠다.

대포로 안 되면 로켓으로

제2장에서 우리는 궤도운동의 실체가 무엇인지 알아보고자 뉴턴의 대포를 끌어다 궤도 시험을 실시한 바 있다. 뒷산은 물론 전 세계 어디에도 해발 200km짜리 산은 없으므로 그런 포대를 구축하기란 불가능하다. 따라서 우리 위성을 궤도에 올리려면 로켓 추진 발사체에 의존하는 수밖에 없다. 꿩 대신 닭이라고 대포로 안 되면 로켓으로 쏘면 된다. 어떻게 하는지 한번 보자. 앞에서도 설명했다시피 고도 200km 포대에서 앙각 0°, 포구 초속 8km/sec 조건으로 사격하면 탄이 지구저궤도에 진입한다. 이 조건을 만족하면 탄도와 지표의 곡률이 일치하므로 탄이 지면에 충돌하지 않는다. 즉 탄이 궤도운동을 지속한다. 발사체를 이용해 위성을 동일 궤도에 진입시키려면 위와 같은 *초기 조건*initial condition을 만족하게끔 쏘면 그만이다. 고도 200km에 이를 때까지, 거기서 수평 방향으로 8km/sec 속력이 날 때까지 로켓으로 계속 밀어 주면 위성은 동일 궤도에 진입한다.

발사체는 대포보다 융통성이 있어 좋다. 대포의 경우 고정 포대(가령 200km 산꼭대기)에 발이 묶여 성능 제약이 따르지만, 발사체는 운신의 폭이 넓다. 발사체의 능력에 따라 고도, 초기 속력, 방향과 같은 초기 조건들을 달리할 수 있으며, 위성을 원하는 궤도(제2장의 각종 궤도)에 진입시킬 수 있다는 뜻이다. 발사체가 700km 상공에서 수평 방향 초기 속력 7.5km/sec로 위성을 방출한다면, 그 위성은 고도 700km짜리 원궤도를 돌게 된다. 동일 고도에서 10.6km/sec로 방출한다면 위성은 포물선 궤적을 그리며 날아가 종국에는 지구를 탈출한다(제1, 2장 참조).

이것이 로켓 과학이다

앞서 언질을 준 것처럼, 로켓엔진은 개념상으로는 정말 간단하다. 자동차 엔진은 하다못해 피스톤이나 오르락내리락하지, 로켓엔진에는 그럴 만한 메커니즘 자체가 없다. 그 대신 다음 세 가지 요소를 갖춘다. *추진제 공급 계통* propellant feed system, *연소실* combustion chamber, *노즐* nozzle이 그것이다. 연소실에 추진제를 분사한 뒤 연소하면 고온 고압가스로 변한다. 연소 가스를 노즐로 내뿜으면 끝이다. 정말 간단하다.

발사체 규모를 한번 보자. 웬만한 로켓엔진으로 저게 올라가겠나 싶다. 스페이스셔틀의 경우 발사 중량이 자그마치 2,000톤이다! 로켓엔진 5기의 총 추력이 기체 중량을 상회해야만 발사대를 박차고 멋지게 날아오를 수 있다(그림 5.1 참조). 스페이스셔틀이 궤도에 오르기까지 로켓엔진 2종이 힘을 쓴다. 바로 *고체추진제 로켓모터* solid propellant motor와 *액체추진제 로켓모터* liquid propellant motor이다. 스페이스셔틀만 아니라 현용 발사체 대부분이 이런 로켓엔진을 사용한다.

일단 불을 댕기면 안에 화약이 죄다 탈 때까지 계속해서 추력을 낸다는 점에서 *고체추진제 로켓모터*(그림 5.2a)는 불꽃놀이 폭죽의 뻥튀기라 볼 수 있다. 고체연료든 액체연료든 간에 연소 반응에는 반드시 산소가 필요하다. 항공기는 언제나 대기권 저고도를 비행하므로 엔진의 흡기를 통해 산소를 조달한다. 그런데 발사체는 궤도고도에 근접하면 대기로부터 산소를 얻기가 사실상 불가능해지므로 자신이 쓸 산소를 직접 지니고 다녀야 한다. 고체추진제로켓의 경우는 연료와 산화제를 한데 섞어 끈끈한 반죽으로 만든 다음 이를 틀에 부어 넣고 굳히는 방식으로 제작한다. 로켓을 한 덩어리로 만들기도 하지만, 초대형 로켓을 제작할 때는 편의상 고체 추진제를 분절하기도 한

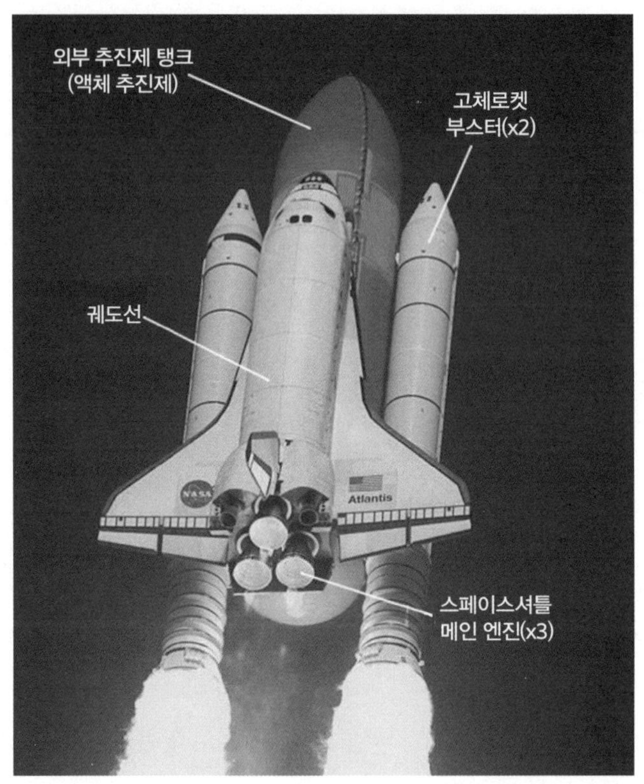

그림 5.1: 스페이스셔틀 발사체의 개략적인 구성. [이미지 제공: 미국항공우주국(NASA)]

다. 짤막한 원통형 틀에 심쇠를 넣고 추진제 반죽을 부어 굳힌다. 반죽이 굳으면 심쇠를 뺀다. 가운데 모양이 나지 않을까. 쉽게 말해 두루마리 휴지 모양이라 생각하자. 그렇게 몇 덩어리를 만들어 그림 5.2b처럼 원통형의 로켓 케이스 안에 차곡차곡 쌓는 식이다. *파이로테크닉 장치*pyrotechnic device(점화기)는 일반적으로 로켓 머리 부분에 설치한다. 점화기로 불을 댕기면 추진제가 내부 공동에서부터 바깥(로켓 케이스)을 향해 맹렬히 타오른다. 전부 타서 안에 아무것도 남지 않을 때까지 말이다.

스페이스셔틀은 발사 초기 2분간 대형 로켓 부스터의 도움을 받아 비행한다. 위에 나온 바로 그 고체추진제로켓이다. 1970년대에 셔틀 시스템을 설계하면서 예산 문제로 고체로켓 부스터를 채택하기로 결정이 났다. 여기에 관여한 상당수 로켓 과학자들에게 있어 영 못마땅한 선택이 아닐 수 없었다. 사람 태우는 로켓에 할 일이 아니라는 분위기였다. 근심 걱정은 다른 것이 아니었다. 고체추진제로켓은 일단 점화하고 나면 어찌할 방법이 없다. 바로 그 점이 문제라 하겠다. 셔틀의 부스터 추력은 우리의 상상을 초월한다. 이륙 순간에 무슨 일이 있더라도 양쪽이 동시에 점화되어야 한다. 결정적인 순간 어느 한쪽이 점화에 실패하면 기체의 추력 불균형으로 대참사가 벌어질 터였다.

*액체추진제 로켓모터*liquid propellant rocket motor(그림 5.3)는 구조가 조금 복잡하다. 연소실과 로켓 노즐에 더해 추진제 공급 계통이 추가된다. 이 경우 발사체는 연료 탱크와 산화제 탱크를 따로따로 갖춘다. 작동 원리를 짧게 설명하면 다음과 같다. 연소실이 추진제 공급 계통(흔히 터보 펌프)에서 추진제를 공급받아 연소시키면 고온 고압의 연소 가스가 발생한다. 연소 가스는 엔진 노즐로 빠져나가면서 추력을 낸다. 잠시 후 다시 살펴보겠지만, 연소 가스가 노즐을 통해 고속으로 빠질수록 좋다. 노즐의 종단면을 한번 살펴보자. 처음에는 수렴하면서 *노즐 목*throat을 이루고, 그런 다음 다시 종 모양으로 팽창하는 특유의 윤곽선이 드러난다. 연소 가스는 노즐 목을 비집고 나가며 가속되어 일차적으로 (내부 가스 기준) 음속에 도달하고 이어 *팽창부*divergent section를 통과하며 계속적으로 가속 및 팽창한다. 이로써 높은 *출구 속도*exit speed를 확보하는 원리이다. 연소 가스 *출구 압력*exit pressure이 대기압에 가까운 경우 이상적인 노즐이라 볼 수 있다.

액체추진제로켓의 경우 공급 계통을 통해 연소실로 유입하는 추진제 양을 조절할 수 있기 때문에 반응에 개입할 여지가 있다. 추력 조절은 물론 필요

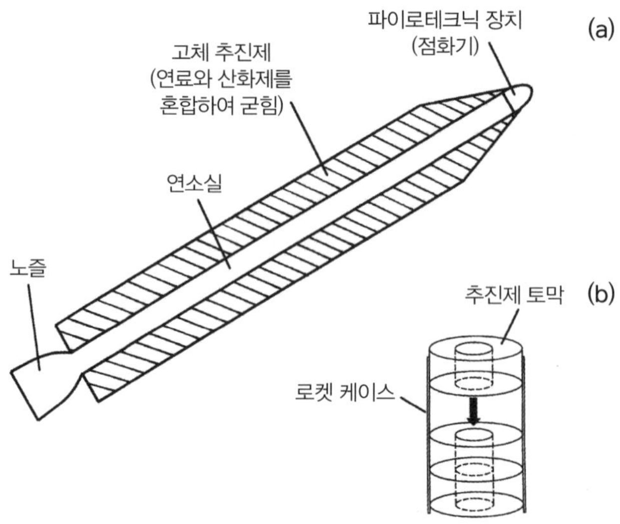

그림 5.2: (a) 고체추진제로켓은 보통 그림과 같은 구성을 보인다. (b) 케이스에 고체 추진제 토막을 채워 넣어 전체 로켓을 조립한다.

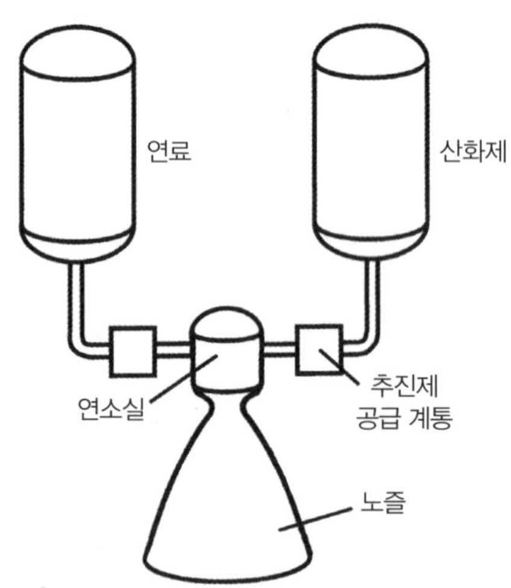

그림 5.3: 액체추진제 로켓모터의 개략적인 구성은 그림과 같다.

하다면 엔진을 껐다가 다시 점화할 수도 있다. 연료와 산화제로는 보통 어떤 물질을 쓸까? 화학적으로는 오만 가지 조합이 가능하지만 실제로 널리 쓰이는 추진제를 꼽으라면 *액체수소*liquid hydrogen, LH2/*액체산소*liquid oxygen, LOX 혹은 *정제 등유*kerosene/*액체산소* 조합이 대표적이라 하겠다.

앞에서 스페이스셔틀을 궤도에 올리는 데 로켓엔진 두 종류가 필요하다고 했다. 부스터 로켓(고체추진제로켓) 2기가 한 축을 이룬다면, 다른 한 축은 *스페이스셔틀 메인 엔진*space shuttle main engines, SSME(액체추진제로켓) 3기가 담당한다. 부스터 로켓이 연소 종료 후 떨어져 나간 이후에도 SSME는 셔틀이 궤도에 오를 때까지 계속해서 작동한다. SSME의 추진제는 액체수소/액체산소이다(연료/산화제). 수소나 산소 모두 상온에서 기체 상태이기 때문에 초저온으로 냉각해야 액체 상태로 만들 수 있다. 이런 추진제는 *극저온 액체*cryogenic liquid라 장시간 보관이 어렵기 때문에 발사 직전 단열 탱크에 주입하는 방식을 사용한다. 그림 5.1에 보이는 거대한 추진제 탱크에 액체수소와 액체산소가 들어 있다.

작용 반작용

노즐로 연소 가스가 빠져나가면 로켓 추진체는 반대급부로 고속의 추진력을 얻는다고 했는데 그 이유가 궁금하다. 이 대목에서 아이작 뉴턴옹에게 다시 한 번 도움을 청해 보자.

로켓 추진제가 대기는 물론 우주의 진공에서도 추력을 내는 이유는 바로 압력 추력과 운동량 추력 때문이다. 그중에도 운동량 추력이 로켓 추력의 주력이라 할 수 있다.

그럼 콜라 한 병 따서 마시며 *압력 추력*pressure thrust 이야기를 해 보자(그림 5.4). 병을 따기 전에는 내부 압력이 용기 전방위로 동일하게 작용하며, 이

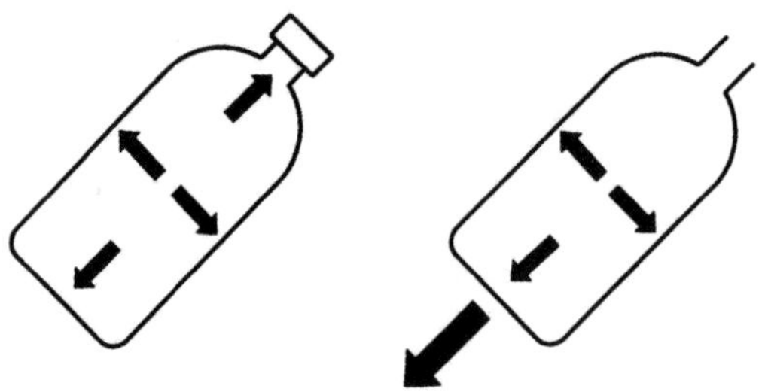

그림 5.4: 압력 불균형이 압력 추력을 만들어 낸다.

에 따라 합력도 없다. 그런데 뚜껑을 따는 순간 불균형으로 인해 알짜 힘이 발생한다(물론 콜라병에서 발생하는 힘은 얼마 안 된다). 뚜껑 열린 콜라병은 노즐로 가스가 빠지는 로켓엔진 연소실과 유사하다. 압력 추력의 역할은 부수적이지만, 그럼에도 압력차로부터 얼마간의 추진력이 발생한다.

추력 효과의 주력 *운동량 추력*impulse thrust을 이해하려면 뉴턴의 운동법칙 중에서도 특히 제3법칙을 기억할 필요가 있다(제1장 참조). 모든 작용에는 반작용이 따른다(힘의 크기는 동일하나 방향이 반대). 말하자면 이런 식이다. 로켓엔진이 후방으로 질량을 고속으로 계속해서 내던진다(작용). 이에 대한 반대급부로 로켓 추진체 전체가 전방으로 가속된다(반작용). 여러분이 좀 더 명확하게 이해하도록 실험을 하나 해 보려 하는데 집에서 절대 따라하지 말았으면 한다. 그럼 시작해 보겠다! 우리의 스턴트맨이 고속 라이플을 들고 스케이트보드에 올라타 사격 자세를 취하였다. 방아쇠를 당김과 동시에 탕! 탄이 총신을 떠나는 동안 라이플이 반대 방향으로 거칠게 밀리며 사수의 어깨를 때린다. 라이플을 쏘면 '반동'이 생긴다는 뜻이다. 스케이트보드에 올라 라이플을 쏘면 그 반동을 추진력으로 삼아 나아갈 수 있지 않을까(그림 5.5). 예를 들어 사수, 라이플, 스케이트보드까지 더해 총 질량을 75kg으로 잡고 탄자 질량 50g에 포구 초속 1,500m/sec라 하자. 사수는 반동으

그림 5.5: 스케이트보드에 올라 고속 라이플을 사격하면 로켓과 유사한 체험을 할 수 있다.

로 인해 1m/sec 속도로 밀려남을 어렵지 않게 계산할 수 있다. 3.6km/h, 고작 사람 걷는 속도만도 못하다니 우리의 급조 로켓은 아무래도 로켓으로 쓰기에 부적절한 듯하다. 운동량 추력 효과가 무엇인지 알고 넘어가면 되겠다. 로켓엔진 설계 인력은 고속 탄을 퍼붓는 강력한 화기를 개발하고자 수단 방법을 가리지 않는 사람들이다. 반동(반작용)을 극대화해 기체를 반대 방향으로 가속하고자 함이다. 노즐에서 배출되는 *연소 가스*exhaust gas가 총탄을 대신하고 있을 뿐이다.

로켓 추력의 두 축인 압력 추력과 운동량 추력은 사실상 불가분의 관계에 있다. 연소실에 난 구멍(노즐 출구)은 연소실 내부와 외부의 압력 불균형을 유발한다. 이로 인해 어느 정도의 압력 추력이 발생한다. 한편으로는 용기 내부의 고압가스가 외기 중으로 급격히 방출되는 상황이다. 용기에서 물질(질량)이 뿜어져 나오며 운동량 추력을 만들어 낸다. 수학적 관점으로 본다면 저 둘을 구별할 수 있지만, 물리적 관점으로 본다면 떼려야 뗄 수 없는 그런 관계라 하겠다.

추진 체계의 성능 지표

개별 로켓의 성능을 평가하고 다른 로켓과 비교하려면 무언가 판단 기준이 필요한데, 이럴 때에는 다음 두 가지 지표를 보고 판단한다. 바로 추력과 비추력이다.

*추력*thrust은 꽤 직관적인 개념인데, 쉽게 말해 로켓이 기체를 가속하는 힘의 양이다. 제3장 공력 부분에서 추력을 보통 뉴턴 단위로 측정한다고 말한 바 있다. 힘의 단위 뉴턴(N)은 형식적 정의이지만 우리 나름대로 자그마한 사과 한 알 무게로 생각하자고 하였다. 우리는 지금 발사체 엔진을 다루고 있으니 규모에 맞게 톤 단위로 따져 보자. 1톤의 중량은 약 10,000N에 상응한다. 스페이스셔틀의 경우 SSME 1기당 추력이 2MN이다(MN, 즉 메가뉴턴은 100만N이다). 그러면 고체로켓 부스터는? 1기당 추력이 무려 10MN에 달한다.

*비추력*specific impulse의 경우 *초*second 단위로 측정한다. 초 단위라니 조금 생소한데, 비추력 개념은 로켓의 성능 판단에 주요 지표가 된다. 주어진 질량의 추진제에 대해 로켓이 얼마만큼의 속력 변화를 내는지 측정할 수 있기 때문이다. 예를 들어, 액체수소/액체산소 로켓엔진 비추력이 450초 정도라면 고체로켓엔진은 대체로 250초 전후를 보인다. 다음과 같은 상황을 생각해 보자. 초기 질량이 동일한 액체로켓과 고체로켓이 있다. 두 로켓이 정확히 같은 양(질량)의 추진제를 연소한다면 액체로켓은 고체로켓 대비 1.8배(450/250)의 속력 변화를 보인다. 액체로켓의 효율이 훨씬 높은데 이유가 무엇인지 궁금하다. 비밀은 연소 가스의 배출 속도에 있다. 액체로켓엔진 연소 가스는 고체로켓엔진 연소 가스에 비해 노즐을 고속으로 빠져나간다. 그렇다면 비추력이라는 지표를 좀 더 물리적인 관점에서 해석할 수 있다. 비추력

이 크다는 것은 연소 가스 배출 속도가 높다는 뜻이다. 일반적으로 말해 비추력은 높을수록 좋다.

스페이스셔틀, 알면 알수록…

우리는 지금 로켓 이야기를 하는 중이다. 설명을 듣고 보니 개념상으로는 그리 복잡할 일이 없어 보인다. 하지만 이번 장 초입에 말한 대로 공학은 전혀 다른 문제이다. 이런 개념을 공학으로써 실제로 구현하는 일, 발사체 설계 인력과 제조사의 몫인데 결코 만만한 작업이 아니다. SSME의 비추력 450초는 현재 기술 수준에서 화학 추진 기관이 낼 수 있는 최대한도에 가깝다. SSME는 재사용을 기본으로 한다. 지상에서 궤도까지 8분, 그 8분의 시간 동안 열적·기계적 스트레스의 극한을 겪고도 살아남아 다음 비행에 나서는 모습을 보면 무섭기마저 하다.

셔틀에는 SSME 3기가 들어간다. 하지만 우리를 탄복하게 하는 데 굳이 3기씩이나 필요 없다. 하나만도 충분하니까. 필자는 이론에 그치지 않고 기어이 이런 물건을 만들어 낸 엔지니어들이 정말이지 존경스럽다. 그 면면을 한번 살펴보자. SSME 연소실 온도는 보통 3,300℃까지 올라간다. 3,300℃이면 철의 융점의 두 배이다. 연소실 압력을 높이면 연소 가스의 노즐 출구 속도가 증가하는데, SSME의 경우 연소실 압력이 200기압에 달한다. 이 정도 압력을 얻으려면 추진제 공급 계통 역시 고압으로 작동해야 한다. 200기압짜리 연소실에 연료와 산화제를 뿜어 넣어야 하기 때문이다. 그렇다면 대체 어디서 이런 압력이 나올까? 바로 터보 펌프이다. 터보 펌프는 37,000rpm 속도로 돌면서 액체산소를 305기압, 액체수소를 420기압으로 밀어 넣는다.

유량으로는 총 470kg/sec, 초당 반 톤씩 퍼먹는 괴물이다. SSME는 그 결과 추력 2MN, 노즐 출구 속도 4,500m/sec에 달하는 성능을 뽑아낸다.

스페이스셔틀의 발사 장면을 살펴보자. 로켓엔진 5대에서 고온의 연소 가스가 쏟아져 나온다. SSME 3기가 4,500m/sec로 초당 1.5톤의 가스를, 고체 로켓 부스터 2기가 2,500m/sec 속력으로 초당 8톤의 가스를 뿜어낸다. 우리 스턴트맨이 50g짜리 고속 탄을 1,500m/sec로 발사한 모습과 왠지 비교된다. 발사대 화염 배출구는 엄청난 불길을 그대로 뒤집어쓴다. 시설물에 무리가 가지 않을 수 없는데 때맞추어 '스페이스셔틀 수영장'이 등장한다. 말하자면 소방관 같은 역할이다. 최근에 국제우주정거장을 주제로 3D 아이맥스 영화가 나왔다. 스페이스셔틀 발사 순간을 근접 촬영한 장면이 있는데 기가 막혔다. 저 엄청난 에너지를 손에 쥐고 통제하다니! 그 와중에 유독 눈에 띄는 모습이 있다. SSME 점화 직전에 '수영장' 물을 화염 배출구로 내리퍼붓는다. 물이 증기로 변하는 과정에서 연소 가스 에너지를 상당량 흡수하면 시설물 피해가 그만큼 줄어들게 마련이다.

궤도에 오르다

발사체에도 종류가 다양하다. 일회용이 있는가 하면 비행기처럼 수시로 뜨고 내리는 물건도 있다. 그러나 현시점에서 궤도 수송 대부분은 *소모성 발사체*expendable launch vehicles, ELVs에 의존하는 실정이다. 이름만 보아도 알겠지만 이런 발사체는 한 번 쓰면 끝이다. 역할을 다한 부분을 하나하나 버리면서 상승하고 궤도에 올라가서도 불필요한 부분은 거기 그냥 둔다. *부분 재사용 발사체*semi-reusable launch vehicles의 경우 현재로서는 스페이스셔틀 외에 마땅한 예가 없다. 기체 일부를 후속 비행에 재사용하는 형태인데, 셔틀에서는 궤도선과 고체로켓 부스터 케이스 등이 이러한 부분에 해당한다(그림 5.1). 그 외 구성품, 이를테면 외부 추진제 탱크(궤도선에 보면 오렌지색 대형 탱크가 붙어 있다) 따위는 상승 과정에서 버려지며, 대기권에 재진입해 소실되거나 바다 한가운데에 떨어져 산산조각이 난다.

*재사용 발사체*reusable launch vehicles는 정말 비행기처럼 뜨고 내리는 형태라 할 수 있다. 전면 재사용이 가능하므로 운용 비용을 대폭 절감할 수 있을 것으로 기대되지만 아직은 예로 들 만한 사례가 없다. 이런 발사 체계는 현시대 로켓 과학자들 사이에 꿈의 발사체로 통한다. 그러나 곧이어 보겠지만 이 문제는 기술적으로 난제에 가까울뿐더러 자칫하면 돈 먹는 하마가 될 수 있다. 아마도 이러한 발사체가 등장한다면 시초는 군용이지 않을까 한다. 개발비 문제에서 비교적 자유로우니 말이다. 앞서 언급한 발사체 3종 어디든 *유인 등급*man-rated을 적용해 볼 수 있다. 유인 등급이란 발사체가 유인 궤도 비행에 적합함을 일컫는 말이다. 가령 셔틀은 유인 등급 부분 재사용 발사체라고 설명할 수 있다. 발사체에 유인 등급 딱지를 붙이자 하면 그때부터 일이 복잡해진다. 무인 ELV 같으면 발사 성공률 90%만 되어도 넘어가지만, 사람 태우는 발사체는 그 정도로는 어림도 없다. 신뢰성에 치중하다 보면 개발비가 천정부지로 치솟게 되어 있다.

발사체의 동역학

지금부터는 발사체가 궤도에 오르는 과정을 역학적 측면에서 살펴보려 한다. 우주선을 쏘는 데도 나름의 방법이 있다. 발사체 탑재량을 극대화하려는 노력의 일환으로서 흔히 다음과 같은 전략을 구사한다.

다단 로켓

소모성 발사체로 궤도에 올라갈 경우 보통 *다단 로켓*staging 개념을 따르곤 한다. 다단 로켓 구성을 취하면 상승 과정에서 불필요한 질량을 버릴 수 있다. 발사체는 흔히 그림 5.6과 같은 3단 구성을 따른다. 먼저 1단 로켓엔진으로 발사대를 뜨고서 추진제가 바닥날 때까지 상승과 가속을 지속한다. 1단 연소가 종료되면 단을 분리할 차례이다. 궤도에 끌고 가 보아야 더 이상 쓸모가 없다. 단 분리 후 1단 로켓 역추력기가 작동해 2단과 거리를 벌린다. 1단은 그렇게 떨어져 나가 지구로 낙하한다. 아직 2단을 점화하기 전인데, 위성을 포함하여 나머지 상단은 제2장에서 이야기한 자유낙하 엘리베이터나 다름없는 상황에 있다. 그 결과 연료나 산화제나 2단 탱크 속을 둥둥 떠다닌다. 이대로 2단을 점화하면 점화에 실패할 수도 있다. 추진제를 탱크 바닥에 가라앉히려면 약간의 가속이 필요하다. 이에 얼리지 모터ullage motor를 우선적으로 점화한다. 연소실에 추진제 공급이 제대로 이루어지도록 여건을 조성하는 셈이다. 이제 2단 엔진을 점화해 가던 길을 마저 간다. 2단 추진제가 소진되면 동일 과정이 반복된다. 2단 분리 후 3단을 점화하고 인공위성이 궤도고도 및 궤도속력에 이를 때까지 가속을 계속한다. 3단이 위성과 함께 최종 궤도로 진입하는 경우도 더러 있다.

다단 로켓 개념은 기존의 소모성 발사체 운용에 있어 생명과도 같다. 소용이 다한 부품은 과감히 버려야 한다. 불필요한 질량을 줄이면 그만큼 탑재량이 늘어난다. 다단 로켓의 이점은 이만저만이 아니다. 다단 구성을 취하면 보수적인 엔진 기술로도 궤도 도달에 필요한 ΔV(속력 변화)를 얻을 수 있다.

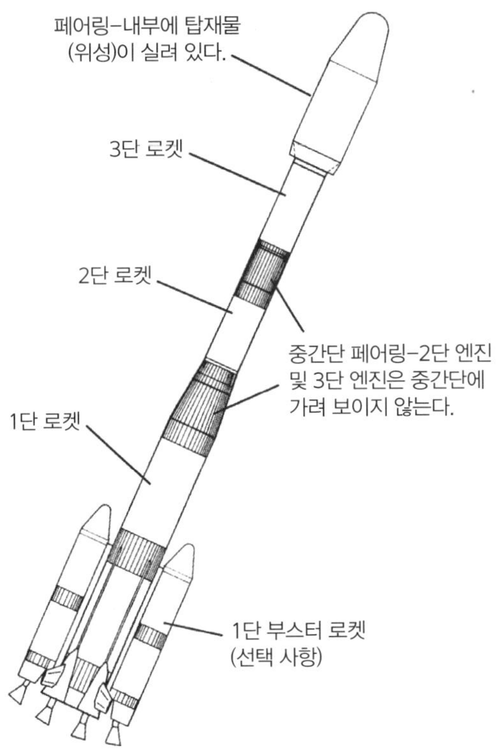

그림 5.6: 소모성 3단 발사체는 보통 그림과 같은 구성을 보인다. [배경 이미지 제공: 아리안스페이스(Arianespace)]

SSME 같은 고성능 엔진이 굳이 필요 없다는 뜻이다. 엔진 성능에 있어 눈높이를 낮추면 나름대로 얻는 바가 있다. 비추력을 높이느라 엔진을 쥐어짤 필요가 없다. 연소실 온도 및 압력 조건을 완화하면 엔진도 기계적·열적 스트레스를 덜 받는다. 엔진의 신뢰성 및 비용 면에서 좋은 소식이 아닐 수 없다.

상승 궤도 최적화

궤도 운반 능력을 극대화하는 또 하나의 방법은 바로 상승 궤도 최적화이다. 간단히 말하자면, 최소한의 추진제로 목표 궤도에 도달하게 만드는 작업이다. 일반적으로는 발사 기관에서 이를 담당하게 마련인데, 이 과정에 수학 및 컴퓨터가 대거 관여한다. 추진제도 짐이라서 그 질량을 줄이는 만큼 탑재량에 여유가 생긴다. 더 큰 우주선, 더 좋은 우주선을 실어 보낼 수 있다는 뜻이다. 상승 궤도 최적화에 실패하면 발사체 운반 능력이 크게 저하된다. 대단히 중요한 작업이라 하겠다.

상승 궤도 최적화의 과정은 수학적으로 상당히 복잡하다. 단, 상승에 따른 추진제 소모 내용을 보면 본질이 무엇인지 어느 정도 이해할 수 있다. 일단 속력을 내는 데 추진제를 소모한다. 발사체가 발사대를 벗어나 지구저궤도에 진입하려면 정지 상태에서 약 8km/sec에 도달할 때까지 가속해야 한다. 두 번째로 중력 및 항력도 발사체가 극복해야 할 몫이다. 속력만큼 눈에 띄는 부분은 아니지만 이쪽도 틀림없이 추진제를 잡아먹는다.

중력을 극복하고 올라가려면 어쩔 수 없이 추진제가 드는데, 이를 *중력 손실*gravity loss이라 한다. 수직 이착륙기 해리어Harrier가 지면 위에 정지 비행하는 모습을 떠올려 보자. 해리어는 지금 중력에 거슬러 떠 있기만 하는데도 연료를 쓰고 있다. 발사체도 마찬가지이다. 비스듬히 경사를 그리며 상승하는 동안(궤도에 도달하려면 당연히 그 높이까지 올라가야 한다) 중력을 극복하기 위해 추진제 일부를 소모한다. 중력 손실은 발사 직후 수직 상승할 때 최대를 기록하지만, 곧이어 기수를 숙여 완만하게 상승하면 손실이 줄어든다.

상승 중인 발사체에는 공력, 주로 항력이 작용한다(제3장 항력 관련 내용 참조). 항력을 이기고 나아가는 데도 추진제가 들어간다. 이를 *항력 손실*drag loss이라 한다. 항력을 느끼고 싶다면 더운 여름날 달리는 차창 밖으로 손을 내밀어 보자. 공기가 흐르면서 손에 힘을 가하기 때문에 마음대로 손을 놀릴 수 없다. 실험에 나선 김에 속력과 항력 간 관계를 알아보자. 시속 50km로 달릴 때와 시속 100km로 달릴 때 느낌이 다르다. 풍압계로 보면 100km 때 압력이 50km 때 압력보다 4배 더 큰 것을 알 수 있다. 보다시피 항력은 속도의 제곱에 비례한다. 속도가 2배가 되면 항력은 4배(2^2)로 증가하고, 속도가 3배가 되면 항력은 9배(3^2)로 증가한다. 발사체가 최종적으로 궤도속력을 내야 한다는 점을 생각하면 난감하지 않을 수 없다. 하지만 항력 손실은 저고도에 집중된다. 위로 갈수록 대기 밀도가 낮아지기 때문이다. 발사체는 비교적 단시간 내에 저고도를 벗어난다.

중력 손실과 항력 손실의 크기는 발사체에 따라 다르지만, 궤도속력 8km/sec에 도달할 때까지 가속하는 경우 중력 손실로 1.0~1.5km/sec, 항력 손실로 0.3km/sec 정도의 속력 손실이 발생한다. 즉 ΔV(속력 변화) 8km/sec+α에 상응하는 양의 추진제를 소모해야 궤도에 오를 수 있다는 뜻이다.

상승 궤도 최적화 문제로 돌아가자. 비행 경로를 어떻게 잡아야 좋을지 대략적인 방향이 보인다. 추진제는 가급적 속력을 높이는 데 사용되어야 한다. 중력 및 항력 손실분은 적을수록 좋다. 그렇다면 수직 상승 궤도는 어떨까? 궤도고도에 임박해 수평 방향으로 튼다 해도 궤도 진입이 가능하겠다. 이런 식으로 비행 경로를 잡으면 저고도 대기층을 최단거리로 통과한다. 항력 손실을 최소화하는 점은 좋지만 중력 손실에서 빚이 눈덩이처럼 불어난다. 이번에는 상승각을 낮게 잡고 비행기처럼 올라가 보자. 중력 손실은 줄어들겠지만 저고도 대기층을 사선으로 통과해 항력 손실이 극심하다. 최적 경로는 결국 양극단 사이의 절충 형태를 보인다. 발사 직후 일시적으로 수직 상승(저고도 대기층을 신속히 벗어나 항력 손실을 최소화)한 다음 완만하게 경사를 그리면서(중력 손실을 최소화하면서) 궤도에 올라가는 식이다. 그림 5.7은 스페이스셔틀의 비행 궤적이다. 어떤 전략을 택했는지 한눈에 알아볼 수 있다.

그림 5.7: 스페이스셔틀 발사 장면. 상승 궤도 최적화가 무엇인지 보여 준다. [이미지 제공: NASA]

지구자전의 덕을 보다

앞서 다단 로켓 개념과 상승 궤도 최적화에 대해 알아보았다. 여기에 지구자전까지 적절히 활용하면 궤도 운반 능력을 또 한번 향상시킬 수 있다. 이렇게 설명하면 금방 감이 오지 않을까 싶다. 발사체는 발사대 위에 그저 앉아만 있어도 이미 상당한 속력으로 동쪽을 향해 움직인다. 바로 지구자전 때문이다. 이런 말이 통하지 않는 곳은 지구상에 북극과 남극 두 군데 말고는 없다. 저런 극지방에 발사장이 있다는 이야기는 들어 본 적이 없다. 북극해에서 초계 중인 전략 원자력잠수함은 예외로 하자. 속력이 얼마나 나오는지는 발사장 위치, 정확히는 발사장의 위도에 달렸다. 속력은 위도 0°, 적도에서 정동 방향 465m/sec로 최대를 기록하고 고위도로 올라갈수록 줄어든다. 가령 북위 28° 플로리다 케이프커내버럴Cape Canaveral 발사장에서는 410m/sec로, 북위 60°에서는 적도 때 절반으로 감소하며, 북극에서는 완전히 0으로 떨어진다. 필자는 지금 잉글랜드 남부, 북위 52°에서 글을 쓰는 중이다. 동쪽으로 285m/sec 속력으로 질주하며 글을 쓴다고 생각하니 짜릿하다! 속도감이 안 나서 아쉽지만.

발사체 이야기로 돌아가자. 수직으로 발사한 다음 동쪽으로 방향을 틀면 지구자전의 득을 본다. 필자가 뒤뜰에서 로켓을 쏘려고 한다. 이 로켓은 도화선에 불을 댕기기도 전에 이미 285m/sec로 동진하고 있다. 따라서 발사 이후 동쪽으로 날아가게 유도한다면 285m/sec에 상응하는 추진제를 절감할 수 있다. 추진제 질량이 줄어들면 그만큼 위성 질량에는 여유가 생긴다. 정동 방향으로 발사하면 궤도경사각(제2장 참조)이 발사장 위도와 같아진다는 점 또한 흥미롭다. 이 점은 그림 5.8을 참조하자. 따라서 케이프커내버럴(북위 28°) 발사장에서 스페이스셔틀을 정동 방향으로 발사하는 경우 궤도

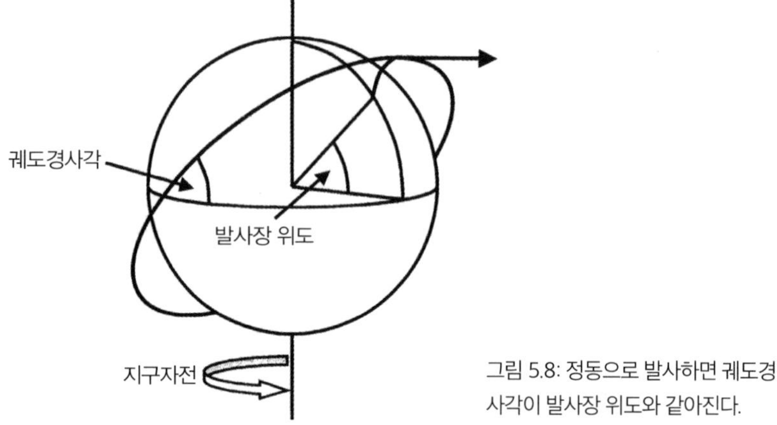

그림 5.8: 정동으로 발사하면 궤도경사각이 발사장 위도와 같아진다.

경사각 28° 지구저궤도에 진입함을 알 수 있다.

보면 알겠지만 허블 우주망원경, 스페이스셔틀, 국제우주정거장과 같은 대형 우주선은 하나같이 저경사각 저궤도를 돌고 있다. 지구자전을 활용하여 추진제 소요를 줄이면 그에 상응하는 만큼 궤도 운반 능력이 증대된다. 대형 구조물을 올릴 때 이러한 궤도를 택하는 이유를 알겠다. 아울러 지구정지궤도GEO 위성(제2장 참조) 발사장에 대해 언급하고자 한다. 정지궤도 위성 발사장은 대체로 적도와 인접하되 발사 방향(동쪽)으로 안전 문제가 없는 곳에 위치한다. 안전 요건이 의미하는 바는 간단하다. 비행 경로상에 인구 밀집 지역이 없어야 한다. 발사장 동쪽으로 대양이 뻗어 있다면 발사장 입지로 최적이라 하겠다. 프랑스령 기아나의 쿠루Kourou(북위 5°) 우주센터가 대표적이다. 쿠루 우주센터는 아리안Ariane 계열 발사체 대부분을 동쪽 방향(대서양 상공)으로 발사한다.

그렇다고 해서 로켓을 언제나 동쪽으로만 발사하지는 않는다. 가령 극궤도를 요하는 임무라면 북쪽이나 남쪽으로 비행해야 원하는 궤도에 진입할 수 있다. 그런데 이 방향으로는 지구자전이 아무런 도움이 되지 않으며, 따라서 추진제가 더 들 수밖에 없다. 같은 조건이라면 인공위성 질량을 줄여 가면서 추진제를 실어야 한다. 극궤도 임무 시에는 대체로 발사체 운반 능력이 저하된다고 보아야 한다.

발사체 환경이 우주선 설계에 미치는 영향

발사 과정의 특징 가운데 하나로 *발사체 환경*launch vehicle environment을 자세히 볼 필요가 있다. 발사체 환경은 우주선 설계에 지대한 영향을 미친다. 우주선이 궤도에 올라가는 과정은 몇 분이 채 걸리지 않는다. 하지만 일단 궤도에 오르고 나면 10년이면 10년, 한평생을 그곳에서 보낸다. 둘 중에 어느 쪽이 우주선의 구조 설계(제9장 참조)를 좌우할까? 놀랍게도 궤도에 올라가는 몇 분이 훨씬 더 중요하다. 우주선이 궤도에 오르는 몇 분 동안 어떤 일이 벌어지는지 설명한 바 있다. 가공할 위력의 에너지를 통제에 따라 서서히 방출한다고 했다. *소음*noise과 *진동*vibration이 극심할 수밖에 없다. 게다가 정지 상태에서 불과 몇 분 만에 8km/sec에 도달해야 한다. *가속*acceleration 또한 상당하겠다.

발사 일정이 있는 날이면 발사장 근처에 구경꾼들이 모여든다. 발사 장면을 직접 보면 피부에 확 와닿는 경험을 한다. 저 멀리 점화 장면이 보이고 환호성도 잠시, 곧이어 폭음이 구경꾼을 덮친다. 발사 시설까지 정말 한참 떨어져 있음에도 불구하고 살아생전 처음 듣는 폭음에 다들 자지러진다. 위성 입장에서는 자기 발 아래에서 벌어지는 일이다. 세상에 이런 층간 소음이 없다. 위성은 페어링fairing 속에 들어 있다고는 해도 사실상 음장에 두들겨 맞다시피 한다. 태양전지판이나 대형 안테나 등 낭창낭창한 구조물이 이 수준의 소음에 노출되면 진동이 증폭되어 파괴적인 결과를 낳을 수 있다.

발사체 하단에서 추진 계통(추진제 터보 펌프, 연소실, 로켓 노즐 등)이 가열차게 돌아가고 있으니 진동도 당연히 심할 수밖에 없다. 우주인들이 유인 등급 발사체를 타고 하나같이 하는 말이 있다. 승차감이 아주 나쁘다!

우주선은 발사 과정에서 소음과 진동만이 아니라 가속에도 노출된다. 그림 5.9는 아리안 5 발사체의 가속 특성을 보여 준다. 가로축은 비행 시간, 세로축은 가속을 나타낸다(가속은 g 단위로 주어진다). 발사체의 가속 환경이 우주선 설계에 어떤 영향을 주는지 한번 살펴보자. 제1장에서 지표 중력에 대해 논한 바 있는데, 그 내용을 떠올려 볼 필요가 있다. 우리가 무언가를 떨어뜨리면 그 물체는 지구 중심을 향해 가속되어 매초 10m/sec씩 속력이 붙는다. 10m/sec/sec의 가속도, 흔히 10m/sec^{2}로 쓰기도 하는 바로 그 가속도 덕에 우리는 고맙게도 이 땅에 발붙이고 산다. 모두가 정상 체중을 경험하는 이런 환경을 1g 환경이라 부르곤 한다. 그러나 초고층 빌딩에 가서 고속 엘리베이터를 한번 이용해 보자. 엘리베이터가 위쪽으로 가속하여 속도를 내기 시작하면 우리는 체중이 늘어난 듯한 느낌을 받는다(그림 2.2b). 발사체도 마찬가지 상황이다. 그림 5.9를 살펴보자. 해당 발사체의 경우 가속이 4g를 웃도는데, 4g면 지표 중력 가속도의 4배이다. 이 말은 즉 우주선을 비롯한 구성 부품 무게가 4배가 된다는 뜻이다. 가속이 우주선의 구조에 어떤 영향을 미칠지 충분히 예상해 볼 수 있다(우주선의 구조는 탑재 장비 및 하위 체계를 기계적으로 지지하는 구조물이다). 가속이 심하면 우주선 구성품의 무게가 크게 늘어 구조에 무리를 준다.

구조설계 엔지니어라면 발사체 비행 환경에 대해 심사숙고하게 마련이다. 우주선이 궤도에 도달하기도 전에 파손되면 그간의 노력이 물거품으로 돌아간다.

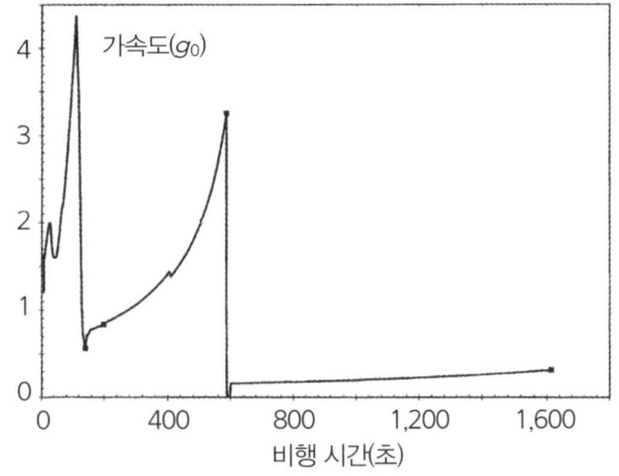

그림 5.9: 아리안 5 발사체 가속 그래프. 가로축은 비행 시간, 세로축은 중력 가속도 g를 나타낸다. [이미지 제공: 아리안스페이스]

차세대 발사체

기존 소모성 발사체의 실상을 알면 여러모로 놀라지 않을 수 없는데, 소모성 발사체라는 것이 그렇게 비싸고 비효율적일 수가 없다. 발사대에 로켓이 서 있다면 거기서 탑재물이 차지하는 비율은 과연 얼마나 될까? 궤도에 도달해 실제로 임무를 수행하는 그 부분 말이다. 1%, 질량 퍼센트로 1%이다. 그러면 나머지 99%는? 올라가면서 버리든 궤도에 버리든 아무튼 버린다. 현재로서는 울며 겨자 먹기인 셈인데, 이 문제는 정말이지 개선이 필요하다. 그래서 로켓 과학자들은 민항기와 비슷한 작동 특성을 가진 발사체를 개발하고 싶어 한다. 발사체가 일반적인 활주로에서 이륙해 궤도에 짐을 부리고 다시 활주로에 착륙할 수 있다면, 또한 그 과정에서 기체 대부분을 보전할 수 있다면 얼마나 좋을까. 그런 발사체를 개발할 수만 있다면 궤도 접근 비용을 크게 낮출 수 있다. 기존의 응용 위성 및 과학 연구 분야에서 우주탐사가 가속화되리라 보인다. 거기에 민항기 수준의 신뢰성까지 확보하면 잠재적 휴가지로서의 우주개발 또한 현실이 될지 모른다.

상술한 미래상이 실현되면 좋겠지만 기술적 어려움이 앞을 가로막고 있다. 이러한 차세대 발사체 개발에는 어마어마한 비용 지출이 따른다는 점 역시 걸림돌로 작용한다.

그렇다면 기술적인 과제는 무엇인가? 우리가 꿈꾸는 그러한 발사체를 업계에서는 *일단식 발사체* **single-stage-to-orbit, SSTO**라 한다. 그런데 이러한 발사체로 궤도에 도달할 수 있을지 계산해 보면 현재의 로켓 기술로는 아슬아슬하게 못 간다는 결론이 나온다. 오늘날의 발사체 기술 수준으로는 SSTO를 시도하기에 무리이다. 우리 지구는 크기 및 중력 면에서 SSTO를 정말 간발의 차이로 따돌리고 있다. 절묘하기로 말하자면 신이 물리를 알아 지구를 만들 때 고의로 그렇게 한 것이 아닌가 싶을 정도이다. 이쯤 되면 망상인 듯한 생각도 들지만 아무튼 지금 21세기 초입에 볼 때 그렇다는 말이다. 기술은 하루가 멀다 하고 발전하는데 앞으로의 일은 아무도 모른다. SSTO 발사체도 아마 수십 년 내로 세상에 등장하지 않을까? 군 관련 연구라는 기치 아래 빛을 볼 가능성이 높다.

SSTO 발사체로 유의미한 질량을 궤도에 올리려면 어떻게 해야 하는가? 문제를 풀어 갈 방법은 여러 가지인데, 아마도 이 모두를 전부 실행에 옮길 수 있다면 가장 좋지 않을까 생각한다. 기본적으로 다음과 같은 방법이 있다.

- 발사체의 구조 효율성 증대
- 상승 궤도 최적화를 통해 중력 손실 및 항력 손실 최소화
- 발사체 추진 기관 재설계 및 성능 개선

그러면 각각에 기술적으로 어떤 문제가 있는지 한번 살펴보자.

구조 효율성: 기존 발사체는 보통 액체연료와 산화제를 수백 톤씩 싣고 다닌다. 이 많은 양을 다 실으려면 각 단마다 큼지막한 탱크를 집어넣지 않을 수 없다. 말이 수백 톤이지 가속과 진동으로 요동치는 환경에서 안전하게 끌고 다니기란 쉽지 않은 일이다. 발사체 구조설계 인력에게 고민거리인 셈이다. 튼튼하게만 만들라면 걱정이 없지만, 튼튼하면서도 최대한 가볍게 만들라는 데서 고민이 시작된다. 구조물의 질량이 늘어나면 늘어날수록 궤도 운반 능력이 감소한다. 발사체의 구조 효율성은 추진제 질량에 대한 구조물 질량의 비율로 나타낸다. 질량비는 대략 0.1 수준을 생각하면 되는데, 이는 추

진제 100톤당 구조물 질량이 10톤은 되어야 기체 구조를 유지한다는 뜻이다. 구조설계 인력 및 재료공학자는 질량비를 줄이고자(다시 말하면, 구조 효율성을 개선하고자) 갖은 노력을 다한다. 발사체 구조 질량을 줄이는 만큼 탑재량이 늘어나기 때문이다.

상승 궤도 최적화: 상승 궤도 최적화 과정이란 아마도 중력 손실 최소화를 의미하지 않을까. 활주로에서 이륙하여 궤도까지 완만하게 날아오르는 방식을 채택하게 될 텐데, 저고도에서 보내는 시간이 길어지면 반대로 항력 손실이 증가할 수 있다. 따라서 상기의 비행 경로에 대해 발사체의 공력 특성이 최적화되도록 각고의 노력을 기울여야 하겠다. 목적은 분명하다. 중력 손실이든 항력 손실이든 손실 전반을 줄이는 방향으로 나아가야 한다.

추진 기관: 추진 기관의 성능 개선은 SSTO 발사체 개발에서 기술적으로 가장 어려운 부분이다. 기존 발사체의 경우 연료는 물론 연소에 필요한 산소(산화제)까지 같이 싣고 다닌다. 대형 탱크에 액체산소를 끌고 다니니 짐이 많을 수밖에 없다. 그런데 이 산소를 대기로부터 조달하는 방식을 택하면 발사체로서는 큰 짐을 더는 셈이다. 발사체의 성능 전반이 대폭 향상될 수 있다는 뜻이다. 사실 별 이야기도 아니다. 민항기가 다 이런 식으로 날아다니고 있다. 연소에 필요한 산소를 엔진 흡기로부터 얻는 경우를 일컬어 *공기흡입식*air-breathing 추진 기관이라 한다. 그러나 이 방식을 우주 발사체에 그대로 적용하기는 쉽지 않다. 무엇보다도 궤도고도에 근접하면 대기가 희박해 산소를 구하지 못하는 문제가 생긴다. 또 한편으로 고속에서 공기흡입식 추진 기관을 작동하는 문제도 살펴보아야 한다. 고속에서의 추진 기관 작동 문제라니 좀 설명이 필요할지 모르겠다. 이 문제로 가기에 앞서 고속 항공기 그리고 그 안의 제트엔진을 살펴보자. 어떻게 고속 비행을 지속하는지 말이다. 흔히 *초음속*supersonic이라 하면 그저 빠르다는 의미 정도로 듣는다. 사

실 초음속이라는 말은 항공기가 음속보다 빨리 비행한다는 뜻이다. 해면 고도에서 음속은 340m/sec, 1,224km/h 정도이다. 비행기가 이 속도로 난다고 하니 꽤 빨라 보이지만, 발사체 입장에서는 초음속 항공기조차 거의 서 있는 듯이 보인다. 지구저궤도에 진입하려면 8km/sec, 28,900km/h 속도에 도달해야 한다.

항공기의 이동 속도를 나타내는 방법으로 *마하수*Mach number를 이용하기도 한다. 마하란 어떤 속도가 국지 음속의 몇 배인지를 나타내는 단위이다. 항공기가 음속으로 비행 중이면 마하 1, 음속의 3배로 비행 중이면 마하 3이라고 하는 식이다. 이렇게 생각하면 *램제트*ramjet 추진 항공기는 최대 속도 마하 5에 도달할 수 있다. 이만하면 5,600~6,400km/h에 달하는 수준이다. 여기서 속력은 그 자체로 흡기구에 공기를 들이박아 압축하는 역할을 한다. 제트엔진의 경우 터빈과 압축기로 공기를 압축해야 하지만, 램제트는 이 부분을 생략할 수 있어 구조가 비교적 단순하다. 앞쪽은 공기흡입구, 가운데는 연소실, 뒤쪽은 배기 노즐. 유입해 들어온 공기에 연료를 분사하고 착화하면 끝이다. 초음속 유입류로부터 발생한 압력이 혼합기를 압축하고 연소 가스의 역류를 막는다. 연소 가스는 노즐로 빠져나가면서 추력을 발생시킨다.

램제트의 특성에 한 가지 중요한 부분이 있다. 유입류가 연소기에 도달할 무렵에는 아음속 수준으로 감속되어야 한다는 점이다. 그렇지 않으면 혼합기가 제대로 연소되기도 전에 연소실 바깥으로 빠진다. 그러므로 감속이 관건인데, 유입류를 감속하다 보면 엔진에는 일종의 항력이 발생한다. 이 때문에 램제트 추진 속도가 최대 마하 5 정도로 제한된다. 우주 발사체에 공기흡입식 추진 기관을 쓰고 싶어도 고작 이런 속력이라면 쓰려야 쓸 수가 없다. 훨씬 더 빨라야 한다.

속력이 문제라면 *스크램제트*supersonic combustion ramjet, scramjet를 이

용하는 방안도 있다. 공기흡입식 추진 기관인데 비행 속력을 최대 마하 15까지 끌어올릴 수 있다. 스크램제트, 즉 초음속 연소 램제트는 이름에서 보듯 램제트와 유사하지만 혼합기 흐름과 연소가 초음속에서 일어난다는 차이점이 있다. 결과적으로 램제트의 한계를 일부 극복할 수는 있지만 그 이상의 기술적 과제가 앞을 가로막는다. 위에는 그런 이야기가 전혀 없지만, 사실 초음속에서 엔진 연소를 지속하기가 말처럼 쉽지 않다. 스크램제트 추진 발사체는 형상 설계 문제도 있다. 발사체 바닥면 전체를 추진 기관의 일부로 취급하여 형상을 설계하고 최적화해야 한다. 전방부 바닥면 자체가 엔진 흡기구의 일부로서 극초음속 흐름을 형성하고, 후방부 바닥면은 엔진 연소 가스 배출구의 일부로서 추력을 극대화하는 식이다.

아직도 끝이 아니라는 듯 또 다른 문제가 기다리고 있다. 대기 중을 극초음속으로 비행하면 *대기 마찰*atmospheric friction로 인해 기체 구조가 열을 받

그림 5.10: X-43 실험기 비행 예상도. [이미지 제공: NASA]

는다. 특히 기체 전단과 날개 앞전이 고온으로 치닫는다. 고열로 인해 기체 구조가 약화되면 공력을 버티지 못해 공중분해될 수 있다. 따라서 적절한 소재와 냉각 기법을 고안해야 한다.

실험적 성격이 강하지만 최근 들어 민간 및 군 기관에서 이런 류의 기체로 비행 시험을 시도하고 있다. 스크램제트 추진 극초음속 비행을 실증하는 한편, 극초음속 공력 설계상의 문제점을 찾고자 함이다. 그림 5.10은 미국항공우주국(NASA) 스크램제트 추진 실험기 X-43의 비행 예상도이다. X-43 실험기는 필자가 이 책을 집필하던 당시 제한적으로나마 스크램제트 추진 비행에 성공하였다. 약 10여 초를 비행하는 동안 최고 속력은 마하 10에 근접하였다.

전면 재사용 발사체, 항공기 개념으로 운용되는 SSTO 발사체에 관해 이제 추진 기관의 요구 특성을 알겠다. 지상에서 궤도까지, 하늘과 우주를 아우르는 *비행영역선도*flight envelope에 대응하기 위해서는 발사체의 추진 기관이 그때그때 다른 방식으로 작동해야 한다. 예를 들면, 활주로 이륙부터 마하 2~3까지는 일반 제트엔진으로 비행하고 그 뒤로는 램제트로 전환해 마하 5까지 가속한다. 이어 스크램제트 엔진을 가동해 속도를 마하 15까지 끌어올린다. 고고도에 도달해 공기흡입식 추진이 불가능하면 마지막으로 로켓엔진을 이용하여 궤도속력 및 궤도고도를 확보한다. 이런 *복합사이클*combined-cycle 추진 체계를 구현하되 엔진 전체 질량은 일정 수준 이하로 유지하라니 기술자들 입장에서는 난감하지 않을 수 없다. 상황이 이렇다 보니 로켓 과학자들 상당수는 SSTO 실현 가능성에 의문을 제기한다. 일반 활주로에서 이륙하는 유인 SSTO 발사체의 개발은 그만큼 하늘의 별 따기와 같다. 그러나 우리도 모르고 하는 소리일 수 있다. 사람들이 상용 항공 운송 이야기에 웃던 것이 딱 100년 전 일이다.

6. 환경에 관하여

Something About Environment

우주선 설계에 대해 논하려면 우주선이 어떤 환경에서 작동하는지부터 알아야 한다. 엔지니어가 만든 기계치고 작동 환경에 대한 고려가 없는 경우는 드물다. 가령 자동차를 설계한다고 하면 차량 내구성, 신뢰성, 안전성, 연비, 유선형 외관 등에 신경 쓴다. 그리고 이런 요구 사항은 차량의 작동 *환경*environment을 따라가게 되어 있다. 말하자면 시내나 고속도로에서 마주하는 상황이 우리 차를 만든다는 뜻이다. 출근길에 한번 살펴보자. 우리의 도로 환경이 자동차를 어떻게 만들어 놓았는지. 도로 여건에 관해서라면 어느 차량이든 간에 설계 요구 사항이 비슷비슷하다. 오늘날 차량 설계 과정은 컴퓨터 중심으로 돌아가기 때문에 어느 제조사라도 결과물이 유사할 수밖에 없다. 외관상 사소한 차이는 있지만, 솔직히 말해 (동시대 차량에 한해) 그 차가 그 차 같아 보인다.

그래서 항공기의 경우처럼 환경적 측면이 지배적일 때는 제조사를 구분하기가 훨씬 어렵다. 에어버스 기종이 보잉 기종과 어떤 부분에서 차이를 보이는지를 설명할 정도면 전문가라 하겠다.

발사체의 비행 환경이 우주선 설계에 어떤 식으로 영향을 주는지 제5장에 이미 설명한 바 있다. 발사 환경은 고도의 가속, 진동, 소음을 수반하므로 우주선 구조 설계를 상당 부분 좌우한다. 발사대를 떠나 궤도에 오르는 몇 분 동안 우주선에 아무 문제가 없어야 한다. 우주선 구조설계 인력이 책임질 몫이다(제9장에서도 구조설계 이야기를 다루겠다).

위의 논리대로라면 당연한 이야기지만, 우주선은 일단 궤도에 오르고 나면 우주 공간의 환경에 맞추어 지내야 한다. 발사 환경만이 아니라 우주 환경 역시 설계에 반영되어야 한다는 뜻이다. 따라서 설계 인력은 우주 환경을 잘 이해하고 그 이해를 바탕으로 설계를 발전시켜 나가야 한다. 우주과학자들은 지난 수십 년간 우주 환경의 특성에 대해 상당히 많이 알아냈고, 그 정보는 그대로 엔지니어들에게 흘러들어 우주선의 활동 능력을 비약적으로 향상시켰다. 우주 환경에는 여러 가지 면면이 있지만, 우주선 설계에 가장 중요하게 작용하는 것은 *미소 중력*microgravity(무중력), *진공*vacuum, *방사선*radiation, *우주 잔해물*space debris 등이다. 이번 장에서는 각각을 두 부류, 과학자와 엔지니어의 관점에서 살펴보기로 한다. 전자의 동인은 호기심이다. 과학자는 저 바깥의 본질이 무엇인지 알고 싶다. 후자의 관심은 우주선으로 귀결된다. 현지 환경이 우주선 설계에 어떤 영향을 줄지 그 부분에 관심이 있다.

적대적인가 우호적인가?

우주 환경의 면면 가운데서도 이를테면 진공, 고에너지 하전입자 및 입자 방사선, 우주 잔해물은 사람이나 기계에 관한 한 절대로 좋은 영향을 주지 않는다. 그렇지만 다른 한편으로는 좋게 여길 부분도 있다. 실질적으로 중력이 없다고 보아도 무방하고 주변 환경도 대체로 깨끗한 편이다. 여기 지구에서는 비바람이 몰아치기 때문에 부식이나 열화가 일어나게 마련이지만 우주라면 그럴 일이 없다. 충분히 예상할 수 있는 일이지만 우주선 설계 방식은 대체로 적대적 환경에 영향을 받는다. 우리 역시 그 부분에 집중해 살펴보기로 하겠다. 흥미롭게도 적대적 요소의 중심에는 태양이 자리하고 있다. 그러므로 태양이 우주 환경에 어떤 식으로 지배적인 역할을 행사하는지 몇 가지 짚고 넘어가고자 한다.

태양이 왕이다!

태양에너지는 어디서 나오는가?

태양을 중심으로 주변 우주를 태양계라 부르는데, 이 말은 태양이 중력의 지배하에 태양계 행성을 거느리고 있다는 뜻만은 아니다. 태양이 내행성에서부터 100~200AU에 이르는 거리까지 우주 환경을 완전히 장악하고 있다는 뜻이기도 하다. 태양 제국의 국경 지대는 *태양권계면*heliopause이라 불리는데, 이즈음에서부터 태양의 영향력이 잦아들며 성간매질interstellar medium(우리 은하계, 즉 은하수에서 항성과 항성 사이를 채우고 있다)이 펼쳐진다.

우리는 우리 별 태양을 공것인 줄 안다. 맨날 뜨고 지는 태양에, 우리 일상을 밝히는 등불 태양에 우리는 관심이 없다. 그저 완벽하다고밖에 할 수 없는 어느 여름날, 일광의 아름다움과 따스함을 느껴 보았는가? 태양은 언제라도 그런 날을 선사할 준비가 되어 있지만, 정작 그런 날을 선사하는 태양을 우리는 거들떠보지도 않는다. 아마도 태양의 겉보기 크기가 작아서 더하지 않나 싶다. 하늘의 태양은 각 크기로 0.5°에 불과하다. 하지만 겉보기 크기에 속지 말자. 실제와 엄청난 괴리가 있다. 태양은 직경 약 140만km에 지구 질량의 33만 배에 달하는 물체이다! 잠시 생각을 가다듬고 보면 식겁하지 않을 수 없다. 우리가 사는 곳에서 불과 1억 5000만km 앞에 별이 있다고 한다. 이 정도면 지척이나 다름없다. 태양은 별치고 비교적 안정된 편이라 지난 수십억 년 세월 동안 지금 같은 에너지를 유지하였다. 천체물리학자들에 따르면 앞으로 수십억 년도 지금과 별 차이가 없다고 한다. 우리 입장에서 참으로 다행이라 하겠다. 태양 내부 에너지원은 태양을 산산이 날려 버리려

하지만 중력이 물질을 가두고 있는 탓에 폭발하지 않는다. 태양의 안정성은 에너지 생산과 중력 간의 균형에서 온다.

1930년대 들어 물리학자들이 *핵융합*nuclear fusion의 미스터리를 풀기 시작하였다. 태양에너지의 근원을 비로소 이해하게 된 셈이다. 우리가 태양에 대해 몰라도 너무 몰랐다. 이름이 시사하는 것처럼 원자는 핵융합을 통해 더 무거운 원자를 만들어 낸다. 태양에너지의 원천은 수소 핵융합반응이다. 수소 원자들이 핵융합을 통해 헬륨 원자를 만드는 과정에서 핵에너지가 방출된다. 여름날 태양이 우리네 삶의 등불이라면, 열핵무기의 파멸적인 위력은 핵융합의 묵시록이다. 몇 년 전쯤에 한동안 스티커가 돌아다닌 적이 있다. 운전하다 보면 차 뒤에 붙이고 다니는 사람들을 심심찮게 만나곤 했다. "원자력 사절!" 하고 해님이 웃는다. 핵에너지의 원단을 반핵운동 모델로 섭외하다니 아이러니가 아닐 수 없다.

핵융합의 원리는 무엇인가? 이렇게 운을 뗄까 한다. 자연에는 자연 유래 원자 혹은 *원소*element 92종이 존재한다. *주기율표*Periodic Table는 자연 유래 원소 92종을 명시하고 있다. 1번 수소를 필두로 하여 92번 우라늄으로 끝난다. 오늘날은 원자구조를 다음과 같이 설명한다. 중심에 원자핵이 자리 잡고 주변을 전자구름이 에워싼다. 원자핵은 양성자와 중성자로 구성되며, 원자에 비해 아주아주 작다. 양성자와 중성자는 아원자입자로서 질량이 비슷하지만(약 0.000 000 000 000 000 000 000 001kg 수준) 전자 질량은 그 2,000분의 1 정도밖에 안 된다. 양성자는 양전하, 전자는 음전하를 띠는 반면, 중성자는 전기적으로 중성이다. 겨울철 옷가지에도 정전기 형태로 전하가 쌓이곤 한다. 겨울에는 라디에이터를 만지기가 겁난다. 정전기가 지구로 방전될 때 우리는 작게나마 전기 충격을 받는다. 앞서 이야기가 나왔지만 전하는 양전하와 음전하로 나뉜다. 전하 간에도 같은 부호는 서로 밀어내고,

다른 부호는 서로 끌어당긴다. 전하 간 전기력의 크기는 역제곱법칙에 따른다. 이 점에서 중력과 비슷한 양상을 보인다(제1장 참조).

주기율표를 보면 각 원소가 번호에 따라 특정 위치에 배열되어 있다. 이 번호는 원소의 원자핵에 양성자가 몇 개인지를 나타낸다. 이에 따라 원자번호 1번 수소는 핵 구성이 양성자 하나로서 원소 중에 가장 가볍고 단순하다. 원자번호 2번 헬륨은 핵 구성이 양성자 둘에 중성자 둘이다. 이렇게 원자번호 92번 우라늄까지 가면 양성자 수는 92개에 이른다. 굳이 그려 보이면 그림 6.1과 같다. 아원자입자를 마치 당구공처럼 그린 모습이 눈에 띈다. 사실 아원자입자는 우리가 아는 당구공 같은 물체와는 거리가 먼 아주 독특한 존재들이지만, 지금 거기까지 이야기할 필요는 없어 보인다. (혹시라도 궁금하다면 *양자역학*quantum mechanics 관련 입문서를 구해 읽어 보길 바란다. 아원자입자 세계의 물리학이 무엇인지 맛볼 수 있다.) 아원자 세계의 본질은 모른다는 말 한마디로 요약된다. 예를 들면, 전자가 무엇인지 모른다는 식이다. 우리가 근본적인 무지 위에 전 세계적 소비 산업, 전자 산업의 거대 왕국을 건설했다니 정말 놀랄 만한 이야기가 아닐 수 없다. 하지만 실망할 필요 없다. 전자가 *어떻게* 행동하는지는 지금 이론만으로도 충분히 안다. TV나 컴퓨터게임기를 생산하면서 전자가 *무엇*인지 고민할 필요는 없지 않을까.

원자 이야기로 한걸음 더 들어가면 일이 복잡해지기 시작한다. 특정 원소가 맞기는 한데 원자의 중성자 개수가 다른 경우가 있다. 이를 *동위원소*isotope라 부른다. 이를테면 원자핵 구성이 양성자 하나에 중성자 하나면 수소의 동위원소 중수소라 하고, 양성자 하나에 중성자 둘이면 삼중수소라 한다. 그림 6.1의 수소, 중수소, 삼중수소의 형태를 참조하자. 원자구조에는 또 하나의 의문점이 있다. 양성자 수가 둘 이상 되면 전기적 반발이 작용해 튕겨나가야 정상인데 어떻게 한데 모여 있을까? 이에 대해 물리학자들이 답을

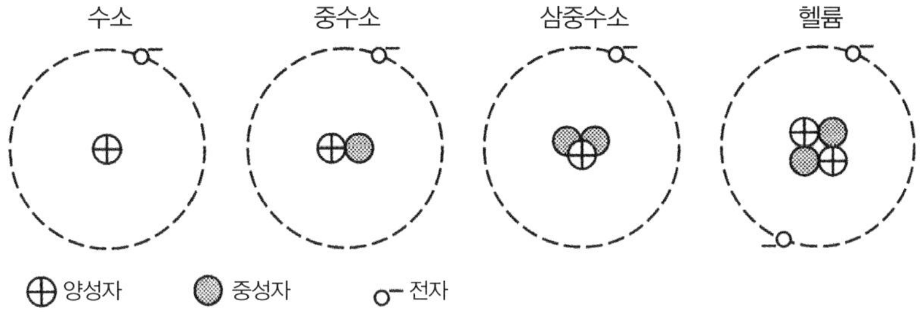

그림 6.1: 수소 원자와 헬륨 원자의 예시. 수소의 동위원소인 중수소와 삼중수소도 볼 수 있다.

내놓았다. 제3의 힘, *강한 핵력*strong nuclear force이 작용해 핵을 하나로 묶는다고 한다. 이로써 중력, 전자기력(전기력 포함), 강한 핵력까지 힘의 3종 세트를 언급하였다. 현재까지 밝혀진 바에 따른다면 자연계의 기본 상호작용은 네 종류가 전부이다. 강한 핵력의 힘은 전기력을 능가하지만 작용 거리가 지극히 짧을뿐더러 양성자와 중성자가 원자핵 내부에서 접촉이라도 해야 작용한다. 그렇다면 자연 유래 원소는 왜 92종밖에 없을까? 93은 *부자연스러운가*? 원자번호 93번(넵투늄)은 원자핵 안에 양성자 숫자만 93개이다. 이를 기점으로 하여 전기적 반발력이 강한 핵력을 넘어서기 시작한다. 즉 원자핵이 붕괴한다. 이 책의 집필 시점을 기준으로 원자번호 117번 원소의 발견 소식이 들린다. 이런 류의 중원소는 대체로 수명이 짧다. 태생이 불안정하기 때문이다.

태양의 에너지원, 핵융합 이야기로 돌아가서 그 과정을 살펴보자. 기본 원리는 이렇다. 수소 원자 혹은 수소 동위원소 둘이 핵융합하여 헬륨 원자 하나로 바뀌고, 그 과정에서 핵에너지를 방출한다. 핵융합에서 문제는 양성자 간의 전기적 반발력이다. 강한 핵력이 양성자를 붙잡아 원자핵으로 엮어 넣으려면 일단 양성자 둘이 가까이 붙어 있어야 한다. 전기적 반발을 이기고 아주 가까워질 때까지 밀어붙여야 한다는 뜻인데, 다행스럽게도 태양의 핵은 이러한 조건에 매우 잘 맞는 곳이다. 태양의 핵은 밀도가 극히 높아 양성자 간 거리가 충분히 가깝다고 볼 수 있다. 온도 역시 대단히 높은데, 1500만℃에 달한다. 숫자가 너무 큰 탓에 막연하게 들린다. 양성자는 에너지에 충만해 고속으로 운동한다. 양성자는 고밀도 및 고에너지 환경하에 전기적 반발을 이기고 바싹 달라붙는다. 강한 핵력이 작용할 수 있는 여건이 조성된 셈이다. 이로써 가벼운 원자로 무거운 원자를 만들 수 있다.

그러면 핵에너지는 어디서 왔을까? 제1장에서 아인슈타인의 업적에 대해 다룬 바 있다. 여기서 그의 업적을 또 하나 소개하자. 우리는 에너지와 질량이 동전의 양면과 같다는 점을 안다. 둘은 형태만 다를 뿐 근본적으로 동일하다. 아인슈타인은 이를 방정식 한 줄로 요약하였다. 그 유명한 $E=mc^2$이다. 질량 m과 에너지 E가 상호 전환 가능하다는 의미이다(c=300,000,000 m/sec는 광속을 나타낸다). 이 책에 수식은 넣지 않으려 했지만 $E=mc^2$는 도서 혹은 TV 프로그램 제목으로 심심찮게 등장하는 만큼, 우리 문화의 일부라는 생각이 들어서 하나 넣었다. 헬륨 핵을 놓고 보면 독특한 점이 눈에 띈다. 헬륨 핵의 구성은 양성자 둘에 중성자 둘이다. 그런데 실제 헬륨 핵의 질량은 양성자 둘과 중성자 둘 질량에 조금 못 미친다(그림 6.1). 핵융합 시에는 강한 핵력이 작용해 헬륨 원자핵을 한데 엮는다. 이 과정에서 질량의 일부가 에너지로 사용된다. 정확하게는 헬륨 원자핵 질량이 개별 성분(양성자 둘에 중성자 둘) 총 질량의 99.3%이다. 양성자와 중성자가 핵융합하여 헬륨 원자를 형성하면 총 질량의 0.7%가 $E=mc^2$에 따라 에너지로 전환된다.

태양의 핵융합 규모가 궁금하면 간단히 역산을 해 볼 수 있다. 매초에 얼마만큼의 질량이 에너지로 바뀌는지 알아보겠다. 볕 좋은 날 앞마당에 나가 태양을 마주 보자. 눈앞에 가로세로 1m^{2}짜리 정사각형이 있다고 생각하자. 1m^2 면적에 햇살이 쏟아질 때 그 에너지가 대략 1.4kW 정도이다(대기 투과에 따른 손실은 제외한다). 지구와 태양 간 거리를 반지름으로 하여 구를 하나 떠올리자. 구의 표면적에 단위면적당 에너지를 곱하면 태양복사에너지 총량을 얻는다. $E=mc^2$ 방정식을 이용하면 매초 얼마만큼의 질량이 에너지로 전환되는지 추정해 볼 수 있다. 물경 $4\frac{1}{4}$백만 톤이다! 얼핏 보면 질량 손실을 감당하기 어려울 듯하지만, 이는 태양의 규모를 과소평가한 처사라 하겠다. 이 상태로 수십억 년을 지속해도 총 질량이 크게 축나지 않는다. 태양은 지난 45억 년간 흔들림 없이 밝기를 유지하였다. 지구 100개 질량이 순수 복사에너지로 바뀐 셈이다! 많다면 많은 양이다. 그러나 가용 질량에 비하면 정말 아무것도 아니다.

태양의 심장에는 핵융합이라는 야수가 산다. 야수는 뛰쳐나가려 하지만 태양 중력의 우리에 갇혀 울부짖기만 한다. 지구상의 우리 존재, 태양의 안정성에 달렸다.

태양의 산물

저 모든 일이 우리의 1억 5000만km 앞에서 벌어지고 있다. 지구와 지구궤도 우주선이 어떤 영향을 받을지 궁금하다. 태양의 주산물은 복사선으로서 전자기 복사와 입자 복사 이렇게 두 갈래로 나뉜다.

*전자기 복사*electromagnetic radiation에는 여러 형태가 있다. 빛도 전자기 복사의 일종이다. 전자기 복사는 종류에 관계없이 광속으로 이동한다. 종류 구분은 복사 파장에 따른다. 그림 6.2를 참조하라. 예를 들면, *감마선*gamma ray 같은 단파장부터 *라디오파*radio wave 같은 장파장까지 종류가 다양하다. 파장은 과학적 표기법에 따라 미터 단위로 표시한다. 예를 들어 0.1m는 10^{-1}m로 쓰고, 0.000 001m는 10^{-6}m로 쓴다. 마이너스 부호 뒤의 숫자는 소

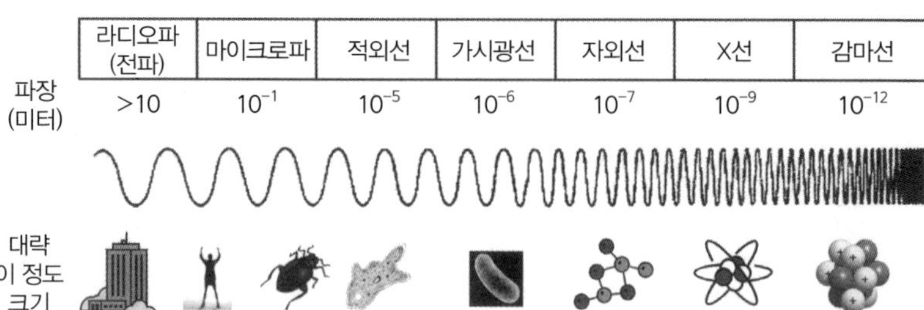

그림 6.2: 가시광선은 전자기 스펙트럼의 일부에 불과하다. 전자기 복사는 파장에 따라 종류가 나뉜다. 짧게는 감마선부터 길게는 전파에 이르기까지 파장을 종류별로 구분하면 그림과 같다. 파장대에 따라 비슷한 규모의 물체를 함께 표시했으니 비교 참조하라(가시광선 파장대 아래 땅콩 비슷하게 생긴 물체는 작은 박테리아로 보인다).

수점 이하 자릿수를 나타낸다. 감마선 파장은 10^{-12}m=0.000 000 000 001m로 정말 짧다. 대략 원자핵 크기와 비슷하다.

스펙트럼상의 가시 영역, 즉 우리가 말하는 빛이란 0.4μm(보라색)~0.8μm(빨간색) 파장대의 전자기 복사이다. μm는 마이크로미터(때로는 미크론이라고도 한다), 즉 100만분의 1m=10^{-6}m=0.000 001m를 뜻한다. 가시광선에서 파장이 좀 더 짧아지면 *자외선*ultraviolet 영역대에 접어든다. 뙤약볕에 나다니면 자외선에 화상을 입을 수 있다. 가시광선에서 파장이 좀 더 길어지면 *적외선*infrared 영역대에 접어든다. 불이 발갛게 피어 불꽃이 어른거릴 때 앞에 다가가 서 있으면 얼굴이 벌그레하게 상기된다. 적외선이 기본적으로 열복사라서 그렇다.

태양의 전자기 복사는 스펙트럼 전반에 걸쳐 있지만, 그중에서도 0.5μm 부근에서 정점을 이룬다. 0.5μm이면 가시광선의 노란 빛깔에 해당하는 파장대이다. 진화론에 따르면, 우리 눈이 일광 조건하에 발달해 왔기 때문에 이 파장대에 가장 민감히 반응한다고 한다. 반면, 태양의 감마선, X선 방출은 다행스럽게도 상대적으로 덜한 편이다. 이와 같은 단파장 복사는 인간에게 특히 유해하다. 핵폭발에 노출되면 피폭으로 방사능증을 앓는데, 역시나 이러한 단파장 복사가 원인으로 작용한다. 태양의 전자기 복사에서 자외선도 상당 부분을 차지하지만, 다행히도 우리에게는 믿음직스러운 방패가 있다. 우리가 잘 아는 그 *오존층*ozone layer 덕분에 자외선은 지상에 도달하기 전 대부분 흡수된다. 나중에 알게 된 사실이지만 우리가 특정 화학물질을 남용한 탓에 보호막에 구멍이 생겼다. 대기권 위는 상황이 다르다. 우주선의 경우 태양 전자기 복사의 전 영역에 고스란히 노출된다.

태양복사에는 *태양풍*solar wind이라는 형태도 있다. 고에너지 아원자입자들이 고속으로 날아드는데 여기에 노출되면 궤도상의 우주선이든 사람이든 해를 입는다. 태양의 표면과 대기는 극히 뜨겁다(표면 온도가 약 6,000℃에 달한다). 이곳에서 격렬한 폭발이 일어나면서 태양풍이 발생한다. 태양풍 입자는 양성자와 전자가 주를 이루지만, 때로 *이온*ion(소속 전자 일부를 상실한 원자) 형태인 경우도 있다. 그런 입자들이 엄청난 속도로 우주 사방팔방을 향해 흩어져 날아간다. 태양풍이 지구에 도달할 무렵 밀도는 세제곱미터당 입자 몇십 개에 불과하지만, 속도는 초속 300~1,000km에 달한다(시속 1,080,000~3,600,000km). 이런 이온 흐름은 비교적 밀도가 낮은 편임에도 불구하고 우리 행성에, 특히나 지구자기장에 심대한 영향을 미친다. 지구는 자체적으로 자기장을 형성하는데, 모양으로 보아서는 막대자석의 자기장과 비슷하게 생겼다. 과학 선생님들이 수업 시간에 종종 보여 준다. 흰 종이에 쇳가루를 뿌리고 그 밑에 막대자석을 가져다 댄다. 종이를 흔들면 쇳가루가 막대자석 자기장을 따라 도열한다. 아마 그림 6.3a와 비슷하지 않았을까 싶다. 지구자기장의 기본 형상을 *자기쌍극자*magnetic dipole라 한다. 그런데 태양풍에도 자기장이 있다. 그래서 이 둘이 마주치면 지구자기장의 쌍극자가 심하게 일그러진다.

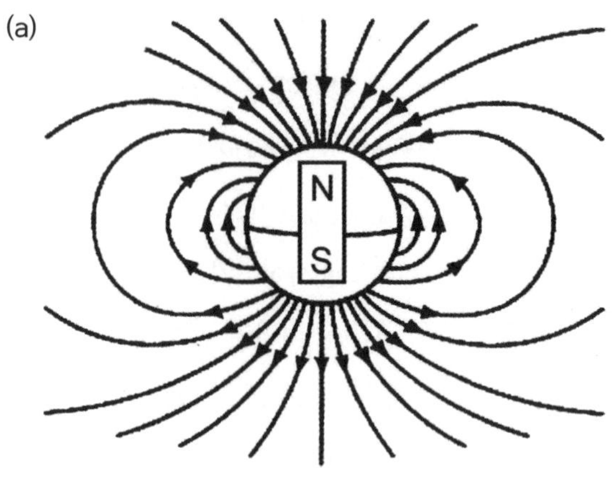

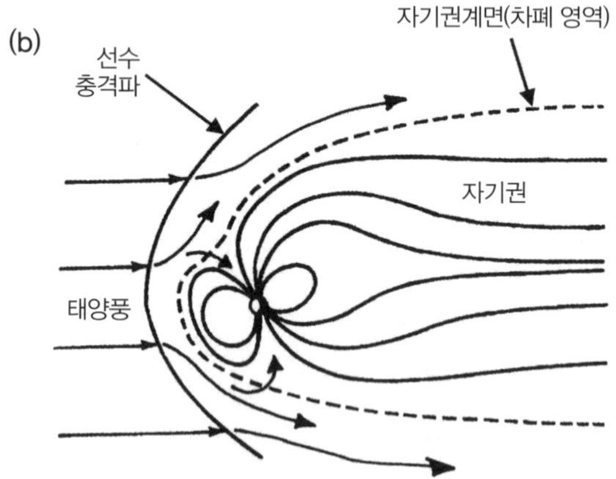

그림 6.3: (a) 지구자기장은 막대자석의 자기장과 비슷하게 생겼다. (b) 지구자기장은 태양풍과 상호작용하여 변형을 일으킨다. 태양풍 입자선은 지구자기장에 밀려 대부분 지구를 비껴가지만, 일부 하전입자는 자기권에 갇히거나 극지 상공에 도달해 오로라를 연출한다.

태양풍과 지구자기장 사이의 *태양-지구 상호작용*solar-terrestrial interaction 문제는 꽤 복잡하다. 학계의 석학들이 이 문제를 붙들고 수십 년을 씨름한 끝에 전모가 드러났다. 이즈음에서 전자기력의 기본에 대해 생각해 보고자 한다. 태양-지구 상호작용이 왜 중요한지를 깨닫는 한편, 우리의 이해를 높이는 계기가 되었으면 한다. 전선에 전류가 흐르면 기본적으로 자기장이 형성된다. 이런 사실이 알려진 지도 벌써 오래다. 발견 연도가 무려 1820년이다. 전류가 자기장을 형성한다는 사실, 우리도 쉽게 확인할 수 있다. 통전 상태인 전선 옆에 나침반을 가져가 보자. 나침반은 평상시에 지구자기장을 따라 북쪽으로 정렬하지만, 전선 옆에 가면 더 이상 북쪽을 가리키지 않는다. 전류가 자체적으로 자기장을 형성해 나침반 바늘을 교란하기 때문이다.

우리도 역사의 명장면 하나를 재현해 보자. 절연선 한 가닥을 준비해 양단의 피복을 벗긴다. 나침반과 건전지도 필요하다. 실험에는 반드시 직류 전기 direct current, DC를 사용해야 한다. 직류의 경우 전하가 도선상의 한 방향으로만 흐른다. 건전지를 쓴다는 말은 이미 DC라는 뜻이다. 건전지는 가전제품 리모컨 따위에서 AA 사이즈를 하나 꺼내면 되겠다. 이 실험에서는 건전지를 합선해야 한다. 합선했을 때 건전지에 손상이 발생할 수 있으니 일부러 새 건전지를 준비할 필요는 없겠다. 실험 장치는 그림 6.4와 같이 꾸미면 된다. 나침반의 바늘 위로 전선을 바짝 포개어 놓는다. 바늘과 전선은 평행해야 한다. 전선 한쪽 끝은 건전지 단자에 테이프로 고정한다. 이제 전선의 다른 한 끝을 끌어와 건전지 반대편 단자에 가져다 댄다. 회로를 완성하는 순간 전류의 자기장이 나침반 바늘을 직각 방향으로 돌려놓는다.

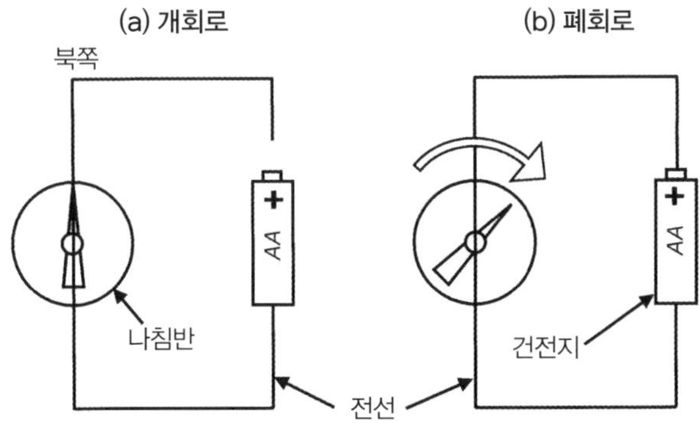

그림 6.4: 전류가 자기장을 만들어 낸다는 사실을 실험으로 손쉽게 확인해 볼 수 있다.

태양풍과 전선 전류는 유사성이 있다. 두 경우 모두 하전입자가 고속으로 흐르고 있기 때문이다. 전선에서는 전자의 흐름이 전류를 만드는 반면, 태양풍에서는 태양이 뿜어내는 이온화(하전)된 입자의 흐름이 전류를 만들어 낸다. 아무튼 우리는 태양풍에 자기장이 있다는 사실에 주목하자. 태양풍이 지구자기장을 충격하면 태양 방향의 쌍극자는 찌부러지고, 태양 반대쪽 쌍극자는 그림 6.3b와 비슷한 모양새로 길게 늘어진다. 지구자기장이 점유한 영역은 *자기권*magnetosphere이라 한다.

지구에 자체 자기장이 있다는 점, 우리에게 다행이 아닐 수 없다. 태양풍이 지표에 직접 도달하지 못하게 막아 주기 때문이다. 태양풍이 지표에 도달하면 지상의 생명체에 치명적인 영향을 미친다. 태양풍 입자선 흐름은 '선수충격파bow shock' 부분을 지나며 감속하고, 이어 자기권 주변으로 비껴 나간다. 충격파면을 설명하려면 기술적인 이야기를 하지 않을 수 없다. 그렇다 해도 기본적으로는 초음속 항공기 전방의 충격파와 비슷하다. 입자선 대부분이 옆으로 비껴가기는 하지만, 일부 입자는 지구자기장에 갇히거나 방어선 너머까지 들어온다. 후자는 마치 깔때기를 타고 내려오듯 자북극과 자남극 상공에 유입해 북극광 및 남극광의 장관을 연출한다. 일명 *오로라*aurora이다. 형형색색 오묘하게 약동하는 빛의 향연이 고위도 밤하늘을 수놓는 모습을 보면 세상 심드렁하고 무심한 사람이라도 눈이 가게 마련이다. 밤하늘에 빛의 커튼이 일렁이는 모습을 보면 원리가 궁금해진다. 오로라의 원리는 네온 방전등과 정확히 같다. 스위치를 켜면 하전입자(여기서는 전자) 흐름이 네온 가스를 통하며, 네온 원자로 하여금 특유의 '창백한' 빛을 발하도록 한다. 마찬가지로 태양풍 하전입자가 극지방 상공 대기로 쏟아져 내려오면 공기는 각종 기체(주로 산소 및 질소) 특유의 색상으로 빛을 발한다. 이런 현상이 곧 오로라이다. 하전입자 흐름은 대기에 엄청난 에너지를 쏟아낸다. 오로라가 발생했다 하면 고고도 대기가 수백 도씩 치솟곤 한다.

전자기 복사든 태양풍이든, 태양복사의 강도는 11년 주기로 변한다. 이를 *태양주기*solar cycle라 한다. 태양복사가 정점을 찍고 바닥을 치고 다시금 최고조에 이르기까지 대략 11년이 걸린다는 뜻이다. 이 책의 집필 시점을 기준으로 최근의 정점은 2001년 무렵이었다.

태양 극대기에 접어들면 우리 이웃 별의 행태는 점점 더 극성스러워져서 표면의 폭발 현상, 일명 *태양 플레어*solar flare가 맹위를 떨친다. 태양 플레어 발생 시 이온화된 물질 수십억 톤가량이 행성 간 공간으로 뿜어져 나간다. 태양이 태양풍을 '뭉치로' 집어던졌는데 지구가 공교롭게도 직격탄을 맞았다고 생각해 보자. 지구는 고에너지 하전입자의 구름 속에 파묻히고 만다. 일명 *태양 폭풍*solar storm이다. 태양풍 뭉치, 정확히 말해 *코로나 물질 방출*coronal mass ejection, CME은 그림 6.5와 같은 모습이다. 이런 멋진 사진이 어디서 났을까? 스테레오Stereo 우주선 중 하나가 2007년 1월에 찍어 보낸 사진이다. 우측에 보면 태양풍 파동이 무서운 기세로 퍼져 나가고 있다. 좌측 하단에는 금성, 우측 하단에는 수성의 모습이 보인다. 태양 극대기 동안에는 오로라 활동 역시 활발해지며 상층부 대기가 가열 및 팽창한다. 이 무렵에는 입자선 노출 위험이 매우 크기 때문에 궤도상의 우주선도 몸을 사려야 한다. 태양풍 자기장은 지구자기장과 상호작용하여 지상 전력망에 피해를 입히기도 한다. 태양 폭풍 발생 시 태양풍 자기장은 시간에 따라 변하는 특성을 보이며, 강도 역시 보통 때와 다르다. 이런 자기장이 지구자기장을 쉴 새 없이 뒤흔들어 놓는다. 찌부러지고 늘어지고, 지구자기장은 태양 폭풍 속의 연과 같이 휘둘린다. 지구자기장이 이렇게 춤을 추는데 하필이면 지상에 긴 전도체가, 예를 들면 송전선이나 파이프라인 따위가 있었다고 하자. 전자기유도로 인해 서지 전류surge current가 생길 수 있다. 전력 시스템에 과부하가 걸

그림 6.5: 코로나 물질 방출(CME)이 내행성계 공간으로 전파되고 있다. 아래에 금성과 수성의 모습이 또렷하게 보인다. 태양은 사진 오른쪽 바깥에 위치하고 있다. [이미지 제공: 미국항공우주국(NASA)]

려 정전으로 이어질지 모른다. 1989년 태양 극대기에 태양 폭풍으로 인해 캐나다 퀘벡에 대규모 정전 사태가 발생하였다. 아주 유명한 사건이다.

전선에 대해 자기장이 움직이면 유도전류가 발생한다는 사실도 오래전부터 알고 있었다. 전자기유도법칙은 1831년 마이클 패러데이Michael Faraday가 최초로 발견했는데, 세간에서는 그저 흥미로운 현상 정도로 생각했던 듯하다. 그러나 세상일이 어디 그렇던가. 전자기유도는 얼마 지나지 않아 산업 곳곳에 광범위하게 적용될 기술로 발돋움하였다. 바로 발전power generation이다. 전력은 현대 기술 사회의 양상을 완전히 바꾸어 놓았다. 오늘날의 발전 방식은 한마디로 모터 돌리기라 할 수 있다. 이를테면 증기로 터빈을 구동하고 그 힘으로 다시 커다란 모터(발전기)를 고속 회전시키는 식이다. 물을 끓여 증기로 바꾸려면 열이 필요한데, 그 열은 석탄이나 석유를 연소하여 얻든지 핵에너지를 활용하든지 한다. 아무튼 우리가 주목할 부분은 여기에 있다. 발전기도 결국 자기장하에 큰 전선 뭉치를 회전시키는 구조라는 점. 이렇게 전선에 유도전류를 생성함으로써 전국의 송전망에 전력을 공급한다. 이야기가 길었으나 정리하면 이렇다. 하전입자의 흐름(전류)은 자기장을 형성한다. 다른 한편으로 전선과 자기장 사이의 상대적인 움직임은 전선에 유도전류를 생성한다. 지난 19세기 후반을 지나오며 전자기이론은 꽃을 피웠는데 그 중심에 스코틀랜드 출신 물리학자 제임스 클러크 맥스웰James Clerk Maxwell이 있었다. 이로써 우리는 전혀 다른 두 힘, 전기력과 자기력이 실은 동전의 양면과도 같다는 점을 이해하게 되었다. 전자기학의 이론적 기틀인 맥스웰 방정식의 정립은 19세기 물리학의 위업으로 기록된다.

태양복사의 본질에 대해, 태양이 태양계 환경 전반에 미치는 영향력에 대해 다시금 생각해 보자. 우리에게 이런 행성이 주어졌다는 사실, 감사하게 생각해야 하지 않을까. 오존층이 자외선 복사를 걸러 내고 자기장이 고에너지 입자선을 막아 주니 말이다. 필자가 이 글을 쓰는 오늘은 쌀쌀하고 청명한 11월의 아침이다. 이런 날씨, 영국에서 얼마 만인지 모르겠다. 태양이 수평선 위에 낮게 걸려 있는데 그 존재가 아주 눈부시다. 그야말로 하늘 아래 홀로 빛난다. 내재된 힘으로 보나 지구상의 생명에 대한 영향력, 그리고 태양계 일반에 대한 영향력으로 보나 그 권세에 어울리는 모습이다. 이 부분을 읽는 독자에게 바라건대 내일 아침 출근길에 잠시나마 같은 하늘을 마주하고서 우리의 동반자 별이 어떤 존재인지 말없이 한번 바라보았으면 한다. 어쩌면 생각이 많은 분들은 서늘한 기분이 들지 모르겠다. 아옹다옹하며 살아가는 우리 코앞에서 그 모든 일이 벌어지고 있으니까.

우주 환경은 우주선 설계에 어떤 영향을 미치는가?

미소 중력

우주 환경의 특성 가운데 태양과 무관한 종류가 있으니 그중 하나가 미소 중력microgravity이다. 앞서 제2장에서 *무중력*weightlessness상태에 대해 논의하였다(그림 2.2 참조). 미소 중력이라는 용어가 바로 무중력상태를 설명하는 말이다. 제2장 내용을 떠올려 보자. 우주선 궤도운동의 본질은 자유낙하라고 한 바 있다. 우주선이 끝없이 자유낙하하고 있기 때문에 무중력상태가 사실상 계속된다. 이 점은 구조설계 측면에서 보면 무난한 환경이라 할 수 있다. 그 때문에 임무 궤도에서 보내는 10년보다 궤도에 올라가는 몇 분이 우주선의 구조설계를 대부분 좌우한다. 아이러니가 아닐 수 없다. 간혹 예외가 있기는 하다. 이를테면 군사용 고기동성 우주선 등이다. 그러나 민간 과학위성 혹은 통신위성의 경우라면 이 말이 십중팔구 딱 맞는다. 미소 중력은 우주 환경에서 긍정적인 면에 해당하지만, 때로는 우주 엔지니어들에게 흥미로운 문젯거리를 던지기도 한다. 해결책을 보면 엔지니어들도 보통이 아니라는 생각이 든다. 예를 든다면 이런 식이다. 제5장에서도 언급한 바 있지만 무중력상태에서는 액체 추진제가 탱크 속을 떠다닌다. 로켓엔진에 추진제가 정상적으로 공급되도록 만들어야 한다. 해결책으로 탱크 중간에 고무막을 집어넣는 방법이 있다. 막 이쪽에는 추진제가 들어차 있고, 막 저쪽에는 압이 걸려 있다. 추진제 출구 밸브를 개방하면 고무막이 부풀어 오르며 추진제를 탱크 밖으로 짜낸다.

우주선의 각종 기자재를 어떻게 시험할지 역시 문제이다. 배치 및 운용 장소는 우주, 즉 미소 중력 환경이지만 지상 시험은 중력의 지배를 받는다. 우주선 시험 인력에게는 참으로 일상적인 문제이다. 우주선은 임무 궤도에 도달해 태양전지판과 대형 안테나를 비롯해 기타 접이식 장비를 전개하고 임무 수행에 들어간다. 이런 류의 장비들은 부피가 크기 때문에 발사체에 그대로 실을 수가 없다. 따라서 차곡차곡 야무지게 접어 넣고 우주선 본체에 단단히 고정시켜야 한다. 궤도 가는 길이 험한 만큼 구조 안전 문제에 각별한 유의가 필요하다. 궤도에 도달하면 각종 접이식 장비를 전개해야 하는데, 이 작업에는 보통 이런저런 스프링 메커니즘을 이용한다. 여기서부터 문제이다. 정상적으로 펼쳐지는지 미리 확인해야 한다. 궤도상의 무중력 환경에서 작동하는 장비를 지상의 1*g* 환경에서 시험한다는 뜻이다. 지상에서 무중력을 구현하겠다고 생각하면 문제가 상당히 복잡하다. 물론 그렇게 할 수만 있다면 좋겠지만 보통은 유사 효과를 내는 정도로 만족한다. 예를 들면, 접이식 장비에 줄을 매어 무게를 버티는 방법이 있다. 심지어 시험 중에 헬륨 풍선을 붙이는 진풍경도 벌어진다.

진공

순수 진공이라고 하면 공간에 아무것도 없다는 말인데, 과학자들은 아직까지 그런 상태는 본 적이 없다고 한다. 제3장에서 보았다시피 지구궤도도 고도 약 1,000km까지는 미량이나마 대기가 잔류한다. 심지어 태양계 행성 간 공간에도 물질은 있다. 이른바 *행성 간 매질*interplanetary medium이다(앞서 보았지만 대개는 태양에서 나온다). 그러나 사람이나 우주선 문제라면 진공도는 그저 이론적인 이야기일 뿐이다. 우리와 우리 조상은 지난 수백만 년간 대기압 환경에 적응해 왔다. 대기압은 우리 신체에 제곱센티미터당 약 10N의 힘을 가한다. 해면기압으로 제곱인치당 15파운드라 하는 편이 더 친숙할지 모르겠다. 그렇다면 여압복 없이 우주선 밖으로 나가기라도 하면 어떻게 될까? 바깥으로 나가는 순간 아무 압력도 작용하지 않는데. 외부 압력보다 체내 압력이 높다면 우리도 마치 팝콘처럼 터지지 않을까 싶다. 그런데 실험에 따르면 폭발은 고사하고 그 비슷한 일조차 생기지 않는다. 다만 산소가 없다는 점이 가장 문제라서 몇십 초 내로 의식을 잃고 몇 분 내로 사망한다는 사실에는 변함이 없다. 정확히 언제쯤 어떻게 되는지는 사실 잘 모른다. 사람 상대로 이것저것 실험해 보기에는 과학자들도 부담이 크다. 우주선의 경우 고진공에 노출된다 해도 사람처럼 당장 어떻게 되지는 않지만, 설계 인력은 고진공 환경에 대해 알 필요가 있다. 고진공 환경에 부적합한 소재를 피하기 위함이다.

800km 상공 지구궤도에서 대기압은 제곱센티미터당 0.000 000 000 001 N 정도로 극히 작다. 압력이 이렇게 낮으면 재료에 *아웃개싱*outgassing 현상이 나타난다. 물에 열을 가하면 어떻게 되는가? 표면의 물분자가 계속해서 빠져나간다. 이 과정이 계속되면 물은 전부 가스로 증발한다. 고진공에서는 금속에도 비슷한 일이 벌어진다. 압력이 낮기 때문에 표면의 원자가 가스로 빠져나가는데, 가령 아연 재질 구조물을 180℃ 진공 중에 노출하면 표면이 매년 1mm가량 허물어져 사라진다. 티타늄 같은 경우는 어떨까? 우주선 자재로는 이쪽이 훨씬 자주 쓰인다. 티타늄 표면이 저 속도로 줄어들 정도면 온도가 1,250℃ 가까이 올라야 한다. 즉 설계 인력이 소재를 적절히 택했다는 전제하에, 아웃개싱 때문에 구조 강도가 떨어질까 걱정할 필요는 없다. 간혹 우주선 표면의 오염이 문제 되는 경우가 있다. 가령 우주망원경에 아웃개싱이 발생하면 빠져나간 물질이 광학계에 증착할지 모른다. 이런 사고는 망원경의 광학 성능을 저하시키게 마련이다.

진공에서는 윤활유도 문제가 된다. 지상에서는 보통 유성 윤활유를 사용하곤 한다. 유성 윤활유는 휘발성이 매우 높다. 이런 윤활유는 진공에 노출되는 즉시 아웃개싱 현상을 일으키거나 끓어올라 싹 날아가 버린다. 우주선에 사용하기에는 문제가 있다는 뜻이다. 이로 인해 *우주 마찰 공학*space tribology이라는 전례 없는 분야가 생겨났다. 엔지니어들은 우주선 베어링bearing을 비롯해 각종 기계장치에 고체윤활제를 입히는 식으로 문제를 해결하였다. 고체윤활제로는 *이황화몰리브덴*molybdenum disulfide을 많이 사용한다. 궁금한 독자는 구글에 한번 검색해 보아도 좋겠다.

지구 대기의 영향

제3장에서 보았듯이, 지구저궤도 우주선은 대기에 영향을 받는다. 공기저항이 원인인데, 우주선 운동 방향 반대쪽으로 작은 힘이 작용한다고 했던 이야기를 기억하는지 모르겠다. 저항력이 궤도 에너지를 갉아먹으면 우주선은 차츰 고도를 잃다가 종국에는 대기 하층부에 재진입해 불타 버릴 수도 있다. 물론 어디서부터 대기권이 끝나고 행성 간 매질이 시작되는지 무 자르듯 딱 잘라 말할 수는 없다. 지상에는 대기(산소 및 질소 비율이 생명체의 호흡에 알맞다)가 존재하는 반면, 고고도는 진공이나 다름없다. 지상에서 고고도로 올라갈수록 대기 밀도는 꾸준히 감소한다. 그러나 약 1,000km 상공까지는 계산 가능한 수준의 항력이 작용한다. 앞서 살펴본 바 있지만, 태양은 지구 환경에 압도적 영향력을 행사한다. 태양은 지구저궤도 우주선의 항력에도 상당한 영향을 미친다. 태양이 11년을 주기로 활동하는 동안 태양 활동의 강도는 계속적으로 변화한다. 즉 전자기 복사 및 입자 복사에 최대치와 최소치가 나타난다. 태양 극대기에는 전자기 복사가 강렬해(스펙트럼상의 자외선 영역이 중요하게 작용) 대기 상층부가 후끈 달아오른다.

지구 대기의 가장 바깥쪽, 이른바 *외기권*exosphere에서 온도는 무엇을 의미하는지 잠시 생각해 보자. 이런 고고도는 사실상 진공이나 다름없다. 우리가 온도계로 온도를 재고 싶어도 온도가 얼마라고 알려 주는 상대(공기)가 절대적으로 부족하다. 이처럼 거의 없는 것이나 다름없는 물질의 온도를 논하는 경우 *운동학적 온도*kinetic temperature 측면으로 접근한다. 태양 자외선이 대기를 가열하면 대기 입자가 '들떠' 운동 속도가 아주 빨라진다. 태양이 이들의 운동학적 온도를 높여 놓는다는 뜻이다.

고고도 대기가 얼마나 희박한지도 알아야 한다. 예를 들자면 이런 식이다. 600km 상공에서 산소 원자가 돌아다니고 있다. 이 산소 원자는 주변 300km 이내에서 다른 어떤 원자도 만나지 못한다. 고도를 높여 800km 상공으로 가면 거리는 더 멀어져 1,000km 가까이 벌어진다. 그 수가 정확히 얼마인지는 태양 활동 정도에 따라 다르지만, 요는 이 고도에서 대기가 그만큼 희박하다는 점이다. 대기 상층부의 원자와 분자는 기본적으로 *탄도 궤도*ballistic trajectory를 따라 돌아다닌다. 중력장하에서 포탄이 그리는 궤적과 비슷하다. 좀 단순하게 표현한 감이 있지만 태양복사가 어떤 식으로 대기 상층부 밀도를 높이는지 상상해 볼 수 있다.

위의 내용을 한데 모아 보면 이렇다. 태양 극대기에 태양의 자외선 복사가 증가하면서 지구 대기 온도가 상승한다. 대기의 원자 및 분자는 에너지를 얻어 지구 중력장 아래 더욱 높이 날아오른다. 이에 고고도를 기준으로 세제곱미터당 대기 입자수가 증가한다. 즉 대기 상층부의 밀도가 상승하는데, 그 영향이 생각보다 매우 크다. 이를테면 600km 상공을 기준으로 태양 극대기와 극소기의 대기 밀도를 비교하면 10배 이상 차이가 난다. 지금 두세 배 증가한다는 이야기가 아니다. 공 하나가 더 붙는다!

600km 상공의 우주선으로 가 보겠다. 우리의 관심사는 항력 섭동이다. 대

기 밀도는 항력과 직결된다. 즉 태양 활동이 잠잠할 때와 활발할 때 항력이 10배도 넘게 차이를 보인다는 뜻이다. 우주선 운용에 적잖은 영향을 미칠 수밖에 없다. 임무 분석팀은 태양주기를 고려하여 궤도제어 계획을 수립해야 한다. 고도 손실에 따른 로켓 추진제 소요를 계산할 때 역시 마찬가지이다.

그림 6.6 그래프를 보자. 우주 시대 개막을 기점으로 태양 극대기가 5회 반복될 동안 외기권 평균온도(궤도고도에서의 대기 온도)의 변화를 볼 수 있다. 태양주기가 대기 온도를 어찌나 쥐락펴락하는지 놀랍다. 태양 활동이 절정에 달할 때 대기 상층부의 운동학적 온도가 거의 1,000℃ 가까이 치솟는 모습이 인상적이다. 그래프를 보면 태양 활동이 11년을 주기로 반복된다는 점이 한눈에 들어온다. 태양 극대기와 극소기에 대기 상층부 온도는 거의 600℃ 차이를 보인다는 점도 알 수 있다. 그림 6.6에서 눈여겨볼 점이 또 있다. 태양 극대기 때 온도 변화의 양상을 보면 피크들이 눈에 띈다. 앞에서도 이야기했지만, 태양 폭풍 따위가 한 번씩 휘젓고 가면 상층부 대기 온도가 크게 오르면서 이런 식으로 흔적이 남는다. 태양 폭풍이 불어닥칠 때 지

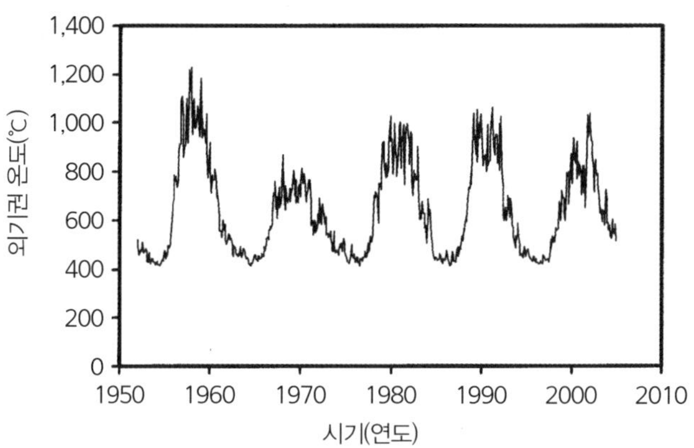

그림 6.6: 지난 다섯 차례의 태양 극대기를 거치는 동안 외기권 평균온도는 그림과 같이 변하였다. [영국 사우샘프턴 대학교 휴 루이스(Hugh Lewis) 박사가 제공한 데이터를 편집하여 작성함]

구자기장으로 인해 태양풍 입자 일부가 남극 및 북극 상공 대기로 쏟아져 내린다. 밀려드는 입자에 극지 상공 온도는 순식간에 치솟는다. 태양풍 입자가 내려오면서 대기에 막대한 양의 에너지를 퍼붓기 때문이다. 일단은 극지 상공이 달아오르지만, 열이 적도까지 전파되는 데는 몇 시간 걸리지 않는다. 대기가 열을 받아 팽창하면 궤도고도의 대기 밀도가 증가한다. 즉 항력 섭동을 키우는 결과를 초래한다.

대기는 우주선과 그 제작 소재에 보다 직접적인 영향을 주기도 한다. 대표적인 예로 *원자 산소 침식*atomic oxygen erosion을 들 수 있겠다. 우리는 이 땅에서 산소 분자 O_2를 들이마시고 산다. O_2는 산소 원자 둘이 화학적으로 결합한 형태이다. 우리는 산소 없이는 못 살지만 산소로 인해 피해를 보기도 한다. 산소가 산화물을 형성하는 데 열심이기 때문이다. 이를테면 녹도 산화물의 일종이다. 자전거, 자동차, 예초기 등과 같은 쇠붙이를 아무렇게나 방치하면 몇 년 만에 죄다 녹슬어 버린다. 궤도고도의 사정은 어떨까? 고고도 대기는 태양의 자외선 복사에 직접적으로 노출된다. 자외선은 O_2 분자의 화학결합을 파괴한다. 그런즉 지구저궤도 고도에는 단일 산소 원자(원자 산소라 하며 원소기호 O로 표기한다)가 돌아다닌다. 원자 산소는 고고도 대기 조성에서 주성분을 이룬다.

궤도의 원자 산소도 침식성이 있기는 마찬가지이다. 화학적 활성 면에서도 그렇지만 8km/sec로 우주선에 충돌하는 점 역시 문제이다(우주선 기체가 대기 중을 궤도속력으로 비행하기 때문에 이런 일이 벌어진다). 1982년 3월 스페이스셔틀 제3차 임무에서 기체 카메라의 서멀 블랭킷thermal blanket이 거의 다 날아가 버리는 사고가 있었다. 원자 산소 침식의 심각성을 알린 사건이다. 우주선에는 서멀 블랭킷이라는 소재가 널리 사용된다. 서멀 블랭킷은 태양복사열을 차단함으로써 우주선의 온도 상승을 막는다(다음 절 참조). 우주선 하면 특유의 외관이, 금박지나 은박지를 두른 듯한 모습이 떠오른다. 서멀 블랭킷이 눈에 띄는 탓이다. 서멀 블랭킷은 플라스틱 필름 여러 장으로 구성된다. 필름 각 장에는 알루미늄, 은 혹은 금 따위의 금속을 코팅한다. 마라톤 주자들은 결승선에 들어와 은박 담요를 걸치곤 한다. 체온 손실을 줄이고자 함이다. 서멀 블랭킷도 이런 은박 담요나 비슷하다(제9장 참조). 원자 산소는 서멀 블랭킷 외에도 이런저런 소재에 손상을 입힌다. 은 역시 대표적인 공격 대상이다. 태양전지 제작에 은 소재를 많이 쓰는 것을 생각하면 이 또한 골칫거리이다(태양전지판은 우주선의 주요 동력원이며, 태양광을 전력으로 전환하는 역할을 한다. 제9장을 참조하라). 우주선 설계 인력은 우주 환경에 대해 깊이 알아야 한다. 적합한 소재를 가릴 줄 아는 안목이 있어야 좋은 우주선이 나올 수 있다.

전자기 복사

태양 전자기 복사에서 에너지의 대부분은 스펙트럼상의 0.2~3μm(그림 6.2 참조) 사이에 집중되어 있다. 단파장의 자외선 복사부터 가시광선을 거쳐 장파장의 적외선 (열)복사에 이르는 구간이다. 사정이 그렇다 보니 궤도상의 우주선은 일단 열부터 받는다. 지구궤도 우주선의 경우 태양 투영 면적 1m^{2}당 일사량이 약 1.4kW에 달한다. 우주선 표면으로 열이 상당량 유입되는 셈이다. 반대 경우도 한번 보자. 지구저궤도 우주선은 보통 궤도를 돌 적마다 지구 그림자에 들어갔다 나오곤 한다. 그렇게 어둠 속에 들어갈 때면 기체 표면 온도가 급격히 떨어진다. 이처럼 더웠다 추웠다가 수시로 반복되는 상황을 적절히 관리함으로써 선내 장비에 충격이 덜 가도록 해야 한다. 열제어계 엔지니어들이 대표적으로 하는 일이다(제9장 참조).

태양의 단파장 자외선 복사에 따른 해악은 설계에 직접적으로 영향을 미친다. 앞서 살펴보았지만 지상은 자외선 피해가 덜한 편이다. 오존층이 방패막이 구실을 하기 때문이다. 그렇지만 우주선은 사정이 다르다. 숨을 데도 없이 허구한 날 자외선을 쬔다. 서멀 블랭킷이나 표면의 도장이 자외선에 장기간 노출되면 화학구조가 파괴되어 부스러지고 벗어진다. 자외선 열화로 인해 표면이 상하면 태양복사열 흡수가 점차 증가한다. 열제어계 엔지니어라면 이런 상황이 우려스럽게 마련이다(제9장 참조).

포획 입자 방사선

앞서 살핀 바와 같이 태양풍 입자 일부는 지구자기장의 방어망을 뚫고 들어온다. 태양풍 입자라면 보통 전자, 양성자, 이온 같은 하전입자를 말한다. 이들 중 일부가 지구자기장으로 인해 극지 상공에 집중되면서 오로라 현상이 발생한다. 나머지 입자는 지구자기장에 갇혀 방사선대를 형성하는데, 말 그대로 방사선 지대인 만큼 사람과 우주선 모두에게 아주 위험한 곳이다. 제임스 밴 앨런James Van Allen이 1958년 익스플로러Explorer 1호 및 3호 위성의 데이터로 그 존재를 처음 확인한 바 있으므로 그의 이름을 따 *밴앨런대* Van Allen belt라 한다.

포획된 하전입자는 지구자기장을 따라 고속으로 운동하는데 그 방식이 독특하다. 밴앨런대 특유의 모양새, 적도 주변으로 거대한 도넛이 자리 잡은 듯한 형상이 바로 여기서 나온다(그림 6.8 참조).

왜 이런 구조인지 이해하려면 하전입자가 자기장하에서 어떻게 운동하는지를 먼저 알아야 한다. 하전입자는 말하자면 자기력선 주위를 뱅글뱅글 돈다. 우주상에서 코르크 따개와 비슷한 모양을 되풀이한다고 하겠다. 그림

6.7a에서 보는 대로이다. 지구자기장은 막대자석의 자기장과 비슷한 모양이라 하였으니(그림 6.3a 참조), 하전입자의 이동 경로는 그림 6.7b와 같이 나오겠다. 포획 입자는 자기력선을 따라 1지점을 출발, 코르크 따개 모양을 그리며 적도 이북의 2지점을 향해 이동한다. 그런데 지구에 가까이 접근하면 자기장 강도 증가와 더불어 자기력선이 수렴한다. 이에 *거울점*mirror point이 형성되어 하전입자를 되받아친다. 왔던 길 그대로 1지점에 돌려보내는 셈이다. 그렇게 반대쪽으로 넘어가면 3지점에도 거울점이 있다. 역시 되받아친다. 포획 입자는 결국 원점으로 돌아간다. 포획 입자는 우주로 빠져나가거나

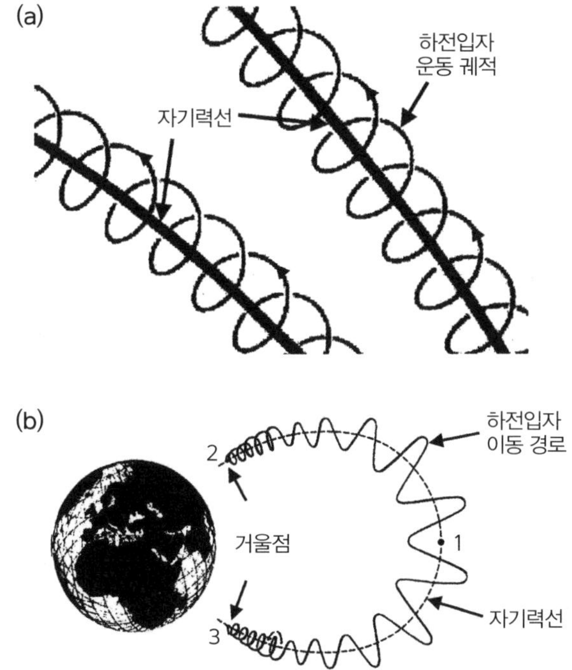

그림 6.7: (a) 하전입자는 자기력선 주위를 팽글팽글 돌며 이동한다. 이동 경로가 꼭 코르크 따개처럼 생겼다. (b) 하전입자는 지구자기장에 갇혀 2지점과 3지점(거울점) 사이를 급격히 왕복한다. 이에 밴앨런대가 형성된다.

대기 상층부 구성 입자에 충돌해 속박되지 않는 이상 2지점과 3지점끼리 벌이는 핑퐁 게임의 탁구공이나 다름없는 신세이다. 그래서 밴앨런대는 그림 6.8처럼 생겼다. 이 구역은 고에너지 입자선(주로 고에너지 전자와 양성자)으로 인해 방사선 플럭스가 매우 높다. 한마디로 사람이든 우주선이든 갈 곳이 못 된다. 외부 방사선대는 주로 전자가 분포하며, 방사선은 27,500km 상공을 전후로 정점을 기록한다. 내부 방사선대는 양성자를 주축으로 하는데, 위험하기로는 이쪽이 훨씬 더하다. 방사선은 약 4,500km 상공에서 최대를 기록한다. 밴앨런대 전체를 통틀어 방사선이 가장 강한 곳이다.

이런 고도에 유인 우주정거장을 올린다는 생각은 할 수도 없다. 승무원에게 어떤 결과가 따를지 불 보듯 뻔하기 때문이다. 그러나 방사선대에 잠깐 노출되는 정도라면(물론 바람직하지는 않지만) 당장에 큰일이 벌어지거나 하지는 않는다. 아폴로 우주인들도 달에 갈 때 한 번, 돌아올 때 한 번 방사선대를 지나간 바 있다.

무인우주선도 마찬가지이다. 방사선대에 장기간 노출되면 피해를 입는다. 전자나 전력 계통의 열화를 피하기 어렵다. 밴앨런대 한복판에 원궤도 위성을 배치하는 경우는 한 건도 없다. 그러나 제2장에서 본 것처럼 타원궤

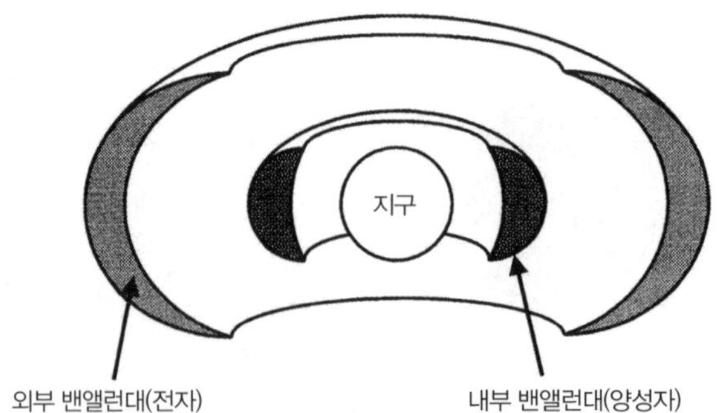

그림 6.8: 포획 입자 방사선대 단면도. 자기장하에 같은 운동을 되풀이해 위와 같은 모양을 만든다. 내부 밴앨런대(양성자)와 외부 밴앨런대(전자) 방사선 집중 구역을 표시하였다.

도 이심률이 크면 궤도를 돌 적마다 방사선대에 들어갔다 나올 수도 있는 일이다. 실제로 이런 궤도에 위성이 다수 배치되어 있다. 이때 주로 문제가 되는 부분은 태양전지판이다. 방사선이 태양전지판을 손상시키기 때문이다. 위성을 이런 궤도에 올리면 태양전지판 발전량이 해가 갈수록 줄어든다. 심하면 초기 출력에서 반토막이 나기도 한다. 전력계 엔지니어들은 궤도에 따른 열화의 정도를 안다. 이를 감안하여 설계 용량을 넉넉하게 잡는다는 뜻이다.

선내 전자 부품 역시 방사선에 취약하지만 태양전지판에 비하면 사정이 나은 편이다. 선내 전자 장비는 보통 알루미늄제 금속 함 안에 장착된다. 함을 두껍게 만들면 고에너지 하전입자의 피해를 어느 정도 줄일 수 있다. 그러나 이런 식의 방호 조치를 취할 때는 신중해야 한다. 우주선 질량이 늘어나면 발사체도 대형화될 수밖에 없다. 이는 발사 비용 증가로 이어진다. 제5장에도 내내 등장한 내용이다. 그런즉 다음과 같은 설계 방식을 적절하게 활용할 필요가 있다. 방사선에 특히 민감한 부품을 안쪽 깊숙이 배치함으로써 인접 장비를 방패막이로 삼는 방법이다. 이렇게 배치하면 질량 부담을 크게 늘리지 않으면서도 방사선 방호 효과를 볼 수 있다.

이러한 *총 선량 영향* **total dose effect**에 더해 *싱글이벤트 업셋* **single-event upset, SEU** 역시 선내 전자장치에 혼선을 초래한다. 싱글이벤트 업셋은 컴퓨터 프로세서에 고속 입자 하나가 충돌하여 일시적으로 오류를 일으키는 현상이다. 예를 들면, 선내 소프트웨어에 무작위 비트 플립이 발생하는 식이다. 컴퓨터 프로그램 0비트 하나가 멋대로 1비트로 바뀐다는 뜻이다. 이로 인해 선내에 생각지도 못한 결과가 벌어질 수 있다. 이 문제를 방지하고자 우주선 컴퓨터 프로그램에 오류수정 코드를 넣는다. 선내 컴퓨터 메모리를 계속해서 주기적으로 검사하기 위함이다. 입자 방사선은 그 외에도 *싱글이*

*벤트 번아웃*single event burnout, SEB이라는 현상을 일으키는데, 고에너지 입자 하나가 발단이 되어 전자 부품에 폭주 전류가 흐르고 결과적으로 장치가 타 버린다. 이 경우에는 우주선의 전자 계통이 영구적으로 손상을 입기 때문에 문제가 훨씬 심각하다. 장치에 전류 감지 및 제한회로를 집어넣든 차폐를 강화하든 설계자가 판단할 몫이다. 다만 이 역시 질량 부담을 주지 않는 선에서 타협점을 찾아야 하겠다.

환경요인이 우주선 설계에 어떤 식으로 영향을 주는지 맛보기로 살펴보고 있다. 남은 하나 역시 충돌을 주제로 하는데, 이번에는 규모가 좀 더 크다. 밴 앨런대 아원자입자와는 차원이 다른 물체가 우리를 기다리고 있다.

우주 잔해물

우주 잔해물의 유래는 두 가지이다. 자연발생적이거나 인공적이거나. *자연발생적 우주 잔해물*natural space debris은 유성체를 말한다. 지구는 태양궤도를 도는 과정에서 이런 유성체와 수없이 맞닥뜨린다. 유성체도 태양궤도를 순환하기는 마찬가지이다. 크기는 지름 몇 미터부터 작게는 모래 알갱이만도 못한 부스러기까지 다종다양하다. 정확한 양인지 의견이 분분하기는 하지만, 이런 물질이 매일 100톤가량 지구 대기로 쏟아져 내린다고 한다. 물론 대기를 통과하면서 대부분이 타 버리기 때문에 크게 걱정할 일은 아니다. 유성이 떨어질 때 반짝하고 빛나는 모습을 본 적 있겠다. 유성체는 부스러기가 절대다수이다. 크기상으로 말단에 해당하는 부류이다. 그렇지만 제아무리 작은 조각이라도 초속 수십 킬로미터 속력으로 운동하기 때문에 그 에너지를 얕잡아 보아서는 안 된다. 우주선이 궤도상에서 몇 센티미터짜리 대형 유성과 충돌하기라도 한다면 대참사가 벌어지겠지만 그럴 가능성은 사실상 없다고 보아도 무방하다. 그래도 말 나온 김에 어떻게 되나 한번 보자. 2.5cm짜리 암석질 유성체가 20km/sec 속력으로 접근 중이다. 운동에너지로 치면 20톤 트럭이 시속 110km로 달려드는 셈이다. 이런 유성체는 포탄이나 다름없어 우주선을 한 방에 주저앉히고도 남는다. 상당히 무섭게 들리지만 실제로 걱정할 부분은 따로 있다. 확률상으로는 부스러기들이 더 문제이다. 먼지 입자들이 우주선을 고속으로 빗발치듯 쓸고 지나가면 서멀 블랭킷이나 표면 도장 상태 전반에 질적 저하가 나타난다.

사실 위성 입장에서는 *인공 잔해물*artificial debris이 훨씬 무섭다. 밀리미터 이상 크기로 올라가면 인공 잔해물의 수량이 폭발적으로 증가하기 때문이다. 다시 말하자면 엄청난 양의 우주 쓰레기가 궤도를 돌고 있다. 자연 잔해물과 비교도 되지 않을 정도로 많은데, 체급이 올라가는 내내 이러한 추세가 계속된다. 10cm짜리 유성체와 충돌할 일은 없겠지만 10cm짜리 인공 잔해물과 충돌할 가능성은, 가능성만 놓고 보자면 충분히 있다는 뜻이다.

인공 잔해는 말 그대로 사람이 만든 폐기물이다. 우주선을 발사하는 과정에서 불가피하게 이러한 부산물이 발생하여 궤도를 떠돈다. 인공 우주 잔해물이 무엇인지 세계 유수 기관들이 공식적으로 정의한 바 있다. 유엔우주공간평화이용위원회United Nations Committee on the Peaceful Uses of Outer Space에서는 이렇게 명시하였다. "우주 잔해물은 기능 없이 지구궤도를 돌거나 대기권으로 재진입하는 인공 물체, 그 파편과 구성품 일체를 포함하는 개념이다." 이제 인간에게는 우주도 그저 또 다른 활동 무대에 지나지 않는다. 인간이 드나들기 시작하면 어디나 마찬가지이다. 우주 역시 꾸준히 더러워지고 있다. 사실 오염은 문제가 아니다. 우주의 폐기물은 지상의 폐기물과는 달리 근본적으로 위험한 존재이다. 폐기물이 고속으로 날아다니기 때문이다. 지구저궤도의 인명이나 우주선에 있어 극히 위협적이다. 1957년 10월 스푸트니크Sputnik 1호가 우주 시대의 문을 연 이래 지금껏(집필 시점 기준) 우주에 올라간 추적 가능 물체만 총 27,000개에 달하며, 그 가운데 9,000개 가량이 여전히 궤도에 남아 있다. 인류 최초의 인공 우주 잔해는 스푸트니크 1호에서 나왔다. 4톤짜리 상단이 궤도에 버려졌기 때문이다. 앞서 *추적 가능 물체*catalogued object라고 했는데, 어느 크기 이상으로서 지상 장비로 상시 추적하여 궤도를 정할 수 있는 경우를 말한다. 미국 우주사령부U.S. Space Command는 이러한 물체들에 고유 식별 번호를 부여해 관리한다. 궤도 정보 및 세부 사항을 취합해 일종의 목록을 작성하는 셈이다. 추적 작업은 주로 대형 레이더가 맡는다. 냉전 당시 탄도미사일 조기경보 체계를 이루던 시설들이다. 지구저궤도의 경우 대략 10cm, 정지궤도의 경우 약 1m 이상이면 레이더로 추적 관리가 가능하다.

현재 추적 가능 물체 9,000개 가운데 현역 우주선은 약 5%에 불과하며, 나머지 대부분은 실질적인 기능 없이 궤도만 돌고 있다. 이 중에는 발사체 상단과 같은 대형 물체도 여럿 있다. 우주선과 같이 궤도에 진입하여 그대로 버려지는 경우이다. 나머지는 이런저런 소형 물체가 차지하는데, 발사 과정에 수반하는 부산물들이다. 상단 로켓이든 우주선이든 궤도에서 간혹 폭발 사고를 내는 경우도 있다. 이렇게 발생하는 파편이 전체의 40%가량을 차지한다. 잔여 추진제가 누출되어 섞이기라도 하면 이런 불상사가 벌어진다. 폭발 사고라는 말에 걸맞게 상단이 정말로 산산조각이 난다. 하루아침에 식별 번호가 몇백 개나 불어나는 셈이다.

간단히 뺄셈을 한번 해 보겠다. 27,000 빼기 9,000. 18,000개 물체가 행성 간 공간으로 날아갔거나 지구 대기에 떨어졌다는 뜻이다. 그렇다. 이들 대부분은 실제로 대기권 재진입 과정에서 소실된다. 하지만 가끔씩은 큰 덩어리가 끝끝내 살아남아 지상에 도달하는 경우도 있다(1978년에는 구소련의 정찰위성 코스모스Cosmos 954의 원자로 일부가 캐나다에 추락해 방사성물질을 흩뿌려 놓았다. 이듬해 1979년에는 미국의 우주정거장 스카이랩Skylab이 오스트레일리아에 떨어져 큰 화제가 되었다). 그림 6.9의 그래프는 1957년부터 2001년까지 지구저궤도상의 추적 가능 물체 수를 보여 준다. 다른 궤도에 약 1,000개가량이 더 있기 때문에 총수량이 9,000여 개에 달한다. 한눈에 보아도 지속적인 증가세가 드러난다. 그런데 유심히 보면 잘 나가던 곡선이 한 번씩 주춤하는 모습을 보인다. 1980년대 초, 1990년대 초, 2000년도 즈음하여 곡선에 일시적으로 하락세 혹은 침체기가 나타난다. 이 시기는 태양 극대기와 정확히 일치한다. 태양 활동이 대기를 가열하면 대기 상층부의 밀도가 증가한다(앞에서 지구 대기의 영향을 다룬 바 있다). 이는 곧 궤도상의 위성에 항력이 가중된다는 의미이다. 그러면 대기권 재진입도 덩달아 늘어날 수밖에 없다. 태양 극대기에는 안전모를 쓰고 다녀야 할 판이다!

그림 6.10은 지구저궤도 내 추적 가능 물체의 고도별 분포를 보여 준다. 저고도, 이를테면 500km 미만은 상당히 한산해 보이는데 이유가 궁금하다. 이

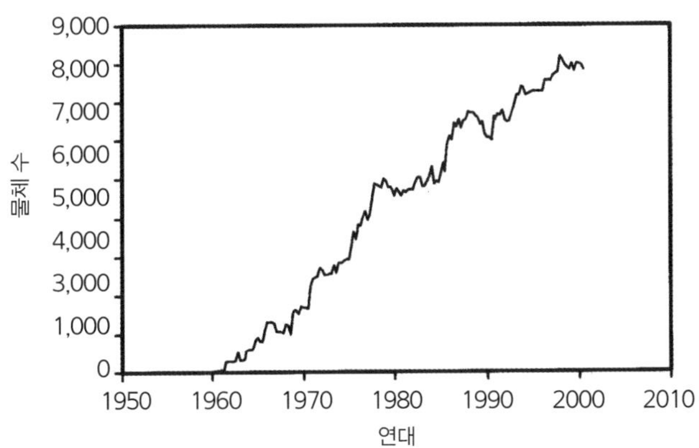

그림 6.9: 1957년 10월 스푸트니크 1호를 시작으로 2001년에 이르기까지 지구저궤도상의 10cm 이상 대형 물체 수효를 그래프로 나타냈다. [영국 사우샘프턴 대학교 휴 루이스 박사가 제공한 데이터를 편집하여 작성함]

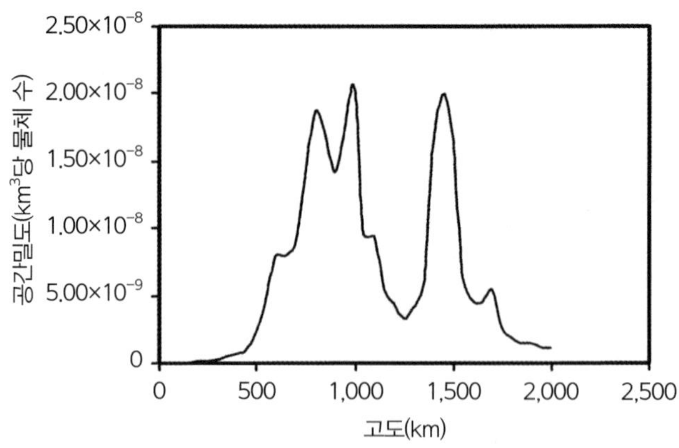

그림 6.10: 지구저궤도 내 10cm 이상 대형 물체의 공간밀도를 고도에 따른 그래프로 나타냈다. [영국 사우샘프턴 대학교 휴 루이스 박사가 제공한 데이터를 편집하여 작성함]

정도만 해도 대기 밀도가 높은 편이라 항력 섭동이 잔해를 곧잘 떨어뜨린다. 그렇다면 잔해 밀도가 가장 큰 곳도 그럴 만한 이유가 있겠다. 이 구간에는 기본적으로 우주선이 많다. 반면, *항력 청소부*drag sweeping의 손이 닿기에는 대기 밀도가 너무 낮다. 800~1,000km 상공이 대표적인데, 그림에서 보다시피 잔해 밀도가 최대이다. 이 구간은 지구관측위성이 상당수 활동하는 곳이며, 이들 위성 운용 과정에서 나온 각종 잔해로 붐빈다. 여기도 물론 항력이 작용하지만, 대기가 워낙 옅어 청소 효과를 기대하기는 어렵다. 오늘날 수효로 볼 때 지구저궤도의 10cm 이상 대형 물체는 서로 어느 정도 떨어져 있을까? 그림 6.10으로 대략이나마 추정해 보자.

잔해물의 공간밀도는 세로축을 보면 알 수 있다. 가장 붐비는 곳의 물체 수가 세제곱킬로미터당 약 2×10^{-8}개 정도이다. 언뜻 보아서는 무슨 의미인가 싶지만 계산 한 번만 해 보면 그 중요성을 알 수 있다. 물체가 고르게 분포한다고 가정하면 물체 하나당 가로세로높이 370km짜리 우주 공간을 배당 받는 셈이다. 가로세로높이 370km짜리 상자 안에 잔해 하나가 돌아다닌다 하니 망망대해에 외로이 떠 있는 배 같은 생각이 든다. 이 정도 공간이면 가로 세로높이 1km 상자가 5000만 개도 넘게 들어간다! 그러나 이렇게도 한번 생각해 보자. 우리는 지금 우주 잔해를 논하고 있다. 공간이 꽤 넓어 보이지만 일반적인 지구저궤도 속력이라면 이 정도 거리는 불과 1분 내로 주파할 수 있다. 정리하자면 이렇다. 우주 잔해는 궤도상에 고루 분포하지 않을뿐더러 여럿이 몰려다니는 경우도 더러 있지만, 공간밀도가 워낙 낮은 탓에 여간해서는 충돌 사고를 일으키지 않는다. 이 책의 집필 시점을 기준으로 추적 가능 물체 간 충돌 사고는 딱 세 건밖에 확인되지 않았다. 1996년 프랑스군 소형 첩보위성 세리즈Cerise가 옛날 아리안Ariane 발사체 파편에 맞아 대파되었다. 인공 물체들 사이에 벌어진 우주 교통사고의 첫 희생양이었다.

번쩍번쩍한 우주선이 어디 한두 푼짜리 물건인가. 지구저궤도 우주선의 운용자 입장에서는 당연히 방어적이 될 수밖에 없다. 우주 잔해는 우주선 임무 수행에서 더없이 위험한 존재이다. 궤도에서 상대속력은 보통 10km/sec에 달한다. 이 속도로 대형 물체에 충돌했다고 하면 결과는 파국적이다. 하지만 너무 걱정할 필요 없다. 대형 물체는 빠짐없이 추적 관리되고 있으며, 그 궤도 또한 잘 알려져 있다. 우주선 운용자도 위험성을 모르지 않으므로 지구저궤도상의 약 8,000여 개에 달하는 추적 가능 물체를 일일이 주시한다. 자기들 중요 자산에 가까이 다가올 만한 물체가 있는지 컴퓨터 시뮬레이션으로 계속해서 살펴본다. 세계 각지 관제소들이 하루가 멀다 하고 이런 작업을 수행한다. 그렇게 하여 낌새가 이상하다 싶으면 우주선에 궤도 수정 명령을 내린다. 지구저궤도 우주선은 지금까지 이런 형태의 회피 기동을 여러 차례 수행해 왔다. 유인궤도선은 물론 무인우주선에도 해당되는 이야기이다.

지구저궤도에는 대형 물체 외에도 자잘한 잔해들이 그득하다. 크기 분류로 말단에 속하는 조각들, 이를테면 1mm~1cm짜리 물체 수천만 개가 떠돌고 있다고 추정한다. 대개는 폭발에서 발생한 파편이지만, 한편으로는 알게 모르게 하나둘씩 생겨나기도 한다. 이런 류의 조용한 잔해는 우주선 표면의 열화와 관련이 있다. 태양 자외선 복사, 원자 산소 침식, 열적 스트레스의 반복(매 궤도 회전마다 직사광선의 열기에 노출되었다가 지구 그림자 속에 들어가 얼어붙는 상황이 반복된다)과 같은 우주 환경은 서멀 블랭킷과 표면 도장을 상하게 만든다. 물질들은 서서히 벗어지고 부스러지면서 우주선 주변에 부스러기 항적을 남긴다. 이런 현상은 그저 전반적인 노후화 과정일 뿐 해당 우주선 자체에는 특별히 문제 될 일이 없다. 그러나 다른 궤도의 우주선이라면 문제가 된다. 충돌 상대속력이 보통 10km/sec에 달하는 탓이다. 스페이스셔틀이 피해 사례로 종종 언급되곤 한다. 스페이스셔틀은 창유리를 자주 교체하지 않을 수 없었는데, 페인트 찌꺼기가 유리창을 때려 움푹 팬 자국을 남겼기 때문이다.

우주선에 가장 위협적인 존재는 아마도 중간 크기의 우주 잔해가 아닐까 한다. 1~10cm 크기의 우주 잔해 수효는 궤도상에 약 수십만 개 정도로 추정된다. 이들이 특히나 위험한 이유는 바로 크기 때문이다. 위력으로 보면 우주선에 치명타를 입히고도 남을 정도지만 궤도를 정하기에는 그 크기가 너무 작다. 다시 말해 추적 관리가 어렵다는 뜻이다. 언제 어디서 나타날지 모른다면 충돌 회피 기동도 불가능하다.

중간 크기의 잔해가 수십만 개로 추정된다고는 하지만 지구저궤도 용적에 비할 바는 아니다. 1~10cm 크기의 물체와 충돌할 가능성은 여전히 낮다고 하겠다. 아울러 약 2cm 이하 물체에 대해서는 보다 적극적인 방어 전략을 구사할 수 있다. 바로 *방패막이*shielding를 두는 방법이다. 국제우주정거장(ISS)의 경우 잔해 충돌에 대비해 곳곳에 장갑을 둘러 놓았다. 훗날 충돌 위험이 높은 궤도에 무인우주선을 보낼 때도 이 방식을 널리 활용하지 않을까

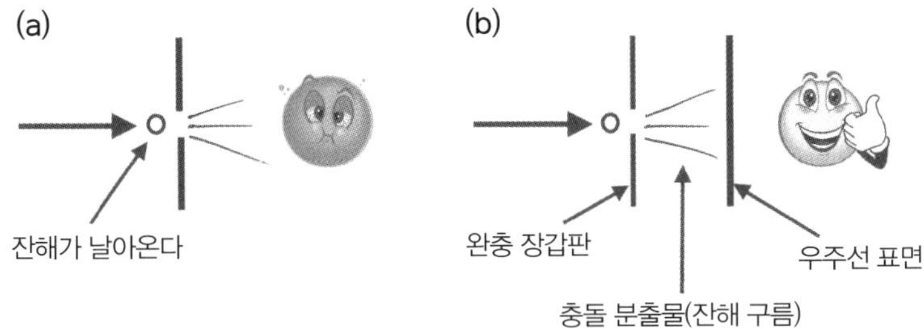

그림 6.11: 휘플 실드 장착 여부의 차이.

생각된다. 그런데 좀 궁금하다. 2cm짜리 알루미늄 덩어리가 고속 탄이 무색할 정도로 빠르게 날아오는데 무슨 재주로 막아낼까? 하지만 1946년에 이러한 장갑을 고안한 사람이 있으니 우리가 아는 그 프레드 휘플Fred Whipple이다. *휘플 실드*Whipple shield는 정말 단순히 표현하면 그림 6.11처럼 생겼다. 워낙 간단해 구조라 할 것도 없다. 우주선 표면에 완충 장갑판을 덧대면 끝이다. 그 대신 둘 사이에 공간이 벌어지게끔 해야 한다. 원리를 설명하자면 이렇다. 잔해가 외부 장갑판에 충돌하는 순간 산산조각이 나며 증발해 버린다. 잔해 알맹이가 잔해 구름으로 바뀌는 셈이다. 이제 우주선 표면에는 분출물이 충돌한다. 분출물은 흩어지는 경향이 있다. 에너지가 넓게 분산되기 때문에 관통 확률이 그만큼 낮아진다. 공간 장갑 숫자를 늘리고 이격 거리를 조정하면 방어력은 더욱 높아진다. 그러나 일반적으로 이런 수준까지 가는 경우는 드물다. 설계도 복잡할뿐더러 질량 부담이 늘어 전반적인 비용 상승을 부를 수 있다.

요약

우주 환경은 복잡하다. 특히 태양-지구 상호작용(태양은 지구 주변 환경에 지배적 영향력을 행사한다)과 관련하여 까다로운 부분이 있다. 이 방면으로 지난 수십 년간의 연구 성과를 설명하려면 교과서를 몇 권 내고도 남을 정도이다. 이번 장을 집필하며 고민이 많았다. 간결함을 미덕으로 알고 써 나갔지만 막상 버리려 하니 주저하지 않을 수 없었다. 필자의 선택과 집중이 적절했기를 바란다. 이와 같이 면책 조항을 두기는 했지만 우주선 설계에서 환경의 중요성만큼은 충분히 강조하였다. 차량이나 항공기 설계의 경우 환경의 영향이 비교적 쉽게 드러나는 편이지만, 우주선 설계의 경우 전체적인 형태를 보아도 판단이 쉽지 않다. 단, 어느 우주선에서나 드러나는 점이 있으니 바로 공학자의 피와 땀이다. 우주선을 보면 임무 기간 내 생존 가능성을 높이려 고심한 흔적이 역력하다. 적절한 제작 기법과 소재를 개발하기까지 연구는 물론 공학적 시행착오를 거듭하였음을 알 수 있다.

7. 우주선 설계

Spacecraft Design

우주선 설계의 기본 방식

이번 장을 시작으로 우리는 우주선을 어떻게 설계하는지 알아볼 예정이다. 기체의 주축을 이루는 각 부분을 *하위 체계*subsystem라 하는데, 어떠한 물리적 요인이 하위 체계 설계에 영향을 미치는지(혹은 설계를 이끌어 가는지) 역시 함께 살펴보고자 한다. 우주선은 임무 수행에 필요한 능력을 갖추어야 함은 물론 우주 환경의 각종 위험 요소로부터 자신을 지켜야 한다. 이와 같은 역량을 발휘하게끔 하위 체계를 설계하고 통합하여 최종적으로는 하나의 우주선 체계로 완성시켜야 한다. 이 작업이 바로 우주선 설계 과정의 전부라 할 수 있다.

제2장에서 궤도 선정에 대해 논의한 바 있는데, 그와 관련된 논리적 측면은 지금 우리가 다루고자 하는 문제와도 관련이 있다. 간단히 되짚어 보자. 과정의 첫 단추는 우주선 *임무 목적*mission objective의 정의부터 시작한다. 우주선의 주목적이 무엇이라고 정확하게 체계적으로 나타내야 한다. 이를테면 '지구 전역에 대한 고해상도 이미지 제공'과 같은 식이다. 다음 단계에서는 임무 요구 사항을 바탕으로 *탑재 장비*payload instrument를 택한다. 위의 경우 궤도에서 지상 이미지를 촬영해야 한다. 즉 카메라가 필요하다. 셋째 단계에서는 *탑재체 운용 계획*payload operational plan을 세운다. 임무 목적을 달성하려면 탑재체 하드웨어를 어떤 식으로 운용해야 하는가? 제2장에서 각종 궤도를 소개할 때 이러한 요구 사항도 함께 다룬 바 있다. 탑재체의 성능을 극대화하려면 우주선을 어떤 궤도에 배치해야 하는가? 임무 궤도 선정은 여기에 자연스럽게 따라가는 부분이다. 위 경우에는 극궤도 지구저궤도가 적절하다 할 수 있겠다. 하위 체계 설계 요구 사항에도 위와 같은 논리가 그대로 적용된다.

탑재체는 우주선에게 그야말로 핵심이다. 탑재체 없이는 임무 목적을 달성할 수 없다. 그러므로 각 하위 체계는 순전히 탑재체 운용을 지원하기 위해 존재한다. 따라서 탑재체가 일을 효과적으로 처리하는 데 필요한 직업 및 자원이 각 하위 체계의 설계 방향을 이끌어 간다. 예를 들어, 탑재체 전력 소모가 얼마라 하면 전력 하위 체계(태양전지판 면적 및 선내 배터리) 설계는 탑재체 요구 사항을 따라가게 된다. 여타 모든 하위 체계의 설계 요구 사항을 정의하는 데에도 마찬가지로 이런 식의 논리가 확대 적용된다.

우리는 지금 하위 체계 이야기를 하고 있는데, 정작 하위 체계가 무엇이라고 정의한 적도 없고 어떤 역할을 하는지 설명한 적도 없다. 우주선이라면 틀림없이 표 7.1과 같은 기본 하위 체계를 갖춘다. 주요 하위 체계와 그 기능에 대해 잠시 살펴보고 넘어가자.

표 7.1: 우주선의 주요 하위 체계와 그 기능

하위 체계	기능
탑재체	임무 관련 하드웨어(카메라, 망원경, 통신 장비 따위)를 이용하여 임무를 수행한다.
임무 분석	어떤 발사체를 이용할지, 임무에 맞는 최적 궤도는 무엇인지를 선택한다. 우주선을 발사대부터 최종 궤도까지 어떻게 이동시킬지를 결정한다.
자세제어	우주선의 방향 지시 임무 수행(탑재 망원경으로 원거리 은하를 관찰한다든지, 태양전지판을 태양 방향으로 향하게 해 발전량을 늘린다든지, 통신 안테나를 지상관제소 방향으로 향하게 한다든지 하는 경우)
추진	선내의 로켓 추진 체계를 이용해 우주선의 궤도 간 이동, 임무 궤도제어(제3장 참조) 및 자세제어(제8장 참조)를 수행한다.
전력	탑재체 및 하위 체계에 전력원을 제공
통신	지상과 통신 링크 제공, 탑재체 데이터 및 텔레메트리 자료 다운링크, 우주선 제어 명령 업링크
선내 데이터 처리	탑재체 데이터 및 기타 데이터 저장 및 처리, 하위 체계 간 데이터 교환
열제어	탑재체 및 하위 체계가 안정적으로 작동하게끔 선내에 적절한 열 환경 조성
구조설계	구조적인 얼개를 제공함으로써 탑재체와 하위 체계 하드웨어를 예상되는 모든 환경으로부터 보호(특히 발사체 환경에 대한 보호가 필요)

표 7.1에 몇 가지만 덧붙이겠다. 첫째, 엔지니어에 따라서는 탑재체를 하위 체계로 분류하지 않는 경우도 있다. 이 부류는 우주선을 크게 두 부분으로 나누어 생각하는 편이며, 탑재체를 우주선 플랫폼(우주선 본체)과 별개로 취급한다. *플랫폼*platform이란 기체의 일부로서 탑재체를 지원하는 하위 체계 일체를 포함하는 개념이다. 둘째, 임무 분석을 하위 체계라고 보기 어렵다는 의견도 있다. 기체의 선내 하드웨어 가운데 임무 분석에 해당하는 부분이 없는 탓이다. 그렇게 볼 수도 있지만 필자는 탑재체와 임무 분석을 의도적으로 포함시켰다. 우주선 프로젝트 설계팀(다음 절 참조)의 일반적인 구조를 반영하려는 차원이다. 이제 곧 보겠지만 표 7.1의 모든 분야가 전체적인 설계 과정에 크게 영향을 미치는 바, 각 분야 대표 엔지니어가 모여 설계팀을 꾸리게 된다. 셋째, 통신 하위 체계에 *텔레메트리*telemetry를 언급하였다. 텔레메트리는 일종의 상태 진단 데이터라 생각하면 되겠다. 기체 곳곳의 센서로 우주선의 상태를 점검하는 과정에서 각종 내부 데이터가 발생한다. 이런 센서들이 각 부분을 관찰하고 있다가 어딘가 문제가 생기면 경고를 보낸다. 상기 데이터는 지상관제소에 텔레메트리 항목으로 다운링크되어 운영자 컴퓨터 화면에 표시된다. 덕분에 문제가 생기는 즉시 조치할 수 있다.

이상의 과정을 그림 7.1의 계통도로 요약할 수 있다. 첫째로 임무 목적을 구체화하는 데서 출발하고, 다음 단계로 넘어가면 탑재체로 무엇이 필요한지, 그 탑재체를 어떤 식으로 운용하여 임무를 수행할지 등을 정한다. 여기까지 왔다면 탑재체 운용에 어떤 하위 체계의 도움이 필요한지 역시 살펴볼 수 있겠다. 그림 7.1을 보자. 탑재체는, 예를 들자면 일정 수준의 전력을 필요로 하게 마련이다. 그렇다면 이에 맞추어 전력 하위 체계를 설계해야 한다(하위 체계도 물론 전력이 있어야 작동하므로 탑재체 혼자 전력 하위 체계 설계를 좌우한다고 할 수는 없다). 망원경 또는 지구 관측 영상 카메라와 같은 탑재체는 정확한 방향 지시 능력을 요한다. 이런 경우에는 방향 지시 능력의 요구 정확도와 안정성이 자세제어 하위 체계 설계를 결정한다고 볼 수 있다. 탑재체는 활동 과정에서 데이터를 만들어 내게 마련이다. 영상 카메라를 탑재했다면 촬영 이미지 형태로 데이터가 발생하는 식이다. 이런 데이터는 선내에 저장되거나 통신 하위 체계로 직접 전달되어 지상관제소로 다운링크된다. 탑재체의 데이터 발생량과 전체 데이터 양은 이를 담당하는 선내 데이터처리on-board data handling, OBDH 하위 체계 설계를 좌우한다. 탑재체의 데이터 발생량은 통신 하위 체계를 통해 멀리 지상 수신소까지 다운링크되어야 하는데, 이는 다시 우주선의 통신 하위 체계 설계 요구 사항으로 연결된다. 탑재체에 따라서는 온도에 아주 민감한 경우도 있어 작동 온도 범위를 정확하게 유지하지 못하면 운용에 차질이 발생할 수도 있다. 열제어 하위 체계 설계 역시 이런 부분에 영향을 받을 수밖에 없다는 뜻이다.

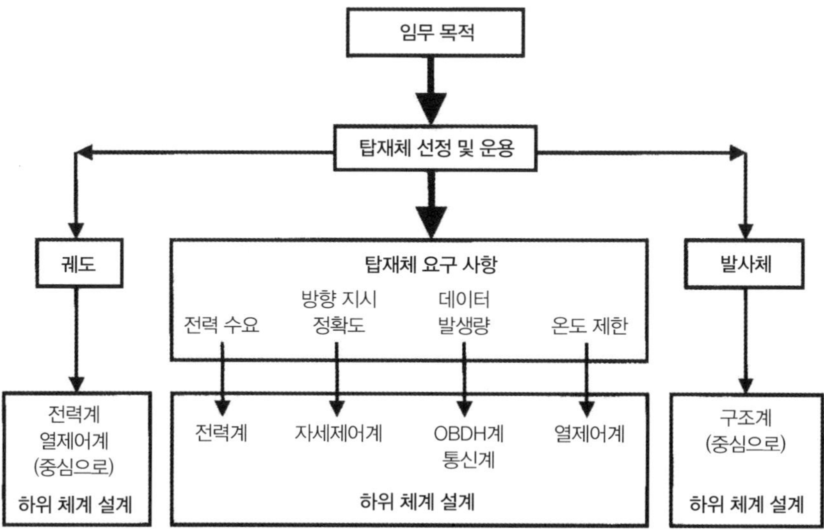

그림 7.1: 우주선 하위 체계 설계 방식을 계통도로 그렸다. OBDH는 선내 데이터처리를 뜻한다. 각 하위 체계를 약어로 표시하였다.

하위 체계 설계는 다른 요인에도 영향을 받는다. 제2장에서 살펴본 바 있지만 탑재체의 성격을 고려하여 임무 궤도를 선택한다고 하였다. 그림 7.1의 좌측 칼럼이 여기에 해당한다. 궤도 그 자체가 하위 체계 설계에 영향을 미치는 경우라고 할 수 있다. 가령 궤도를 확정하면 임무 분석가는 우주선의 식 주기eclipse period(매 궤도 회전마다 지구 그림자 속에서 보내는 시간)를 계산할 수 있다. 만약 위성이 일광하에 태양전지판으로 전력을 생산하고 지구 그림자 속에서 배터리 전원을 이용한다면 전력 하위 체계 구성품의 설계는 임무 궤도의 식 주기에 크게 영향을 받을 수밖에 없다. 비슷한 이야기지만 우주선이 매 궤도마다 얼마나 가열되고 냉각될지 역시 식 주기가 결정한다. 열제어 하위 체계도 식 주기를 고려해 설계해야 한다는 뜻이다.

다른 한편으로는 발사체 환경도 고려해야 하겠다. 제5장에서 보았다시피 발사체 환경은 매우 가혹하다. 우주선 구조설계에서 대단히 중요하게 다룰 부분이다. 그림 7.1의 우측 칼럼이 여기에 해당한다. 우주선 설계라고 지레 겁을 먹을 필요는 없다. 보다시피 상식선에서 이루어지는 일들이다.

우주선 설계 과정

우주선 설계의 방법론이 위와 같다면 이제 실제 산업 현장에서 어떻게 하는지 알아보도록 하겠다. 설계 과정은 소위 사공이 많은 상황과도 같다. 그런 탓에 누가 보면 기대만큼 객관적이라 생각되지 않을 수도 있다. 초기 단계, 즉 타당성 검토 및 예비 설계가 진행되는 무렵이 특히 그렇다. 이런 표현에는 어느 정도 논란의 소지가 있을 수 있는데, 아무튼 저 이야기를 다시 살펴보기로 하겠다. 핵심은 이렇다. 지금까지 논의한 설계 방식을 우주선 개발이라는 전체 맥락에서 살펴보자. 우주선 프로젝트는 관례상 몇 단계로 나누어 진행하는 경우가 보통이다. 표 7.2에 나열한 대로 예비 설계에서 시작해 최종적으로는 궤도 운용에 이르는 모습을 볼 수 있다.

지금까지 우리가 한 이야기 대부분은 A단계, 즉 예비 설계에 속한다. 이 책은 사실 그 이상 다루지도 않는다. 실제 우주선 프로젝트 상황이라면 이 부분을 어떻게 진행할까? 예를 한번 들어 보자. 어떤 회사가 특정 우주선에 대한 A단계 연구 계약을 따왔다고 가정해 보자. A단계에서의 우주선 예비 설계 과정을 *우주선 시스템공학*spacecraft system engineering이라 한다. 이 용어가 무엇을 뜻하는지는 정의하기 나름이지만, 이렇게 이해해도 좋지 않을까 싶다. '우주선 시스템공학이란 제한된 조건하(질량, 비용, 일정 등)에서 효율적인 실용 우주선을 개발하고자 하는 연구 분야이다.' 썩 와닿지 않으니 이렇게 설명하겠다. 우주선은 하위 체계의 집합이다. 하위 체계가 통합되어 하나의 우주선 체계를 이루었을 때 그 결과물이 임무 수행에 효과적 혹은 최적이어야 한다. 우주선 시스템공학은 하위 체계의 총합이 성공적인 방향으로

표 7.2 우주선 프로젝트 설계 및 개발 단계

단계	기간	작업 내용
A 예비 설계 및 타당성 검토	6개월에서 12개월	우주선 예비 설계안을 마련하고 예산과 일정을 감안해 프로젝트 계획을 수립한다. 타당성과 관련해 기술적으로 어떤 부분이 관건인지 알아본다.
B 상세 설계	12개월에서 18개월	예비 설계를 정교화하고 확장함으로써 기술적인 구현이 가능하도록 한다(세부 체계 및 하위 체계 설계 포함). 후속 단계 진행을 위해 상세 프로그램을 개발한다.
C/D 개발, 제작, 통합, 시험	3년에서 5년	비행체 하드웨어를 개발·제작한다. 우주선을 통합하고 지상 시험을 집중적으로 실시한다.
E 운용	궤도 수명 내	우주선의 발사장 인도, 발사 시행, 초기 단계 궤도 운용, 임무 궤도 운용, 수명 종료 시 임무 궤도로부터 폐기 처분

참조: A단계부터 D단계까지는 대략적인 추정 기간이며, 실제 일정은 우주선 종류에 따라 다르다.

나아가게끔 돕는다.

*우주 시스템공학*space system engineering은 우주선 시스템공학과는 다른 분야이다. 시스템공학에서 종류를 불문하고 늘 쟁점이 되는 부분이 있다. 바로 경계를 어디로 잡을지의 문제이다. 발사체도 간단히 살피기는 하였지만 이 책의 관심사는 우주선 설계 그 자체이니, 우리는 우주선을 시스템으로 한정하겠다. 반면, 우주 시스템공학은 더욱더 포괄적이라 우주선 외 프로젝트의 기타 모든 부분까지를 아우른다. 이를테면 지상관제소의 우주선 운용 및 데이터 수신 문제 같은 부분까지를 다루는 식이다. 이러한 부분은 논의에서 제외하고 우리는 우주선에만 집중하자.

우주선 시스템공학이 어떤 과정에 따라 진행되는지의 이야기로 돌아가 볼까 한다. 일단 하위 체계 엔지니어들로 설계팀 또는 설계위원회를 꾸리고 일을 시작하는데, 보통은 시스템 엔지니어를 팀장이나 위원장으로 앉힌다. 구성원에는 우주선 각 하위 체계별로 전문 엔지니어가 한 명 이상 포진한다. 말하자면 한 사람 한 사람이 대표인 셈이다. 팀장은 특정 하위 체계에 대해 팀원만큼 잘 알 필요는 없지만 시스템 엔지니어로서 숲을 볼 줄 알아야 한다. 설계 전체를 통합하는 데 구심점이 되어야 하기 때문이다.

설계는 이런 방식으로 진행된다. 하위 체계 엔지니어들이 달라붙어서 오프라인으로 분석 및 설계 작업을 수행하면, 설계팀 회의에서 틈틈이 논의를 거쳐 설계를 다듬고 통합한다. 우주선 설계에서 거의 관례처럼 굳어진 방식이다(우주선 설계라는 현대적인 작업에 전통이니 관례이니 하는 말이 묘하게 들릴 법도 하지만, 우주 시대도 역사로 치면 벌써 반세기나 되었다). 설계팀 회의는 대단히 중요하다. 하위 체계 전문가 개인이 우주선의 어느 한 부분을 기막히게 설계해 왔다 하더라도 그 일부가 전체(나머지 하위 체계 설계)와 어우러지지 못한다면 실패한 설계나 다를 바 없다.

팀원들은 머지않아 위원회의 의중을 파악한다. 결국 하나의 완전한 우주선을 만들자고 하는 일이니 성공적인 통합을 위해서라면 누구든 기꺼이 양보할 자세가 되어 있어야 한다. 앞서 이야기했지만, 과정이 그리 객관적이지 않을 수 있다. 사람들끼리 얼마나 이리 밀고 저리 당기고 하는지 생각해 보면 우주선 시스템공학을 다시 정의해야 하는가 싶다. (사람들을 구슬려서) 쓸 수 있는 우주선을 만들어 내는 학문 혹은 *예술* 분야라고 말이다. 이 작업은 때로는 정말로 예술에 근접하기도 한다. 구성원들끼리 손발이 착착 맞아떨어지고 팀이 저절로 굴러가기에 이른다면 그야말로 작품이 나올 수도 있다. 하위 체계 전문가는 기타 하위 체계 혹은 탑재체 쪽 전문가들 작업에 따라 자신의 원 설계안이 영향을 받고 변경되더라도(망가지더라도) 이해하고 받아들여야 한다.

위 설계 과정에 또 하나 중요한 면이 있으니 바로 *반복성*iterative이다. 설계팀은 언젠가 최초 설계를 완성한다. 그런데 설계를 검토해 보면 여기저기 손볼 곳이 많이 드러나므로 설계 과정을 반복하여 개선 사항을 반영하는 과정을 거치지 않을 수 없다. 그러나 새로운 설계안에도 분명 개선할 점이 나오게 마련이다. 결국 최종 설계안으로 수렴할 때까지 위의 과정을 계속해서 되풀이해야 한다.

지난 수십여 년간 설계 과정에 컴퓨터 기술이 도입된 결과 위와 같은 관행에도 혁신이 일어났다. 설계팀의 기본 구조는 그대로 유지하되, 오늘날에는 컴퓨터 워크스테이션workstation을 갖춘 전용 설계 스튜디오에서 A단계 연구를 진행하는 경우가 보통이다. 스튜디오가 마치 비행 관제 센터의 축소판처럼 보인다. 네덜란드에 소재한 유럽우주기구 연구기술본부European Space Research and Technology Centre, ESTEC에도 유사 시설이 있으며, 배치는 그림 7.2와 같다. 각 워크스테이션은 특정 하위 체계 설계 전용으로서 설계 개발에 필요한 분석 일체를 수행하게끔 적절한 소프트웨어를 갖추고 있다. 지난날 설계팀을 구성하던 하위 체계 엔지니어들이 이제 워크스테이션 앞에 앉는다. 임무 분석 담당은 임무 분석 워크스테이션에, 전력 담당은 전력 자리에 가서 앉는 식이다. 팀장 역시 본인의 워크스테이션으로 관리 업무를 본다. 이런 기법을 *동시병행설계*concurrent engineering design, CED라 한다. 우주산업만이 아니라 복잡한 기계를 설계하는 경우 대부분 이런 방식으로 작업한다. 자동차나 항공 업계 등이 대표적이다.

여기서 중앙 컴퓨터의 데이터베이스가 산실 역할을 한다. 우주선의 현재 설계안을 메모리에 담고 있기 때문이다. 팀원이 자신의 하위 체계 설계를 업데이트하면 변경 사항이 중앙 데이터베이스에 연계된다. 구체적으로 어떤 부분이 바뀌는지 바로바로 알 수 있기 때문에, 변경 사항이 다른 하위 체계 설계에 어떤 영향을 미칠지에 관해 서로의 의견 교환이 빠르다. 앞서 언급했다시피 설계가 절대 한 번에 끝나지 않는데, 이 기법을 활용하면 일이 쉽다.

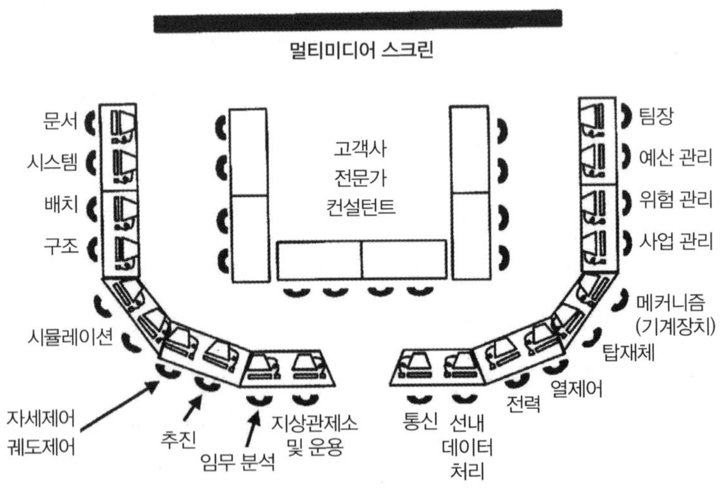

그림 7.2: 유럽우주기구 연구기술본부(ESTEC, 네덜란드 소재) 동시병행설계시설 워크스테이션 배치도. 1998년에 시설 개발을 시작하였다. [바탕 이미지 제공: 유럽우주기구(ESA)]

설계를 반복하고 통합하느라 긴 시간 애먹은 생각을 하면 격세지감이 아닐 수 없다. A단계 연구에 통상 6개월 이상 걸렸는데 CED 도입 이후로는 근 한두 달이면 되니 개발에 속도가 붙는다. 그렇게 설계 과정에 컴퓨터가 차지하는 비중이 늘고 있지만 *아직은* 경험 많은 엔지니어로 설계팀을 꾸릴 필요가 있다. 컴퓨터가 일을 잘하고 있는지, 설계 과정이 바람직한 방향으로 흘러가는지 베테랑들은 보면 금방 안다. CED 시설에서도 이처럼 터줏대감의 역할이 중요하다.

우주선 공학: 최후의 미개척지인가?

사람들 생각에 우주선 공학은 첨단 기술의 결정체가 아닐까 한다. 그런데 우주선 제작의 실제를 보면 예상외로 보수적인 구석이 많아 오히려 그 점에 놀란다. 사실 하위 체계 엔지니어들 심정은 모두 비슷할 듯싶다. 질량 및 전력 부담은 줄이고 성능은 끌어올리고 싶다. 각자 전공 분야에서 온갖 아이디어를 짜내고 신기술을 개발하느라 늙는 줄도 모른다. 평생을 하위 체계와 함께 울고 웃을 사람에게 이런 류의 공학혼은 생명선과 같다. 반면, 처음 시도하는 일에는 항상 걱정이 앞서게 마련이다. 궤도에 올라가도 잘 작동할까? 신기술을 시험하는 데 예산과 시간이 어느 정도 들까? 사업 관리자가 납득할 만한 설명을 내놓아야 할 텐데 말이지. 혁신은 본질적으로 위험성을 내포한다. 불확실성은 프로그램 일정에 큰 부담이 아닐 수 없다. 결과적으로 프로젝트 비용에까지 영향을 미치는 셈이다. 그렇다면 결국은 확실한 쪽을 선호하게 된다. 구관이 명관이라고 여태까지 수백 번 쏘아서 문제없었는데 굳이 뭐 하러. 기존의 검증된 설계안으로 안전하게 가겠다. 상용 위성, 이를테면 통신위성 같은 경우 이런 식의 설계 철학이 여실히 드러난다. 상용 위성 설계 및 제작 사업을 놓고 업계 내 경쟁이 이루 말할 수 없이 치열하다. 그러니 어느 계약자라도 누가 되었든지 간에 보수적인 태도로 나올 수밖에 없다. 계약을 따내지 못하면 끝이다. 개발비도 일정도 줄일 수 있는 데까지 줄여서 쥐어짜기 입찰을 내야 한다. 이러한 극한 상황에서는 표 7.2의 개발 일정이 안타까울 만치 줄어들기도 한다. 엔지니어들은 어디에 하소연도 하지 못한다.

우주선 공학에서 기술은 어떻게 진보하는가? 보통 과학위성 탑재 장비 제작 분야에서 공학적 혁신을 필요로 한다. 기존의 한계를 뛰어넘어 지평을 넓히고자 함이다. 하지만 그러한 위성조차도 우주선 플랫폼 하위 체계 설계에 수십 년 전 기술을 그대로 쓰고 있을 수 있다. 비난하려는 뜻이 아니다. 우주선 시스템의 전반적인 신뢰성을 높이는 데 기여하는 바가 있다면 옛날 기술이든 최신 기술이든 문제 될 것이 없다.

하위 체계 관련 신기술을 비행 시험하는 방법의 일환으로 소형 위성이 점차 각광받고 있다. '소형'이라는 말이 문맥상 어떤 의미인지 논란의 소지가 있지만, 일단은 논의를 위해 50kg 이하로 제한하겠다. 컴퓨터 프로세서의 소형화 추세가 지속되고 있는 바, 이 정도 질량으로도 신기술 비행 실증 위성을 제작할 수 있게 되었다. 작다고 무시하지 말라. 있을 것은 다 있다. 이러한 프로젝트의 경우 핵심은 개발비에 있다. 싸게 먹힌다는 점이다. 발사 대행 업계에서 위성 질량은 발사 비용이나 똑같다. 소형 위성은 적은 지분으로 발사체에 적당히 묻어가는 식이라서 발사 비용을 대폭 낮출 수 있다. 아울러 설계, 제작, 시험 기간이 짧고 지상관제 시스템 및 운용 역시 덜 복잡하기 때문에 비용이 더욱 떨어진다. 비행 시험 실패로 비싼 대가를 치러야 한다면 주저하겠지만, 지금처럼 부담 없는 조건이라면 한번 도전해 볼 만하다.

현역 우주선 예시

현역 무인우주선 몇 가지와 그 응용 분야를 살펴보고 이번 장을 마칠까 한다. 이 위성들의 주요 특징과 하위 체계 분야(표 7.1 참조)를 그림과 표에 설명하였다. 1,000kg은 1톤이고 승용차 중량이 보통 $1\frac{1}{4}$~$1\frac{1}{2}$톤, 이층 버스가 약 10톤 정도 한다. 우주선 질량이 대략 어느 정도 수준인지 조망해 볼 수 있다. 소개한 우주선들은 수명이 그리 길지 않기 때문에 향후 몇 년 이내에 역사의 뒤안길로 사라질 예정이다. 그렇다 해도 저 우주에 나가 있는 현역 위성이 어떤 모습인지, 얼마나 크고 무거운지 독자 여러분이 알 수 없다면 이 책은 중요한 부분을 놓친 셈이다. 각 응용 분야를 대표하여 다음과 같은 위성을 선택하였다.

- 통신위성: 인텔샛Intelsat 8(그림 7.3과 표 7.3)
- 원격탐사위성: SPOT 5(그림 7.4와 표 7.4)
- 과학위성
  - 천문관측: 허블 우주망원경(그림 7.5와 표 7.5)
  - 행성 간 탐사(카시니Cassini–하위헌스Huygens, 그림 7.6과 표 7.6)

그림 7.3: 지구정지궤도상의 인텔샛 8A 통신위성 예상도. [이미지 제공: 록히드 마틴(Lockheed Martin)]

표 7.3: 인텔샛 8 위성의 주요 특징

설명	인텔샛 8은 전형적인 정지궤도 통신위성이며, 주로 대륙 간 전화통신 서비스를 담당한다.
발사 질량	3,250kg
건조 질량(추진제 제외)	1,540kg
발사 질량에서 구조물이 차지하는 비율	47%
추진제 질량	1,710kg
발사 질량에서 추진제가 차지하는 비율	53%
크기(약)	본체 2.2×2.5×3.2m(박스형)
임무 궤도	지구정지궤도
궤도고도	35,790km
궤도경사각	0°
전력(임무 시작 시)	4.8kW
탑재체	
질량	460kg(추정치)
건조 질량에서 탑재체가 차지하는 비율	30%(추정치)
성능	탑재체(통신장비)는 일반적으로 전화 통화 22,000건과 컬러 방송 3개 채널을 동시에 처리할 수 있다.

그림 7.4: 극궤도 LEO의 SPOT 5 지구관측위성 예상도. [© CNES/작가: 다비드 뒤크로(David Ducros)]

표 7.4: SPOT 5 위성의 주요 특징

설명	SPOT 위성 시리즈는 프랑스 국립우주프로그램의 일환으로 개발되었다. 프랑스 국립우주연구소(Centre National d'Études Spatiales, CNES)가 위성 설계 및 제작을 담당하였다.
발사 질량	2,760kg
건조 질량(추진제 제외)	2,600kg
발사 질량에서 구조물이 차지하는 비율	94%
추진제 질량	160kg
발사 질량에서 추진제가 차지하는 비율	6%
크기(약)	2×2×5.6m
임무 궤도	저고도 극궤도
궤도고도	822km
궤도경사각	98.7°
전력(임무 시작 시)	2.5kW
탑재체	
질량	1,400kg
건조 질량에서 탑재체가 차지하는 비율	54%
성능	주사폭 120km, 해상도 10m의 지구 관측 이미지를 제공

그림 7.5: 셔틀 우주비행사가 저경사각 LEO의 허블 우주망원경을 촬영하였다. [이미지 제공: 미국항공우주국(NASA)]

표 7.5: 허블 우주망원경의 주요 특징

설명	에드윈 허블은 1920년대에 우주의 팽창을 발견하였다. 그의 이름을 딴 우주망원경은 관측천문학에 일대 혁명을 일으켰다.
발사 질량	10,840kg
건조 질량(추진제 제외)	10,840kg
발사 질량에서 구조물이 차지하는 비율	100%
추진제 질량	0kg
발사 질량에서 추진제가 차지하는 비율	0%
크기(약)	직경 4.3m×길이 13m(원통형)
임무 궤도	저경사각 지구저궤도
궤도고도	약 600km
궤도경사각	28.5°
전력(임무 시작 시)	5kW
탑재체	
질량	1,450kg
건조 질량에서 탑재체가 차지하는 비율	13%
성능	주경 지름이 2.4m에 달하며, 달 표면의 120m짜리 물체를 식별할 수 있다.

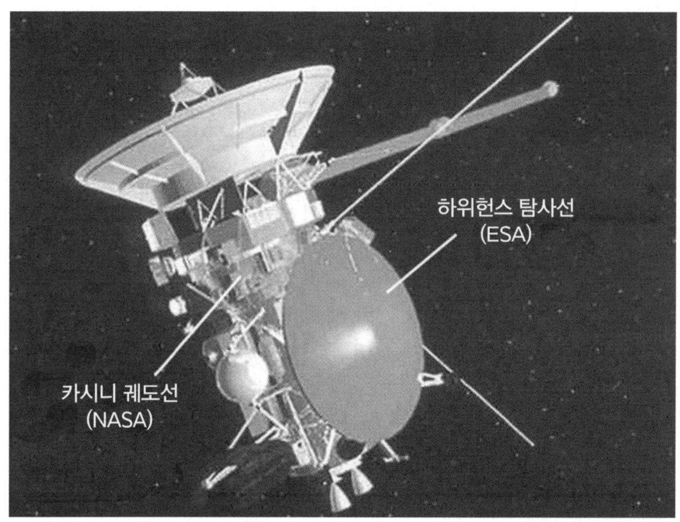

그림 7.6: 카시니/하위헌스 우주선은 그림과 같은 구성이다. 이 우주선은 2004년 7월 토성 궤도에 진입하였다. [데이비드 실(David Seal)의 예상도. 바탕 이미지 제공: NASA/제트추진연구소(JPL)-캘테크]

표 7.6: 카시니/하위헌스 우주선의 주요 특징

설명	이 우주선은 카시니 토성 궤도선(미국항공우주국 제작)과 하위헌스 탐사선(유럽우주기구 제작) 구성이다. 하위헌스 탐사선은 2005년 1월 타이탄(토성의 위성)에 성공적으로 착륙하였다.
발사 질량	5,630kg
건조 질량(추진제 제외)	2,490kg[2,150kg(궤도선)+340kg(착륙선)]
발사 질량에서 구조물이 차지하는 비율	44%
추진제 질량	3,140kg
발사 질량에서 추진제가 차지하는 비율	56%
크기(약)	높이 6.8m, 통신 안테나 직경 4m
임무 궤도	토성 궤도
궤도고도	토성의 위성들을 스윙바이하며 궤도고도를 연달아 변경하였다.
궤도경사각	적도에 가깝다.
전력(임무 시작 시)	815W(전력원으로 RTG 사용, 제9장 전력 부분 참조)
탑재체	
질량	670kg [330kg(궤도선 탑재체)+340kg(착륙선)]
궤도선 건조 질량에서 탑재체이 차지하는 비율	31%
성능	토성과 그 위성들 사진이 장관이라 할 만하다.

8. 하위 체계 설계: 자세 바로!

Subsystem Design: I Like Your Attitude

앞서 우주선 설계 과정 전반에 대해 살펴보았다. 표 7.1 및 그림 7.1을 보면 하위 체계 설계 요구 사항이 어디에서 비롯하는지 이해할 수 있다. 하위 체계의 존재 이유는 하나, 탑재체의 임무 수행 지원이다. 따라서 탑재체가 필요로 하는 자원이 하위 체계 설계 방식을 좌우한다. 이번 장 그리고 다음 장에서는 우주선의 주요 하위 체계 설계를 자세히 살펴보겠다. 이로써 하위 체계 설계를 결정하는 주요 동인을 파악할 수 있다. (임무 분석 하위 체계는 앞서 제2, 3, 4장에서 논의한 바 있다.) 하위 체계 각각의 설계 사항을 살피다 보면 우주선이 저런 모습일 수밖에 없는 이유를 알게 된다.

이번 장에서는 자세제어 하위 체계attitude control subsystem, ACS를 다룬다. ACS는 하위 체계 중 가장 복잡한 분야라 할 수 있으며, 우주선의 전체적인 형상에 크게 영향을 미친다. *Attitude control*이라는 말에 불길한 예감이 들지 모르겠다. 조지 오웰George Orwell의 소설 『*1984*』에 나오는 사상 개조 프로그램 이름 같지 않은가. 하지만 우주선 공학에서 말하는 자세제어는 기체의 회전 제어를 뜻한다.

자세제어 하위 체계(자세제어계)

ACS는 어떤 일을 하는가?

제7장의 표 7.1을 보자. ACS의 목적이 "우주선의 방향 지시 임무 수행"이라 나와 있다. 무슨 뜻일까? 현역 우주선의 탑재체는 거의 다 방향 지시 능력을 필요로 한다. 예를 들어,

- 통신위성comsat은 전화 통화 송수신 임무를 수행하기 위해 통신 안테나를 지상 기지 방향으로 향해야 하고,
- 지구관측위성은 영상 카메라로 지상의 관심 목표물을 바라보아야 하며,
- 우주망원경은 지상 통제에 따라 우주상의 특정 목표물(천체나 은하)을 바라보아야 한다.

따라서 ACS는 우주선의 방향 지시 혹은 회전 문제를 다룬다. 우리는 앞서 여러 장에 걸쳐 우주선의 궤도운동을 살펴보았는데, 우주선의 중심이 궤도를 따라서 어떻게 움직이는지가 관심사였다. 하지만 이번 장에서 우주선의 중심이 궤도를 따라 어떻게 움직이는지는 우리의 관심 밖이다. ACS에서 살펴볼 부분은 우주선의 중심을 축으로 하는 회전 문제이다. 우리가 우주선과 불과 몇 미터 떨어져 같은 궤도를 돌고 있어서 우주선이 지상관제에 따라 회전하며 탑재 장비를 어느 방향으로 겨냥하는 모습을 관찰한다고 생각해 보자. *자세*attitude는 우주선이 어떤 상태로 있는지, 이를테면 모로 누웠는지 뒤집혔는지를 나타낸다. 그런즉 *자세 변화*change in attitude는 곧 회전을 의미한다. 무엇이 우주선을 회전하게 하고 멈추게 하는가? 앞서 궤도 관련 부분에서 살펴보았지만, *힘*force은 우주선의 궤도를 바꾼다. 그런 반면에 *토크*torque는 우주선의 중심을 축으로 회전을 일으킨다.

제3장 이상중력 섭동 부분에서 토크에 대해 다룬 바 있다. 토크는 회전력이다. 타이어를 교체할 때 차륜 휠 너트에 러그 렌치를 걸고 힘을 가한다. 렌치 손잡이를 내리누르면 휠 너트가 회전 방향으로 몇 뉴턴에 달하는 힘을 받는다. 휠 너트에 작용하는 토크의 크기는 내리누르는 힘의 크기 외에도 렌치 손잡이의 길이가 영향을 미친다. 렌치 손잡이가 길어지면 *모멘트암*moment arm이 커지므로 토크가 늘어난다. 렌치에 파이프를 끼워 손잡이를 늘이면

휠 너트를 풀기가 한결 수월해진다. 손잡이를 똑같이 내리누르더라도 이전에 비해 토크가 증가한다. 토크의 크기는 힘과 모멘트암의 곱으로 주어지며, 단위로는 Nm(뉴턴미터)를 사용한다.

ACS의 주 임무는 우주선의 회전 상태 제어이다. ACS에서 선내의 *컨트롤 토커*control torquer라는 장치에 회전 명령을 내리면 컨트롤 토커가 토크를 발생시켜 우주선이 회전한다. 컨트롤 토커에도 종류가 다양하지만 일단 추력기를 이용하는 방식(회전을 일으키도록 추력기 한 쌍이 짝을 이루어 작동)이 가장 먼저 눈에 띈다. 추력기는 기본적으로 소형 로켓엔진이라 보면 되는데, 한 손에 쥘 수 있을 만큼 자그마한 물건도 있다. 이 크기면 추력은 몇 뉴턴 정도가 보통이다(1N의 힘이 대략 자그마한 사과 한 알 무게라 하였다). 추력기 관련 내용은 추진 하위 체계를 다룰 때 다시 이야기하자. 아무튼 이런 추력기가 우주선 외부 곳곳에 묶음으로 달려 있다. 이들이 대칭으로 쌍을 이루어 작동할 경우 토크가 발생해 우주선이 회전한다(그림 8.4 참조). 추력기 외에도 이런저런 컨트롤 토커가 있지만 이 부분은 잠시 후 다시 살피도록 하고, 그 사이에 ACS의 주요 기능을 간단히 설명하도록 하겠다. 이런 측면이 곧 ACS 설계로 이어진다는 점을 알았으면 한다.

• 방향 및 정확도 면에서 탑재체의 방향 지시 임무 달성. 가령 통신위성이 통신 안테나를 지상국 방향으로 향하는 경우 요구 정확도는 0.1° 수준이다. 반면, 허블 우주망원경처럼 천문관측을 목적으로 하는 경우라면 요구 정확도는 1*각초*arc second 미만이다. 도를 60등분하면 분각이고, 분각을 60등분하면 각초이다. 다시 말해 1각초는 3,600분의 1°, 정말 작다!
• 기타 하위 체계의 방향 지시 요구 사항 달성. 이 과정을 *하우스키핑*

housekeeping이라고도 한다. 예를 들면,

- 전력 생산 시 태양전지판이 태양을 바라보게 한다.
- 탑재체 데이터 다운링크 시 안테나가 지상국을 바라보게 한다.
- 열 방출 시 방열판에 그늘이 지게 한다(열제어 하위 체계를 살펴보면 무슨 말인지 알 수 있다).
- 궤도 변경 시 방향을 정확히 맞추고서 로켓엔진을 점화한다.

• 우주선의 회전 상태(우주선의 중심을 축으로 하는 운동 및 토크) 전반을 관리한다.

ACS는 어떻게 작동하는가?

ACS 설계에 영향을 미치는 측면이 또 있다. 이러한 기능을 수행하기 위해 ACS가 어떤 식으로 작동하느냐의 문제이다. ACS는 보통 그림 8.1과 같이 작동한다. 주요 하드웨어 구성 역시 그림에 나온 대로이다. 그림 맨 위에서부터 시작이다. 토크는 우주선에 회전을 일으키는데, 그림에서 보다시피 두 종류가 있다. 첫째, 의도적인 토크이다. 우주선의 회전을 제어하고자 선내 ACS 하드웨어에 명령하여 토크를 만들어 낼 수 있다. 앞에 설명한 컨트롤 토커가 바로 이런 역할을 담당한다. 둘째, *외란성 토크*disturbance torque이다. 외란성 토크는 궤도 섭동의 회전 버전이라 보면 되겠다. 앞서 보았다시피 섭동력은 우주선의 궤도운동에 변화를 유발한다(제3장 참조). 이와 유사하게 우주선이 환경과 상호작용하는 과정에서 자연적으로 토크가 발생한다. 우주선은 결국 원치 않는 회전을 경험한다. 이를테면 그림 8.2와 같은 식이라 하겠다. 대기와 상호작용하면서 우주선에 토크가 발생하는 모습을 볼 수 있다. 앞서 제3장에서 항력이 작용하면 궤도고도가 떨어진다고 했다. 항력은 고도를 떨어뜨릴 뿐만 아니라 우주선에 불필요한 회전을 일으킨다. ACS가 나서서 이를 바로잡아야 한다.

토크는 우주선의 자세에 변화를 준다. 즉 우주선이 회전하게 만든다. 그림 8.1을 순서대로 따라가 보자. ACS의 하드웨어 구성 요소인 *자세 센서*attitude sensor가 회전을 감지 및 측정한다. 자세 센서는 광학 센서의 일종으로서 *기준 물체*reference object, 이를테면 태양이나 별 따위를 찾는다. 자세 센서의 작동 원리는 이렇다. 야간 비행기의 창가 좌석에 앉았다고 생각해 보자. 객실이 어스름에 잠겨 있고 창밖으로는 별이 총총히 떠 있다. 비행기가 선회(회전)하지 않는 한, 별은 그 자리에 콕 박혀 꼼짝하지 않는다. 하지만 기체가 선회를 시작하면 별이 일제히 창을 가로질러 움직인다. 우리가 볼 때 그렇다는 뜻이다. 자세 센서의 작동 원리도 똑같다. 우주선 외부의 기준 물체를 관찰해 상대적인 움직임을 기체 회전으로 해석한다. 별에 대해 자신이 얼마만

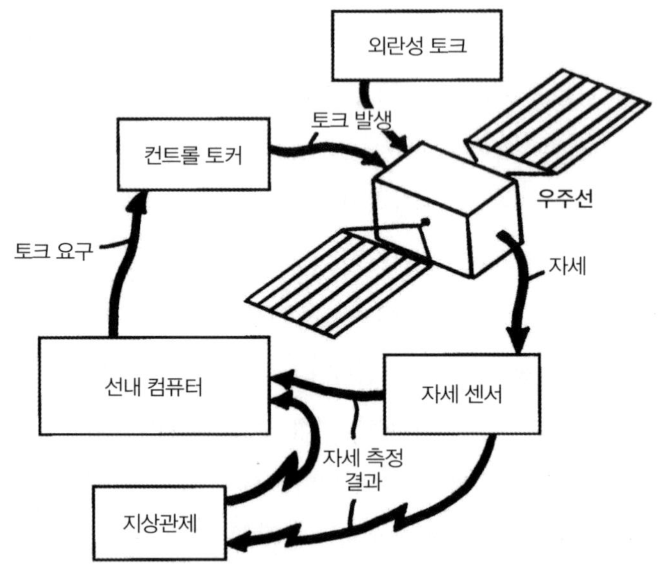

그림 8.1: ACS가 어떻게 작동하는지를 블록선도로 나타냈다.

큼 회전했는지 판단하는 식이다.

센서가 우주선의 회전을 측정해 그 결과를 선내 컴퓨터에 전달하면 *제어 소프트웨어*control software가 이를 받아 처리한다(선내 컴퓨터를 ACS 하드웨어 일부로 볼 수 있다). 제어 소프트웨어는 복잡한 계산 프로그램의 일종으로서 우주선의 자세 계산을 목적으로 한다. 그렇게 현재 자세를 추정하여 방향 지시 임무에서 요구하는 자세와 비교해 보는데, 둘이 일치하지 않을 경우 인위적으로 토크를 가해 우주선의 자세를 수정한다. 제어 소프트웨어가 필요한 만큼의 토크를 계산해 *토크 요구*torque demand를 보내면 컨트롤 토커가 이를 받아 실행에 옮긴다(그림 8.1을 순서대로 따라가는 중이다). 우주선이 바른 자세를 찾는 과정이다.

우주선의 *방향 지시 임무*pointing mission는 예를 들면 이런 식이다. 통신위성이 국제전화를 중계한다고 하자. 위성의 안테나가 지상국을 바라보고 있다. 이때 위성에 외란이 작용하면서 안테나와 지상국 사이의 전파 가시선이 흐트러진다. 이와 동시에 ACS 센서도 외란을 감지해 선내 컴퓨터에 신호를 보낸다. 컴퓨터는 센서 측정 결과를 처리해 컨트롤 토커에 방향 수정 명령을 내린다. 덕분에 통신 연결이 끊어지지 않고 유지된다. 그림 8.1의 ACS 작동 방식과 관련해 한 가지 언급하고 싶은 부분이 있다. 방향 지시 임무를 지속적으로 관리 감독하려면 누가 지키고 서 있어야 할까? 아니다. ACS는 루프loop로 작동한다. 우주선 대부분은 1초 사이에도 이런 과정을 수없이 반복한다. ACS 엔지니어들은 이런 작동 방식을 *피드백 루프*feedback loop라고 한다.

과정 자체는 자동화되었지만 그림 8.1 하단에 보다시피 지상관제소가 관여하기도 한다. 이를테면 지상의 천문학자들이 우주망원경을 운용하는 경우를 생각해 보자. 어느 은하를 관측하고자 하면 망원경에 명령을 내려 그쪽을

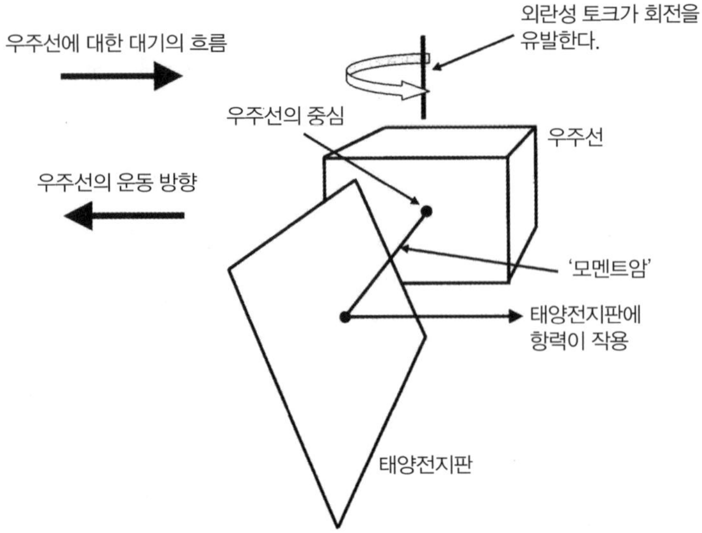

그림 8.2: 외란성 토크의 예시. 이 경우에는 항력이 원인으로 작용한다.

보게 해야 한다. 과정은 이렇다. 천문학자가 관심 표적의 위치를 지상 컴퓨터에 입력하면 정보가 우주망원경에 업링크up-link된다. 선내 컴퓨터는 수신한 데이터를 처리하여 토크 요구를 보낸다. 컨트롤 토커는 토크 요구를 받아 실행에 옮긴다. 이로써 우주망원경이 회전하여 우주상의 특정 구역을 바라보게 된다.

기타 하위 체계 작동을 지원하는 역할도 ACS의 핵심 기능이다(이를테면 태양전지판이 태양을 향하게 함으로써 전력 하위 체계의 작동을 돕는다). 반대의 경우도 마찬가지이다. 그림 8.1에서 ACS가 하는 일을 보면 알겠지만, 다른 하위 체계의 도움 없이는 일을 할 수가 없다(센서, 컴퓨터, 컨트롤 토커 등은 전력 하위 체계에서 전기를 끌어 쓴다). 그렇기 때문에 ACS 엔지니어는 설계 과정에서 여타 하위 체계 엔지니어들과 호흡을 맞추어야 한다. 설계 작업은 이런 식으로 밀접하게 맞물려 돌아간다.

자세 안정화

ACS를 중요하게 다루는 이유가 있다. 자세 안정화 방식은 우주선의 외관을 정하는 데 상당한 영향을 미친다. 안정화 방식은 그림 8.3에 소개한 바와 같이 크게 네 가지로 구분할 수 있다. 이 가운데 1, 2, 3형식은 전체이든 부분이든 우주선의 회전을 수반한다. 회전이라는 특성은 우주선의 자세를 본질적으로 안정하게 만든다. 즉 외란으로 인한 토크가 작용해도 멋대로 휘둘리지 않는다. 회전 안정 특성은 그 의미가 크다. 자세제어에 드는 수고를 크게 덜어 주기 때문이다.

회전 안정성의 원리가 궁금하면 자전거를 살펴보자. 자전거의 두 바퀴는 기껏해야 몇 제곱센티미터 남짓한 땅을 딛고 서 있다. 가뜩이나 불안한데 그 위에 무거운 물체(탑승자)까지 얹었다. 특징적인 요소 두 가지가 눈에 보인다. 다시 말해 접지 면적이 좁고 무게중심이 높다. 이런 물체는 열이면 열 다 넘어가게 되어 있다. 못을 바로 세우기 어려운 이유이다. 그런데 자전거 타는 사람들 구경 한번 해 보자. 다들 즐거워 보이는 얼굴이다. 멀쩡히 달려가던 자전거가 별안간 나동그라지거나 한다면 저렇게 해맑은 얼굴을 하고 있을 리가 없다. 왜 이런 것일까? 바퀴가 굴러가면서(회전하면서) 자전거에 안정성을 부여하기 때문이다. 회전축은 회전이 시작되면 뻣뻣해진다. 회전축이 가리키는 방향이 여간해서 변하지 않는다는 뜻이다. 즉 자전거는 쓰러지려 하지만 차축이 수평을 유지하려 하기 때문에 둘 사이에는 아슬아슬한 평화가 계속된다. 하지만 자전거가 속도를 늦추기 시작하면 바퀴 회전수도 그만큼 떨어진다. 그러다 마침내 회전을 멈추는 순간 안정성도 마법처럼 사라지고 만다. 탑승자가 발을 내딛지 않으면 자전거는 이제 쓰러질 일만 남았다.

그 안정성이 우주선에도 있다. 회전하면 회전축이 뻣뻣해져 우주선이 어느 한 방향으로 고정된다. 회전축은 외란에 쉽게 흔들리지 않으므로 우주선이라는 하나의 덩어리에 내재적 안정성을 부여한다. 이런 종류의 회전 안정성을 이용하는 경우 *모멘텀 바이어스*momentum bias 위성이라 한다. 그림 8.3의 1형식에 해당하는 위성을 *퓨어 스피너*pure spinner라고 한다. 이런 위성은 보통 원통형을 하고 있으며, 위성 전체가 분당 수십 회 속도로 회전하여 안정성을 얻는다. 사진 속의 위성은 2세대 메테오샛Meteosat SG(second generation)으로 일기예보용 위성사진을 찍어 보낸다. 1형식 위성은 팽이와 비슷해서 기체를 비롯한 모든 부품이 다 같이 빙글빙글 돌아간다. 1형식 위성에 회전하지 않는 부분은 없다. 탑재체가 어느 한 방향을 바라보아야 하는 경우라면 이런 형태의 안정화 방식을 채택하기 어렵다.

2형식 위성은 이런 문제가 덜한 편이다. 2형식에 해당하는 위성을 *듀얼 스피너*dual spinners라고 한다. 2형식도 1형식과 마찬가지로 기체 일부가 원통형을 하고 있으며, 해당 부분이 분당 수십 회 속도로 회전하여 기체에 회전 안정성을 부여한다. 그런데 기체에 별도의 반전 플랫폼을 둔다는 점에서 1형식과 차이를 보인다. 반전 플랫폼은 기계적으로 역회전을 하고 있기 때문에 외부적으로는 정지 상태나 다름없다. 이러한 특성 덕분에 안테나나 영상 카메라 같은 지향성 탑재체를 실을 수 있다. 그림의 예는 인텔샛Intelsat 6 통신위성인데 (집필 시점 기준으로) 2형식 위성 가운데 최대 규모라 알고 있다.

이제 3형식을 볼 차례이다. 어떻게 부를까 고민하다가 *혼성 안정화*hybrid stabilization 방식이라 했는데, 이 용어가 ACS 엔지니어 사이에서 통용되는 말은 아니다. 아무튼 3형식도 나름대로 재미난 방식이다. 3형식 위성은 기체 내부의 모멘텀 휠을 구동하여 회전 안정성을 얻는다(그림 8.6 참조). 3형식에서 특기할 만한 부분이 있다면 대형 물체를 서서히 회전시키는 대신 소형 물체를 고속 회전시킨다는 점이다. 모멘텀 휠은 보통 분당 수천 회 속도

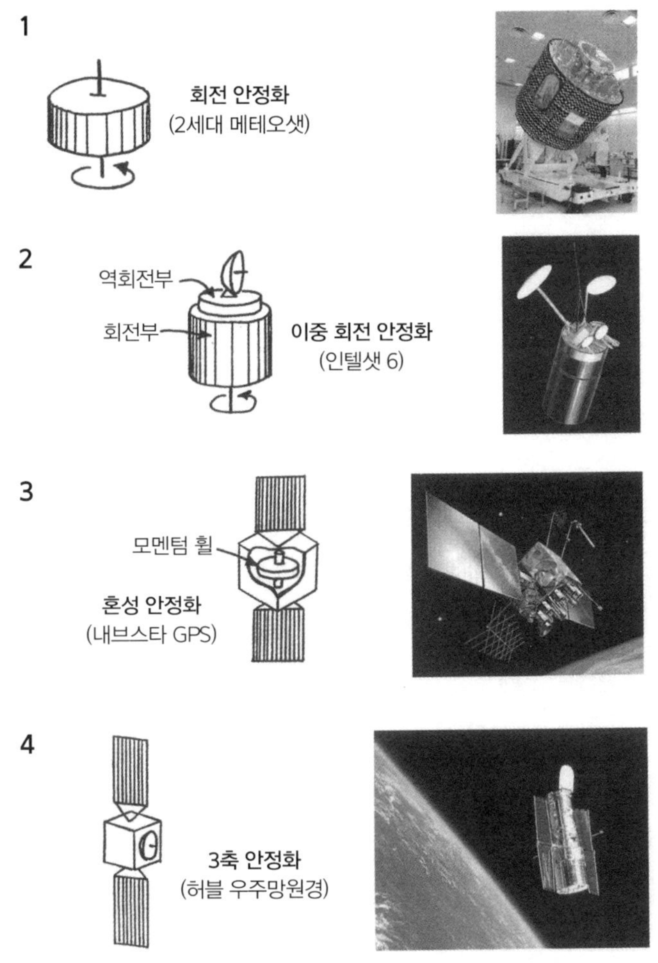

그림 8.3: 자세 안정화 방식을 다음과 같이 4형식으로 구분할 수 있다. 어떠한 우주선이든지 간에 위의 한 부류에 속하게 되어 있다. 실제 사례를 함께 소개한다. [이미지 출처: 2세대 메테오샛 이미지, 저작권 © ESA/인텔샛 6 이미지, 저작권 © 보잉/GPS 내브스타 2R 이미지, 저작권 © 록히드 마틴/허블 우주망원경 이미지, 저작권 © NASA]

로 회전한다. 1, 2형식이 취하는 방식, 즉 위성 전체 혹은 일부를 분당 수십 회 속도로 돌리는 모습과는 대조적이다. 모멘텀 휠 질량은 몇 킬로그램 정도가 일반적이며 회전수는 분당 6,000회 안팎을 유지한다. 휠이 위성에 단단하게 고정되어 있기 때문에 그 회전 안정성이 위성 전체에 그대로 전달된다. 이 방식의 장점은 무엇일까? 바로 공간 활용이다. 내부적으로 안정성을 확보하였으므로 위성 외부에 각종 탑재체와 접이식 태양전지판을 자유롭게 배치할 수 있다. 그림 8.3에 내브스타Navstar GPS 위성을 예로 들었다. 이와 같은 위성이 미국 국방부의 항법용 군집위성 시스템을 구성하고 있다. 일반인이라면 이런 위성에 회전 안정성이 있는지 모르기 십상이다. 회전 안정성 관련 메커니즘(모멘텀 휠)이 기체 내부에 숨어 있기 때문이다.

4형식은 *3축 안정화*three-axis stabilization 방식이라고 한다. 4형식 위성에는 유의미한 회전부가 존재하지 않는다. 여타 형식은 그 자체로 안정성을 갖지만 4형식은 그렇지 못하다는 뜻이다. 따라서 방향 지시 임무를 수행하려면 ACS가 부지런히 움직여야 한다. 안정성이 결여되어 있다니 일견 불합리해 보이기도 하지만 달리 선택의 여지가 없는 경우가 있다. 이런 일이 생각보다 자주 있다. 그 대표적인 사례가 바로 우주망원경이다. 그림 8.3에도 허블을 예로 들었으니 한번 살펴보자. 우주망원경의 본분은 천문관측이다. 우주 공간 이곳저곳을 보는 것이 일인데 어느 방향으로 회전 안정성을 주어야 할까? 회전 안정은 방향을 고정시키는 행위이다. 자유자재로 돌아가야 정상인 물건을 못 돌아가게 붙들어 맨다고 하면 앞뒤가 맞지 않는다.

안정화 방식은 우주선의 외형 및 구성 전반에 영향을 준다. 자세제어계 엔지니어가 ACS를 일컬어 우주선의 심장이라 하는 데는 그만한 이유가 있다.

컨트롤 토커

그림 8.1의 제어 루프를 살펴보던 중에 컨트롤 토커 이야기가 나왔었다. 컨트롤 토커는 ACS 하드웨어의 일부로서 생명체로 치면 근육과도 같은 존

재이다. 선내 컴퓨터의 명령은 신호에 불과하지만 컨트롤 토커에 들어가는 순간 물리적인 토크로 바뀌어 우주선을 회전시킨다.

추력기

컨트롤 토크를 발생시키려면 어떻게 해야 할까? 그림 8.4a처럼 추력기 한 쌍을 어긋나게 작동하는 방법이 가장 먼저 떠오른다. 우주선을 보면 이러한 소형 로켓엔진이 곳곳에 묶음으로 달려 있다. 일명 *추력기 클러스터*thruster cluster라 하는데, 이들을 적절히 조합하면 자세제어부터 궤도제어까지 온갖 조종이 가능하다. 그림 8.4b에서 보다시피 클러스터 쌍을 선택하기에 따라서 우주선을 어느 방향이든 회전시킬 수 있다.

마그네토커

어려서 전자석을 만들던 생각이 난다. 15cm짜리 대못에 전선을 친친 돌려 감고 건전지를 연결했더니 대못이 자석이 되었다. 어찌 신기하기도 하지. 스위치만 눌렀다 하면 클립이며 장난감 자동차며 척척 달라붙는데 그렇게 재미있을 수가 없었다. 누구나 만들 수 있는 그 전자석 역시 컨트롤 토커의 일종이다. 이를 *마그네토커*magnetorquer rod라 하는데, 물론 아이들이 만드는 전자석보다는 훨씬 크고 정교하다. 마그네토커는 철심으로 철 합금 봉을 사용한다. 우주선이 대형화되면 제어에 필요한 토크가 증가하게 마련이라 마그네토커가 길어진다. 길이는 우주선 규모에 따라 0.5~2m 내외로 다양하다. 이만한 철심에 전선이 상당량 감겨 있다. 이제 명령에 따라 전류를 흘리기만 하면 철심은 그 즉시 자석으로 변한다.

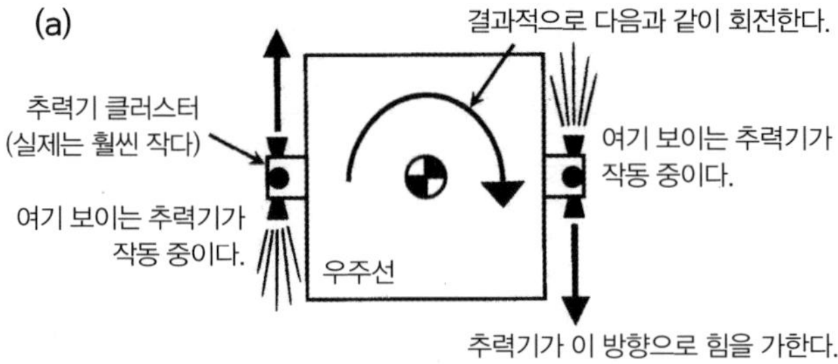

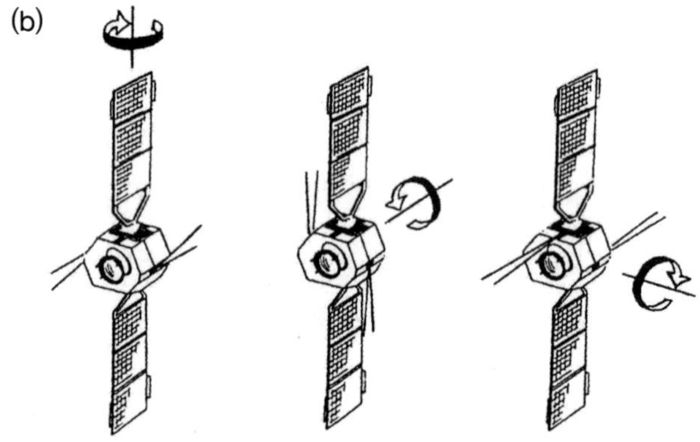

그림 8.4: (a) 추력기 한 쌍이 대칭을 이루고 있다. 이들이 서로 반대 방향으로 작동하면 회전력(토크)이 발생해 우주선이 돌아간다. (b) 추력기 클러스터 쌍을 선택하기에 따라 우주선을 3차원 상의 어느 방향이든 회전시킬 수 있다.

그런데 자석으로 우주선을 어떻게 회전시킬까? 간단하다. 나침반을 생각해 보자. 나침반은 단순한 자석에 불과하다. 자석이 마음대로 돌아가게끔 축으로 받쳐 놓은 것이 전부이다. 그 나침반이 항상 북쪽을 가리킨다. 자석이니까. 자석은 남쪽에서 북쪽으로 향하는 국지 자기력선하에 스스로를 정렬하려 한다(그림 6.3a 참조). 마그네토커도 자석이다, 궤도를 도는 전자석. 전류를 흘리면 자석으로 변해 현재 위치에서 국지 자기장을 따라 자신을 정렬하려 할 터이다. 그림 8.5a처럼 회전을 일으킨다는 뜻이다. 마그네토커가 우주선에 단단히 고정되어 있으므로 기체 역시 마그네토커 회전하는 대로 따라서 회전한다(그림 8.5b). 즉 다음과 같은 결론을 얻는다. 궤도상의 현 위치와 국지 자기장 정보를 알면 그에 맞추어 우주선의 회전을 제어할 수 있다. 각 마그네토커의 공간상 배열을 고려해 적당한 쪽에 전류를 흘리기만 하면 원하는 방향으로 컨트롤 토크가 발생한다. 개념상으로는 참 간단해 보인다. 그러나 ACS 엔지니어 입장에서 이러한 제어 방식을 실제로 구현하기란 보통 어려운 일이 아니다. 하지만 그 복잡성에도 불구하고 이 방식을 더러 채택한다. 이를테면 허블 우주망원경도 마그네토커를 이용해 토크를 발생시킨다. 마그네토커는 깨끗해서 좋다. 허블 우주망원경 같은 우주선에 잘 어울린다. 추력기는 사용할 적마다 추진제를 뿜어대기 때문에 자칫하면 망원경 광학계를 오염시킬 수 있다. 그림 8.5c를 보자. 1m 크기의 마그네토커 한 조가 설치에 앞서 시험대에 올랐다. 실물은 사진과 같다.

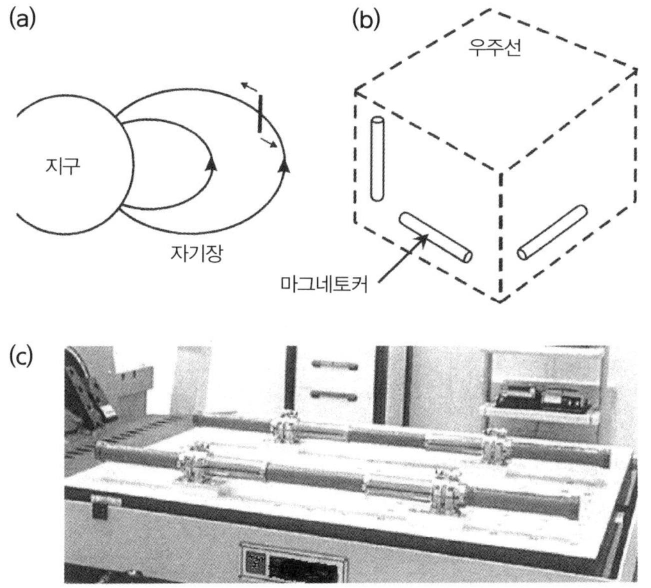

그림 8.5: (a) 마그네토커는 전자석이다. 국지 자기장하에 나침반 바늘처럼 정렬한다. (b) 우주선에 마그네토커를 단단히 고정시켰기 때문에 회전력이 우주선 전체에 그대로 전달된다. (c) 마그네토커 한 쌍을 시험 중이다. [사진 제공: 더치 스페이스(Dutch Space)]

반작용 휠

컨트롤 토커의 일종으로 *반작용 휠*reaction wheel도 널리 쓰인다. 반작용 휠은 말하자면 바퀴인데 단순 바퀴가 아니라 정밀기계에 가까운 물건이다. 직경은 15~30cm가량, 질량은 몇 킬로그램쯤 하지만 실제 크기는 우주선 규모 및 임무 특성(방향 지시 임무가 어느 정도의 신속성을 요하는지) 등에 좌우된다. 반작용 휠 3세트를 그림 8.6a와 같이 서로 직각이 되도록 배치하면 우주선을 3차원상에서 자유롭게 회전시킬 수 있다. 이론상으로는 그렇지만 ACS 엔지니어들은 만약에 대비하는 차원에서 4축 구성을 선호하는데, 기본 3축에 대해 비스듬한 방향으로 휠 하나를 추가하는 식이다. 이렇게 여분의 휠을 갖추면 기본 3축 가운데 하나가 고장을 일으키더라도 우주선을 살릴 수 있다. 그림 8.6b는 반작용 휠의 실물 사진이다.

반작용 휠이 우주선을 회전시킨다고 하는데 그 원리가 궁금하다. 방향에 관계없이 하나만 살펴보자. 반작용 휠 세트를 살펴보면 토크 모터 회전축에 곧바로 휠을 달아 놓은 단순한 구조를 하고 있다(반작용 휠 세트도 다른 컨트롤 토커와 마찬가지로 우주선 구조에 단단히 고정된다). 토크 모터는 일종

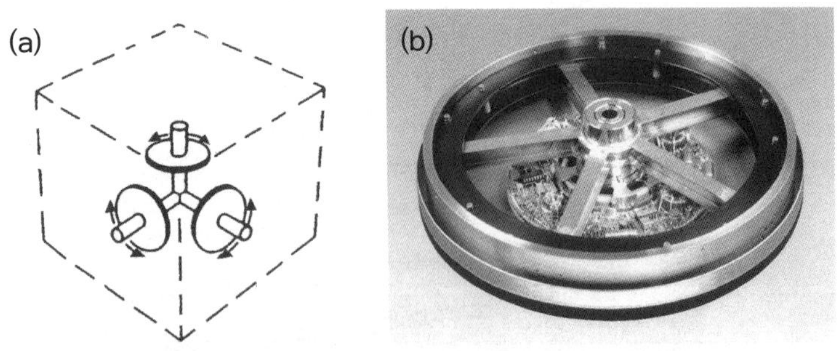

그림 8.6: (a) 반작용 휠 3세트를 서로 직각이 되도록 배치하면 우주선을 3차원상에서 자유롭게 회전시킬 수 있다. (b) 반작용 휠 실물. 디스크 모양의 펑퍼짐한 케이스에 들어 있는 경우가 대부분이라 사진처럼 뚜껑을 열어야 휠이 드러난다. 휠 밑으로 제어부가 눈에 띈다. [사진 제공: 록웰 콜린스 도이칠란트(Rockwell Collins Deutschland)]

의 전기모터이다. 가정용 전기드릴도 이런 류의 모터로 돌아간다. 드릴 방아쇠를 당기면 토크 모터에 전류가 흐르고 작업 공구가 회전한다. 바로 이것이다. 그래서 토크 모터에 반작용 휠을 단다. 토크 모터를 구동해 반작용 휠을 돌리면 반작용 휠 회전축을 중심으로 우주선에 회전이 일어난다. 반작용 휠의 회전이 어떻게 우주선의 회전을 유발하는지 전기드릴을 돌려 보면 금방 알 수 있다. 드릴을 잡고서 방아쇠를 한 번 '콱' 쥐었다 놓아 보자. 척과 드릴 비트가 회전 방향으로 홱 돌아간다. 그와 동시에 드릴 손잡이가 회전 반대 방향으로 우리 손을 탁 밀친다. 우주인은 이러한 현상으로 인해 어려움을 겪곤 한다. 선외 활동에 나가 전동공구를 사용하면 반작용으로 인해 공구는 물론 우주인까지 같이 돌아간다. 작업자는 우주선 기체에 안전장치부터 걸어두고 일을 시작해야 한다. 별 생각 없이 방아쇠부터 당기면 우주인이 피겨스케이팅 선수처럼 스핀을 돌게 된다! 반작용 휠 역시 이 원리를 이용한다. 휠이 회전하면 회전에 따른 반작용이 발생한다. 이에 휠 회전축을 중심으로 우주선에 역회전이 일어난다. 요약해 보면, 우주선이 반작용 휠 회전축을 따라 회전하는 과정은 다음과 같다. 반작용 휠의 토크 모터에 전류가 흐른다. 토크 모터는 휠을 회전 방향으로 밀어내며 역회전 방향으로 힘을 받는다. 토크 모터가 우주선 구조에 단단히 고정되어 있기 때문에 그 회전력이 우주선에 그대로 전달된다. 우주선은 휠의 회전축을 따라 역회전하기 시작한다. 결국 뉴턴의 운동 제3법칙을 활용하는 셈이다. 즉 모든 작용에는 크기가 같고 방향이 반대인 반작용이 따른다.

그런데 회전하는 우주선을 어떻게 멈춰 세울지가 고민이다. 우주에는 회전을 멈출 만한 마찰이나 그 외 다른 힘이 존재하지 않는다. 그대로 두면 계속해서 돌아간다는 뜻이다. 이때는 반작용 휠을 멈추어야 한다. 휠을 제동(감속)하면 역시 반작용이 생긴다. 이런 식으로 회전 속도를 늦추고 원하는 방향에 멈춰 세울 수 있다.

반작용 휠 방식은 깔끔하고 효율적이다. 휠이 부드럽게 구르면서 우주선이 자세를 바꾸는 모습은 심지어 우아해 보이기까지 한다. 휠 구동에 그저 약간의 전력이 필요할 뿐인데, 이는 태양전지판으로 얼마든지 얻을 수 있다. 반작용 휠은 추력기와 달리 추진제 소모가 없다. 토크 면에서도 마그네토커보다 우수한 편이다. 방향을 확확 돌리든 찔끔찔끔 돌리든 한결같이 잘 작동한다. ACS 엔지니어들이 우주선 회전 제어에 반작용 휠 방식을 애용하지 않을 수 없다.

요약

자세 안정화 방식은 우주선의 전반적인 형상과 외관에 상당한 영향을 준다. ACS 설계는 우주선의 여타 하위 체계 설계와 밀접하게 맞물려 돌아간다. ACS와 기타 하위 체계는 상부상조하는 관계이다.

ACS 하드웨어는 센서, 컨트롤 토커, 컴퓨터 프로세서 등으로 구성된다. 말없이 넘긴 부분이 하나 있다. 선내 컴퓨터에 이 모두를 관할하는 제어 알고리즘이 짜여 있는데, 그야말로 고등수학이 따로 없다. 자세제어계 엔지니어에게 요구되는 자질은 하드웨어 설계 및 통합 능력이 다가 아니다. 스스로가 유능한 수학자여야 한다.

다음 장에서는 여타 하위 체계와 그 설계에 대해 살펴보겠다.

9. 하위 체계 설계 더 보기

More Subsystem Design

우주선의 선내 하위 체계 가운데 무엇이 가장 중요한가? 중요도의 순으로 순위를 매겨 보라. 이러한 질문에는 답변하기가 곤란하다. 하위 체계 엔지니어라면 너 나 할 것 없이 자기 분야가 영순위라고 할 테니까. 제7장 표 7.1에 각종 하위 체계를 목록으로 나타낸 바 있다. 이 중 어느 하나라도 제대로 작동하지 않는다면 우주선 임무는 그것으로 끝이다. 하위 체계 엔지니어들 이야기가 틀린 말이 아닌 셈이다.

이번 장에서는 ACS(자세제어 하위 체계)를 제외한 나머지 하위 체계를 다룬다. 어떤 요소가 각각의 설계를 좌우하는지 등을 중점적으로 살필 예정이다. 각종 하위 체계를 망라한 만큼 다룰 내용도 많다. 마음의 준비가 필요할지도 모르겠다. 일단 추진 하위 체계에서부터 시작하자. 제2, 3, 4장의 궤도 이야기에 자연스럽게 이어지기 때문이다.

추진 하위 체계(추진계)

제7장에서 소개했다시피 추진 하위 체계는 선내의 로켓 추진 체계를 이용해 우주선의 궤도 간 이동, 임무궤도제어(제3장 참조) 및 자세제어(제8장 참조)를 수행한다. 설명이 복잡한 듯하지만, 사실 추진계가 하는 일은 우리 예상에 크게 벗어나지 않는다. 선내의 로켓엔진은 우주선의 이동 수단이다. 이를 적절히 점화하여 지구 주변 혹은 행성 간 공간 목적지에 도달한다. 추진 하위 체계의 역할은 크게 두 가지로 압축할 수 있다. *궤도 전이*orbit transfer 그리고 *궤도제어 및 자세제어*orbit and attitude control이다.

궤도 전이

발사체가 우주선을 싣고 곧바로 임무 궤도에 진입하는 경우라면 궤도 전이가 불필요하다. 그렇지 않은 경우에는 우주선이 직접 궤도를 변경해 최종 임무 궤도에 진입한다. 궤도 전이 과정은 보통 대형 로켓엔진을 필요로 한다. 우주선 선내의 대형 로켓엔진을 *주 추진 기관*primary propulsion이라고 한다. 우주선에 이런 식의 추진 기관을 집어넣으면 전체 질량이 로켓 하드웨어 및 추진제 질량에 크게 영향을 받는다. 제2장에서 통신위성 이야기가 나왔는데, 이 가운데 일부가 대표적으로 주 추진 기관을 활용한다. 정지궤도 통신위성의 경우 지구저궤도까지 발사체로 올라간 다음, 자체 추진 기관을 이용해 정지궤도로 가는 방식을 취할 수 있다. 이런 상황에는 *호만 전이*Hohmann transfer궤도가 적격이다. 호만 전이궤도의 개념은 발터 호만Walter Hohmann이 제시하였으며, 개요는 그림 9.1과 같다. 우주개발사를 따라가다 보면 입지전적인 인물이 등장하곤 하는데 호만 역시 그러한 사람 가운데 한 명이다. 호만은 1900년대 초 독일 에센시에서 도시건축 담당 공무원으로 활동하였다. 호만의 취미 생활은 행성 간 우주 비행 연구였는데, 단순한 취미 수준이 아니었다. 그는 1925년에 그간의 연구 결과를 책으로 펴내며 궤도 전이 문제를 상세히 다루었다. 인공위성이 세상에 등장하기 사반세기도 전의 일이었다. 호만 전이궤도는 정지궤도 위성 발사에 수없이 활용되고 있다. 최소한의 추진제로 목적 달성이 가능하기 때문이다. 이는 우주선의 전체 질량을 최대한 줄인다는 말과 다르지 않다. 질량이 줄어들면 발사 비용 역시 감소한다.

그림 9.1을 보자. 우주선이 발사체에 실려 지구저궤도까지 올라왔다. 호만 전이궤도를 이용하여 지구정지궤도에 도달하려면 우주선 주 엔진을 두 차례

에 걸쳐 점화해야 한다. 일단 1지점에서 가속하여 정지전이궤도**geostationary transfer orbit, GTO**에 들어간 다음, 2지점에 가서 한 번 더 가속하여 정지궤도에 안착하는 개념이다. 정지전이궤도는 타원궤도의 일종으로서, 저궤도와 실제 임무 궤도 간 공간을 가로지르는 다리 역할을 한다. 1지점에서 엔진을 점화하면 어떤 일이 발생할까? 제2장 기본 궤도 부분에서 설명했다시피, 저고도 원궤도에서 우주선의 속력은 8km/sec가량이다. 제2장에서 살펴본 뉴턴의 대포를 떠올려 보자. 정지전이궤도의 경우에는 1지점, 즉 근지점(타원궤도 최저점) 속력이 8km/sec보다 빠를 수밖에 없다. 뉴턴의 대포를 발사할 때 포구 초속을 원궤도 속력보다 높이면 어떻게 되는지 보았다. 지금이 바로 그런 상황이다. 계산해 보면 정지전이궤도 1지점에서 속력은 10km/sec가량이다. 따라서 다음과 같이 결론을 내릴 수 있다. 우주선이 1지점을 지나갈 때 로켓엔진을 점화해 2km/sec를 보태면 지구저궤도에서 정지전이궤도로 들어간다. 같은 식으로 2지점에 도달할 때 1.5km/sec를 보태면 정지전이궤도에서 정지궤도로 진입한다.

로켓엔진 점화에 따른 속력 변화를 ΔV('델타 브이'로 발음)라 한다. 임

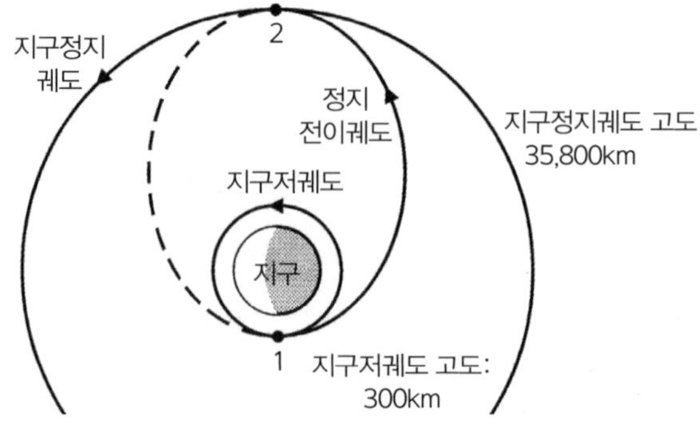

그림 9.1: 동일 평면상의 원궤도를 호만 전이궤도로 이동한 모습. 그림의 경우 1지점에서 로켓엔진을 점화해 지구저궤도에서 정지전이궤도로 진입하였다. 2지점에서 다시 한 번 엔진을 점화하면 지구정지궤도에 안착한다.

무 분석팀에서 주로 하는 일 가운데 하나가 바로 이 ΔV 계산이다. 우주선이 발사대를 떠나 최종 임무 궤도에 도달하기까지 전체 임무 수행에 필요한 ΔV가 얼마나 되는지를 계산하는 것이다. 임무 분석가는 ΔV 계산에 아주 공을 들인다. ΔV가 추진제 소요와 직결되기 때문이다. 이 문제를 처음 이해한 인물이 있었으니, 우주개발사의 선구자 콘스탄틴 치올콥스키Konstantin Tsiolkovsky이다. 치올콥스키는 19세기 제정러시아에서 태어나 세기 전환기를 산 사람이다. 치올콥스키는 고등학교 교사로 재직하며 수학 및 과학 과목을 가르쳤는데, 그가 1903년에 발표한 *로켓 방정식*rocket equation은 로켓 과학에 수학적으로 접근한 최초의 논문이라 평가받는다. 치올콥스키 로켓 방정식은 ΔV와 추진제 소요량(질량) 간 관계식이다. 즉 궤도 전이에 필요한 추진제 질량을 ΔV로부터 바로 구할 수 있다. 우주선 설계 인력에게 매우 중요한 계산이다. 임무 분석가들은 ΔV를 낮출 수 있는 데까지 낮추어야 한다. ΔV가 작으면 작을수록 추진제 질량이 줄어든다. 전체 질량 가운데 추진제가 차지하는 질량이 적을수록 탑재체 질량에는 여유가 생긴다. 우주선의 임무 수행 능력 전반에 걸쳐 효율성 향상을 꾀할 수 있다는 뜻이다. 앞서 제5장에도 비슷한 논의가 있었다. 발사체의 탑재량을 극대화하는 방법을 설명한 바 있는데, 그 내용을 한번 상기해 보아도 좋겠다.

지구저궤도에서 정지궤도로 이동하려면 추진제가 얼마나 들까? 치올콥스키 로켓 방정식을 이용해 추정해 볼 수 있겠다. 앞서 언급하다시피 ΔV의 합계는 3.5km/sec이다. 지구저궤도의 위성이 정지궤도까지 자력으로 올라가는 경우 추진제가 초기 질량의 70%를 차지한다는 계산이 나온다. 추진제가 70%를 잡아먹을 터이니 나머지 30%로 하드웨어(탑재체와 하위 체계)를 해결하라는 뜻이다. 설계 인력 입장에서는 곤혹스럽지 않을 수 없다. 그렇다면 아예 발사체 단계에서 위성을 정지전이궤도에 진입시키면 어떨까? 위성의 주 추진 기관이 2지점에서 ΔV 1.5km/sec만 추가하면 되도록 말이다. 이번에는 추진제 비율이 초기 질량의 40% 수준에 머물러 하드웨어 몫으로 60%가 돌아간다. 이 정도면 해 볼 만하지 않은가? 그래서 보통은 후자와 같은 방식으로 정지궤도 위성을 발사한다.

지금까지 호만 전이궤도에 대해 알아보았다. 지구저궤도와 정지궤도 간 이동을 예로 들었지만, 사실 동일 평면상의 원궤도 사이를 전부 다 이런 식으로 이동할 수 있다. 일례로 수백 킬로미터 간격을 둔 지구저궤도 사이를 호만 전이궤도로 이동하는 경우 ΔV는 초속 몇백 미터 수준이다. 호만이 원래 생각한 용도는 행성 공전궤도 간 이동이었다. 가령 지구에서 목성까지 호만 전이궤도로 이동하려면 대략 10km/sec 정도의 ΔV가 필요하다.

궤도제어 및 자세제어

제8장에서 보았다시피 자세제어 하위 체계가 자세제어 임무를 수행하려면 추진 하위 체계의 도움이 필요하다. 그림 8.4처럼 소형 추력기 한 쌍을 어긋나게 작동시키면 그 자체로 컨트롤 토커 역할을 한다고 하였다. 우주선에 보면 이러한 소형 로켓엔진이 곳곳에 묶음으로 달려 있다. 이를 우주선의 *보조 추진 기관*secondary propulsion system이라 한다.

제3장에서 궤도제어 기능에 대해 다룬 바 있는데 이 역시 보조 추진 기관이 담당한다. 우주선이 임무 궤도에 정확히 올라갔다 하더라도 시간이 지나면 결국에는 위치를 벗어나게 마련이다. 항력, 천체(태양, 달, 지구) 중력, 태양복사압 등의 섭동력이 궤도를 조금씩 바꾸어 놓기 때문이다. 이를 바로잡지 않을 경우 임무 궤도를 유지하기 어려워진다. 궤도를 수정하려면 우주선의 궤도속력에 약간의 변화를 주어야 한다. 이 문제는 우주선의 보조 추진

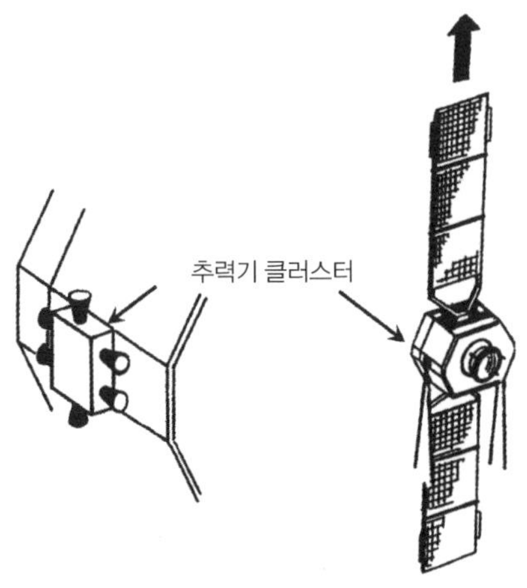

그림 9.2: 궤도제어 시 추력기 한 쌍을 같은 방향으로 작동시켜 궤도속력에 약간의 변화를 준다.

기관을 점화함으로써 해결할 수 있다. 소형 추력기 한 쌍이 반대 방향으로 작동하면 토크가 발생하지만, 같은 방향으로 작동하면 약간의 ΔV가 발생한다. 이를 이용해 궤도를 수정(또는 제어)할 수 있다. 예를 들면, 그림 9.2와 같은 식이다.

우주선 추진 기술

현시점에서 우주선 선내 추진 체계는 크게 두 종류, 즉 화학추진 방식과 전기추진 방식으로 나뉜다. 제5장에서 발사체용 대형 로켓엔진을 살펴본 바 있는데, 이런 종류가 바로 화학추진 체계이다. 화학추진 체계는 물질의 화학에너지를 이용한다. 연료/산화제 혼합물 연소 시 발생하는 고온 고압의 연소가스는 로켓 노즐을 빠져나가는 동안 출구 방향으로 빠르게 가속되며, 작용 반작용 원리에 따라 추력을 발생시킨다. 반면, 전기추진 체계는 추진제 가스를 전기에너지로 가속해 로켓 노즐로 내뿜는다. 전기추진 방식의 경우 배출가스 속도가 빠르다는 장점이 있지만, 전력 문제로 인해 초당 가속할 수 있는 질량에 한계가 있다. 따라서 추력 역시 작을 수밖에 없다(보통 수십 내지 수백 밀리뉴턴 정도). 이 장에서는 일반 화학추진 체계를 중심으로 살펴보겠다. 우주선의 대형 화학 로켓엔진은 고체로켓모터 아니면 이원 추진제 액체 로켓엔진이다.

주 추진 기관

고체로켓 추진 기관

우주선의 *고체 추진제*solid propellant 주 엔진은 보통 그림 9.3과 같은 형태를 보인다. 개념상으로는 참 간단하다. 모터 케이스에 고체 추진제가 들어차 있고 엔진 노즐, *파이로테크닉 장치*pyrotechnic device가 달린 정도이다. 스페이스셔틀의 고체로켓 부스터를 보아서 알지만(제5장의 그림 5.2 관련 내용이 참고가 되지 않을까 싶다) 하는 일이 똑같다. 일단 점화하면 추진제를 소진할 때까지 불을 뿜는다. 그러고 나면 빈껍데기만 남아 더 이상 아무 역할을 하지 못한다. 연소 시간은 보통 수십 초 수준으로 짧지만, 추력이 수만 뉴턴에 달하기 때문에 제로백 1초(!)대의 급가속이 가능하다. 그림 9.1에서 지구저궤도상의 위성을 정지궤도로 이동시키는 방법을 살펴보았다. 2지점에서 엔진을 점화한다고 했는데, 바로 이런 고체로켓모터로 그 일을 여러 번 해낸 바 있다. 고체로켓모터는 2지점에서 요구하는 ΔV를 정확하게 달성해야 한다. 따라서 임무 분석팀은 추진제 소요를 정확히 맞히고자 로켓 방정식 계산을 거듭한다. 추진제 주조 작업은 이러한 수치를 바탕으로 정밀하게 이루어진다. 고체 추진제 모터는 단순해서 좋지만 한번 불붙으면 그것으로 끝이라는 점에서 상당히 불리한 측면이 있다. 켜고 끄고 할 수 없기 때문에 여러 차례 점화가 필요한 상황에는 부적합하다.

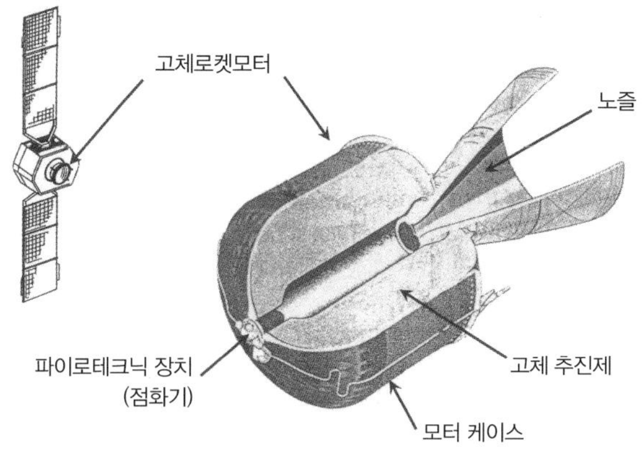

그림 9.3: 고체 추진제 주 엔진의 구조.

이원 추진제 액체로켓 추진 기관

우주선 임무는 날이 갈수록 복잡해져서 주 추진 엔진에 재점화 능력을 필요로 하게 되었다. 이에 고체로켓 추진 기관 대신에 *이원 추진제 액체로켓 통합 추진 기관*unified liquid bi-propellant system이 각광 받고 있다. 통합 추진 기관이라 한 이유는 주 엔진(추진용)과 소형 추력기(궤도제어 및 자세제어용)가 동일 추진제를 나누어 쓰기 때문인데, 대형 로켓과 소형 로켓이 한 솥밥을 먹는다는 정도로 생각하면 되겠다. 액체로켓인 만큼 추진제가 액체인데, 구성이 연료와 산화제 두 종류이므로 이원 추진제라 부른다. 연료로는 모노메틸하이드라진monomethylhydrazine, MMH, 산화제로는 사산화이질소 nitrogen tetroxide, NTO를 주로 쓴다. 이들은 *자동 점화*hypergolic 추진제로 분류된다. 말인즉 둘이 접촉하는 즉시 터진다는 뜻이다! 주 추진 기관을 점화하고자 한다면 로켓엔진의 연소실에 연료와 산화제를 분사하기만 하면 된다(그림 5.3 참조). 둘은 폭발적으로 반응하여 고온의 가스를 생성하고, 그 가스가 노즐로 빠져나가면서 추력을 낸다. 소형 추력기의 경우도 크기만 다를 뿐 작동 원리는 같다. 추진제 탱크에는 헬륨 탱크가 붙어 있어 추진제가 헬륨 가스 압력에 의해 밀려 나온다. 펌프 대신 가스압으로 추진제를 공급하는 가압식 엔진이라는 뜻이다. 자동 점화 추진제의 경우에는 연료와 산화제의 접촉 가능성을 원천적으로 차단해야 하기 때문에 피드 라인이 그만큼 복잡할 수밖에 없다. 연소실에 들어가지도 않았는데 둘이 섞인다고 생각해 보라. 굳이 말하지 않겠다. 그림 9.4에 활용 사례를 소개하였는데, 배관이 딱 보아도 복잡해 보인다. 자동 점화 추진제는 대개가 맹독성 위험물이다. 발사장 측에서도 추진제 취급에 주의해야 한다. 추진제 주입 과정 등 만에 하나 누출 가능성에 대비하여 취급 인력을 가압방호복으로 완전무장시켜야 한다.

이원 추진제 통합 추진 기관의 주 엔진은 고체로켓 추진 기관에 비하면 추력이 상당히 떨어지는 편이다. 추력이 보통 400N 수준인데, 이 정도면 보통 크기의 우주선을 기준으로 제로백이 2분(!)이다. 따라서 요구 ΔV를 달성하려면 작동 시간이 길어질 수밖에 없다. 심지어 한 시간 반에 걸쳐 연소하는 경우도 있다.

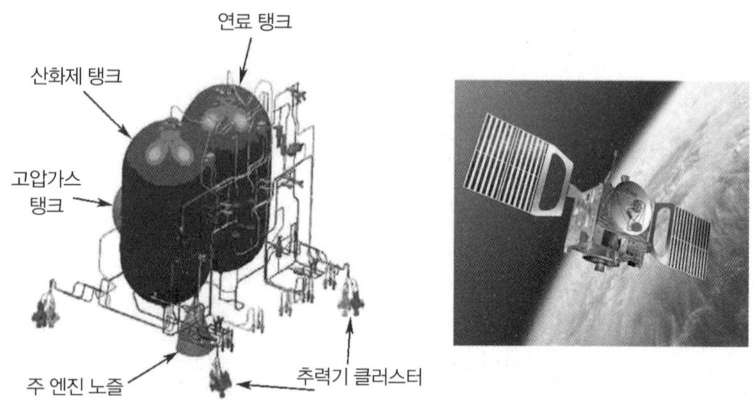

그림 9.4: 유럽우주기구(ESA) 비너스 익스프레스(Venus Express) 탐사선에 사용되는 이원 추진제 액체로켓 통합 추진 기관의 모식도. 몇몇 주요 부분에만 이름표를 달았지만 이외에도 다수의 밸브, 센서, 조절기 등이 곳곳에 위치한다. 자동 점화 추진제를 사용하는 만큼 여러 안전장치들이 필요하다. [사진 제공: (좌)EADS 아스트리움(Astrium), (우)ESA]

보조 추진 기관

이원 추진제 액체로켓 통합 추진 기관을 다루면서 소형 추력기 작동 부분에 대해서도 언급한 바 있다. 하지만 우주선의 주 엔진으로 고체로켓 추진 기관을 장비한 경우라면 보조 추진 기관으로 별도의 추력기를 갖출 필요가 있는데, 보통 *하이드라진 일원 추진제*mono-propellant hydrazine 추진 기관을 사용하고 있다. '일원'이라는 명칭만 보아도 알겠지만 이 추진 기관은 액체 추진제 하나로 작동한다. 이원 추진제 연료/산화제 구성과 대비되는 점이다. 일원 추진제 추진 기관 역시 가압식 엔진으로서, 고압가스를 이용해 추진제를 공급한다. 특정 위치의 추력기를 점화한다고 하자. 추력기에 붙은 밸브를 개방하면 하이드라진 일원 추진제가 추력기 안으로 분사된다. 추력기 내부에는 촉매 베드가 자리 잡고 있다. 하이드라진은 촉매를 만나면 발열반응을 일으켜 수소, 질소, 암모니아 가스로 급격히 분해된다. 마찬가지로 고온의

그림 9.5: 하이드라진 일원 추진제 추력기 예시. 추력은 5N이다. (좌)추력기 노즐이 잘 보인다. (우)좌측과 같은 추력기이다. 실제 장착 시에는 사진처럼 테를 두른다. [사진 제공: EADS 아스트리움]

가스가 노즐을 통해 배출되며 추력을 낸다. 하이드라진 일원 추진제 추력기는 보통 그림 9.5처럼 생겼다. 한 손에 쏙 들어올 만큼 작다.

전력 하위 체계(전력계)

탑재체를 비롯하여 기타 하위 체계가 작동하려면 전력이 필요하다. 제7장 표 7.1에서 보았다시피 전력 하위 체계의 주요 기능은 전력 공급이다. 전력 문제는 우주선의 상태 전반에서 대단히 중요하다. 탑재체와 하위 체계 일체를 통틀어 전기 없이 돌아가는 부분이 있을까? 구조나 (경우에 따라서는) 열 제어를 제외하고는 무조건 안정적인 전력원을 필요로 한다. 전력 하위 체계는 심장과도 같다. 고장은 물론 일시적인 장애라도 발생했다가는 우주선 임무에 정말로 큰일이 난다.

추진 하위 체계를 주 추진 기관과 보조 추진 기관으로 나누듯이, 전력 하위 체계도 일차 전력계와 이차 전력계로 구분한다. *일차 전력계*primary power system는 전기에너지의 주 공급원이다. 지구궤도의 위성은 일차 전력계로 태양전지판을 주로 이용한다. 앞 장에서 이런저런 우주선을 보았는데 대개가 태양전지판을 장비하고 있다. *이차 전력계*secondary power system는 전기에너지 저장 장치로 구성된다. 일반적인 우주선이라면 십중팔구 배터리를 쓰게 마련이지만, 간혹 예외가 있기도 하다. 예를 들어, 배터리 대신 플라이휠을 갖춘다고 생각해 보자. 일광하에서 태양전지 생산 전력으로 관성바퀴를 구동한다. 우주선이 지구 그림자에 들어가 일차 전력계가 끊겨도 바퀴는 관성으로 계속 돌아간다. 그러면 바퀴의 회전에너지를 전기에너지로 전환하여 쓸 수 있다.

일차 전력원에 이차 전력계가 결합해 있다는 점에서 우주선은 자동차와 아주 흡사한 면을 보인다. 자동차의 일차 전력계는 발전기이다. 엔진이 작동하는 한 발전기가 계속해서 전력을 생산한다. 이차 전력계는 배터리이다. 배터리 전원이 있기 때문에 엔진을 끄더라도 차량의 각종 계통이 정상적으로 작동한다. 이차라는 용어 때문에 무언가 부차적인 역할이 연상되지만, 사실 이차 전력계가 없으면 그대로 발이 묶인다. 일단 시동을 걸지 못한다. 시동이 걸려야 일차 전력원도 작동할 텐데 말이다.

지구궤도 우주선이라면 선내 전력원 운용 방식은 태양전지판과 배터리 조합이 가장 일반적이다. 우주선이 지구의 낮하늘을 지나는 동안은 태양전지판이 탑재체와 하위 체계에 전력을 공급한다. 그와 동시에 태양전지판의 잉여 전력을 배터리에 충전하는 작업이 이루어진다. 이윽고 우주선이 지구의 밤하늘에 진입하면 태양전지판을 대신하여 배터리 전원이 기체의 각종 계통으로 전력을 공급한다.

상용 일차 전력원 소개

일차 전력원과 관련해 (태양전지 포함) 여러 방식이 있는데, 주요 후보군을 추려 정리하면 표 9.1 정도가 되겠다. 일차 전력원으로 무엇을 택할지의 문제는 우주선 임무 기간 및 전력 수요에 달렸다. 이를 고려할 때 그림 9.6과 같은 선택이 가장 적절해 보인다. 표 9.1에서 전력원으로 여섯 가지를 소개하고 있지만, 그림 9.6의 내용으로 보건대 장기 임무에 적합한 형태는 네 종류에 불과하다. 그중에서도 널리 쓰이는 종류는 둘밖에 없으니 하나는 태양전지판, 다른 하나는 방사성동위원소 열전기발전기radioisotope thermal generator, RTG이다.

표 9.1: 우주선의 일차 전력원

종류	용도 및 작동 원리
일차전지	일차전지(충전 불가)는 단기 임무에 사용한다. 궤도에 오르는 몇 분간 발사체에 전력을 공급하는 경우를 예로 들 수 있다.
연료전지	연료전지는 연료의 화학반응 그 자체로 전력을 생산하는 장치이다. 반응 부산물로 물이 발생하기 때문에 유인 임무 시 특히 유리하다. 하지만 화학반응에 계속해서 연료(산소와 수소)를 공급해야 하므로 작동 기간이 제한적이다. 스페이스셔틀이 연료전지를 일차 전력원으로 사용한 바 있다.
태양 전지판	태양전지판은 태양광을 전기에너지로 바꾼다. 태양광 에너지는 지구 기준으로 제곱미터당 1,400W 정도이다. 이와 같은 조건에서 지구궤도 우주선의 태양전지판은 제곱미터당 약 100W의 전력을 생산할 수 있다. 태양전지판은 널리 쓰이기는 하지만 효율이 그리 좋은 편은 아니다(세부 사항은 본문 참조).
태양열 발전 장비	태양광 집광 장치(가령 대구경 오목거울 따위)로 물 등의 작동 유체를 가열하고 그 증기로 터빈을 구동해 전기를 얻는 방식이다. 태양전지판에 비해 효율은 좋지만 훨씬 무겁다. 우주정거장 같은 대형 우주선에나 고려해 볼 만하다. 실제로는 찾아보기 힘들다.
방사성 동위원소 열전기 발전기 (RTG)	방사성물질(플루토늄 동위원소 등)의 붕괴열을 전기에너지로 변환한다. 태양으로부터 멀리 떨어질수록 일사량이 감소하여, 어느 시점부터는 태양전지판 사용이 비효율적이 된다. 이렇게 멀리 나가 활동할 경우 전력원으로 RTG를 채용한다. 그림 9.8에서 보다시피 RTG는 원통처럼 생겼다. 직경 30cm에 길이는 1m 정도, 질량은 약 40kg 안팎이며, 생산 전력은 200W가량이다. 킬로그램당 생산 전력이 대략 5W(=200W/40kg) 수준임을 알 수 있다. 탑재체 및 하위 체계 작동에 상당한 전력이 필요하다면 전력원이 질량을 적잖이 차지하게 된다. RTG 사용에는 정치적인 부담도 따른다. 발사 실패 시에는 방사성물질이 확산될 수 있으므로 환경 단체들이 적극적으로 반대하고 나선다.
원자로	우주선에 원자로를 싣기도 한다. 원자력발전소의 축소판으로 보면 된다. 수백에서 수천 킬로와트 수준의 대출력이 필요할 때 이야기이다. 구소련이 해양 감시 목적으로 능동 레이더 정찰위성을 다수 운용하였는데, 해당 위성들이 전력원으로 원자로를 사용한 바 있다. 그 외에는 지금까지도 마땅한 사례를 찾아보기 어렵다.

태양전지판

제6장 내용 중에 이런 부분이 있다. "별 좋은 날 앞마당에 나가 태양을 마주 보자. 눈앞에 가로세로 1m짜리 정사각형이 있다고 생각하자. 1m^2 면적에 햇살이 쏟아질 때 그 에너지가 대략 1.4kW 정도이다(대기 투과에 따른 손실은 제외한다)." 지구궤도에서 평방미터당 1.4kW, 이 *전력속*power flux은

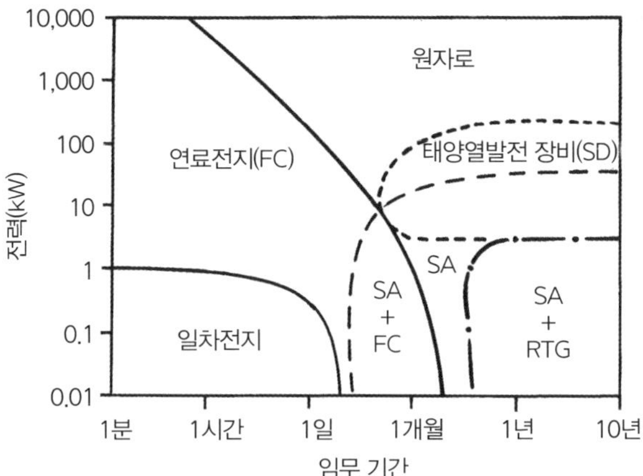

그림 9.6: 일차 전력원으로 무엇을 택할지의 문제는 우주선 임무 기간 및 전력 수요에 달렸다. 이를 고려할 때 위와 같은 선택이 가장 적절해 보인다. SA: 태양전지판, RTG: 방사성동위원소 열전기발전기

말 그대로 거저라 마다할 이유가 없다. 따라서 우주선은 대개 태양전지판을 달고 있으며, 이를 이용해 태양광 에너지 일부를 전기에너지로 변환한다. 우주용 태양전지판은 거의 다 실리콘 반도체 소재로 제작하는데 변환 효율이 10% 수준이다. 태양전지판 $1m^2$당 태양에너지 1,400W가 유입되면, 그 가운데 10분의 1(140W)이 전력으로 변환된다는 뜻이다.

태양전지판의 효율은 이런저런 이유로 더욱더 떨어지곤 한다. 예를 들어, 태양광 입사각의 문제를 살펴보자. 태양전지판은 태양광을 직각으로 받을 때 최상의 성능을 낸다. 즉 우주선의 자세제어 하위 체계(ACS, 제8장 참조)를 이용하여 전지판을 태양 방향으로 정렬해야 한다. 그리하여 어느 정도 오차 범위하(이를테면 직각을 기준으로 5° 이내)에 태양을 바라본다고 하자. 이러한 *방향 지시 오차*pointing error는 전지판의 효율을 떨어뜨린다. 다음은 온도 문제이다. 직사광선을 쬐면 전지판이 열을 받아 (지구궤도 기준으로) 50℃ 안팎까지 달아오른다. 태양전지판은 고온으로 갈수록 효율이 저하되

는 특성이 있다. 가령 실리콘 전지판 같은 경우 온도가 25℃ 증가하면 전기적 성능이 10% 감소한다. 셋째로 태양전지판 설계상에도 문제가 있다. 전지판을 보면 실리콘 태양전지가 바둑판처럼 배열되어 있다. 전지 간 전기적 접촉 때문에 서로 약간씩 간격을 두고 있는데, 이렇게 낭비하는 공간이 태양전지판 면적의 약 10%에 달한다. 해당 면적은 실제 발전 면적에서 제외되어야 한다. 마지막으로 입자 방사선에 의한 손상 역시 효율 감소에 한몫한다(제6장 참조). 지구정지궤도에서 10년 정도 쓰고 나면 발전량이 초기보다 30%가량 줄어든다.

이런 사항들은 우주선 임무 및 궤도에 따라 그때그때 변하지만, 지구궤도에 한해서는 실리콘 태양전지 생산 전력을 제곱미터당 100W로 잡아도 무리가 없다. 가정용 백열전구 하나를 밝히고 남는 양이지만, 요즘 우주선 전력 수요에는 한참 못 미친다. 통신위성의 전력 수요는 최대 10kW에 달하는데, 이만한 전력을 감당하려면 태양전지판으로 도배하다시피 해야 한다. 전지판 규모가 커지면 우주선의 전반적인 형상에도 상당한 영향을 미친다.

위 내용은 어디까지나 지구궤도 우주선에 해당되는 이야기이다. 즉 태양으로부터 1AU(천문단위) 떨어진 곳에서 벌어지는 일이다. 1AU 거리에서 태양복사에너지가 제곱미터당 1.4kW 정도라 하였는데, 이 값은 태양과의 거리에 따라 다르다. 어떻게 달라지는가 하면, 거리의 제곱분의 1로 줄어든다. 제1장에서 뉴턴의 중력법칙을 다루었는데 기억하는가? 중력법칙도 결국은 역제곱법칙이었다. 이 경우도 마찬가지이다. 태양과의 거리가 2AU면 태양복사에너지는 지구의 4분의 1($1/2^2$) 수준으로 떨어진다. 거리가 3AU면 복사에너지는 9분의 1($1/3^2$)로 감소하게 된다. 예를 들자면, 우주선이 토성 임무를 수행한다고 하자. 토성은 태양으로부터 대략 10AU 거리에 위치한다. 이 말은 즉 태양복사에너지가 제곱미터당 14W에 지나지 않는다는 뜻이다

(1,400W의 100(10^2)분의 1). 전력속이 14W밖에 안 되는데, 태양전지판을 쓴다고 생각해 보라. 태양전지에 따르는 온갖 비효율성으로 볼 때, 이 정도 거리에서는 유의미한 전력 생산이 불가함을 알 수 있다.

그렇다면 대략 어디를 한계로 보아야 할까? 태양전지판을 전력원으로 삼을 수 있는 범위 말이다. 어려운 문제지만 필자 생각에 5AU(태양에서 목성까지 거리) 이상은 무리인 듯하다. 5AU이므로 1,400W를 25(5^2)로 나누어 보자. 제곱미터당 약 56W라는 계산이 나온다. 변환 효율을 감안하면 전지판 $1m^2$당 6W 수준이다. 여전히 밑지는 장사 같지만, 여기서는 온도가 호재로 작용한다. 전지판으로서는 우주의 냉대가 반갑기만 하다(목성 공전궤도 거리면 보통 −100℃ 미만이다). 위에서 언급했다시피 태양전지판은 고온에서 맥을 못 추지만 저온에서는 효율이 오른다. 따라서 거리로 보아서는 별 메리트가 없어 보여도 실제로는 그럭저럭 구실을 한다. 재미있는 예를 하나 소개할까 한다. 2007년 집필 시점을 기준으로 현재진행형인데, 유럽우주기구(ESA)의 로제타Rosetta 탐사선이 2014년 혜성과 랑데부 예정으로 한참 날아가는 중이다. 접선 지점은 태양에서 $5\frac{1}{4}$AU가량 떨어져 있다. 태양복사에너지가 제곱미터당 50W 정도 되는 곳이다. 유럽이 환경문제 때문에 RTG 사용을 꺼려서 로제타도 하는 수 없이 태양전지판을 달고 갔다. 탐사선의 전력 수요는 395W이다. 기껏해야 100W 백열등 4개를 켜는 정도이다. 그런데 이만한 전력을 생산하느라 무려 $64m^2$에 달하는 태양전지판을 장착해야 했다. 거의 19평 아파트만한 면적이다. 395W를 $64m^2$로 나누면 전지판 $1m^2$당 6.2W 수준이다. $6.2W/m^2$(단위면적당 전력 생산) 나누기 $50W/m^2$(단위면적당 태양복사에너지)는 약 0.12, 전지판 전체 효율 12% 수준으로 턱걸이한 셈이다. 거리가 이쯤 되면 RTG를 진지하게 고려할 만하다.

방사성동위원소 열전기발전기(RTG)

태양으로부터 원거리 임무를 수행하려면 발전이 문제인데, 이럴 때는 RTG가 답이다. RTG는 원거리 탐사선에 다수 활용되었다. 파이어니어Pioneer, 보이저, 율리시스Ulysses, 갈릴레오Galileo, 카시니Cassini 우주선 등을 예로 들 수 있겠다. 이들은 목성 궤도나 그 이상으로 태양계 멀리 진출하였다. RTG는 방사성물질의 형태로 자체 에너지원을 싣고 다닌다. 방사성물질 붕괴열이 *열전효과*thermoelectric effect를 통해 전기에너지로 변환되는 구조이다. 열전효과는 토마스 제베크Thomas Seebeck가 1821년에 우연히 발견했다고 한다. 과학 시간에 *열전쌍*thermocouple을 가지고 실험해 보지 않았을까 싶다. 그림 9.7에 열전쌍을 간략하게 표현하였다. 이종 금속(금속의 종류가 서로 다르다) A와 B로 회로를 구성하고 중간에 전류계를 설치한다. 접점 1을 가열하고 접점 2를 냉각하면 회로에 전류가 발생한다. 둘의 열 차이가 전기를 만드는 셈이다. 물론 실제 RTG 구조는 이보다 훨씬 복잡하다. 하

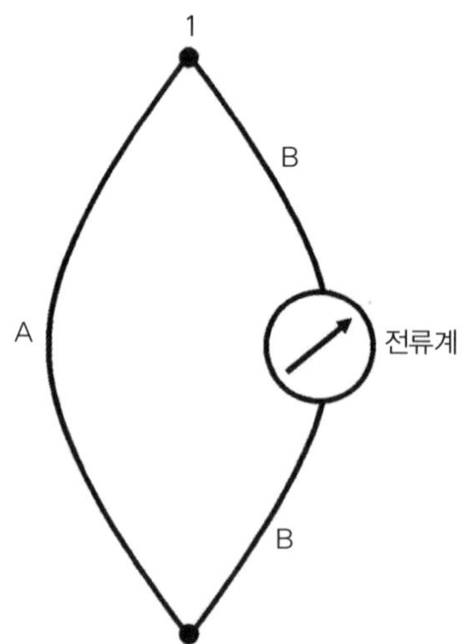

그림 9.7: 이종 금속 A와 B로 열전쌍 회로를 구성하고 중간에 전류계를 설치한다. 접점 1을 가열하고 접점 2를 냉각하면 회로에 전류가 흐른다.

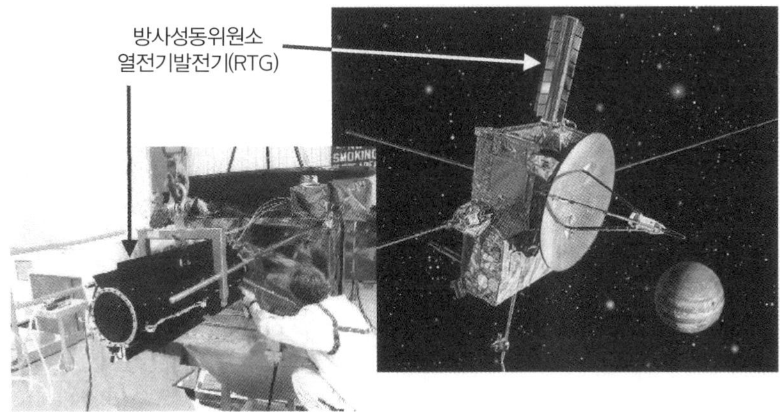

그림 9.8: ESA/미국항공우주국(NASA) 율리시스 탐사선의 RTG. 조립 당시(좌)와 비행 중(우)인 모습. [이미지 제공: (좌)NASA/제트추진연구소(JPL)-캘테크, (우)ESA]

지만 기본 원리는 그림에서 보는 대로이다. RTG 중심은 방사성물질의 붕괴열로 인해 달아오르는 반면, 외부 방열판은 우주의 한기에 그대로 노출된다. RTG는 둘 사이의 온도차를 이용해 우주선에 전력을 공급한다. RTG의 크기, 질량, 출력은 보통 표 9.1에 나온 정도이며, 실물은 그림 9.8과 같다.

RTG를 사용하는 경우 다음과 같은 부분이 문제가 될 수 있다. 일부는 우리도 이미 아는 내용이다. RTG는 보통 플루토늄과 같은 방사성물질을 내장한다. 우주선의 조립 과정에서 방사선 안전문제를 생각하지 않을 수 없다. 선내 전자장치 역시 방사선을 쬐어 좋을 것이 없다. RTG 설치 위치는 민감한 장비로부터 멀리 떨어질수록 좋다. 그 외에도 발열 문제가 있다. 열원은 전기적 성능 요구에 따라 강렬해지게 마련이다. 뜨거울수록 좋다 보니 RTG 열출력이 생산 전력의 10배에 이르는 수준이다. RTG 한 기가 보통 2kW에 달하는 열을 내므로 우주선의 열제어에 어려움이 따를 수 있다. 발사 시에도 문제이다. 발사체 페어링 내부 공간은 상당히 비좁다. 그 속에 빽빽하게 들어찬 상태로 있다 보면 우주선이 더위를 먹는다.

전력계 작동 일반

표 9.1과 그림 9.6에서 보다시피 전력원에도 여러 종류가 있지만 실제 우주선은 태양전지/배터리 조합을 이용하는 경우가 대부분이다. 지구궤도 우주선이라면 거의 틀림없다고 보아도 좋다. 우리도 지구궤도 우주선을 중심으로 살펴보도록 하자. 태양전지/배터리 조합이 어떤 식으로 작동하는지 간단히 표현하면 그림 9.9와 같다. 눈여겨볼 점이 있는데, 우주선의 전력 부하가 (접점 6, 7을 통해) 태양전지에 직접 걸리는 구조이다. 즉 일광하에서는 태양전지가 부하에 전력을 공급한다. 그런데 문제가 있다. 태양전지판을 보아서 알겠지만 노출 면적에 따른 생산 전력량이 정해져 있다. 반면, 부하 전력은 일정치가 않다. 예를 들면, 반작용 휠 혹은 통신장비 같은 하위 체계 요소들은 그때그때 필요에 따라 작동한다. 탑재 장비도 필요에 따라 수시로 껐다 켰다 한다. 태양전지판은 출력이 일정한 데 반해 태양전지판에 걸리는 부하 전력은 끊임없이 변할 수밖에 없다. 이와 같은 부조화를 해결할 목적으로 태양전지판에 (접점 1, 2 부분) *태양 전력 조절기*solar array regulator를 단다. 전기 히터처럼 잉여 전력을 열로 방산하는 단순 장치에서부터 선내 컴퓨터

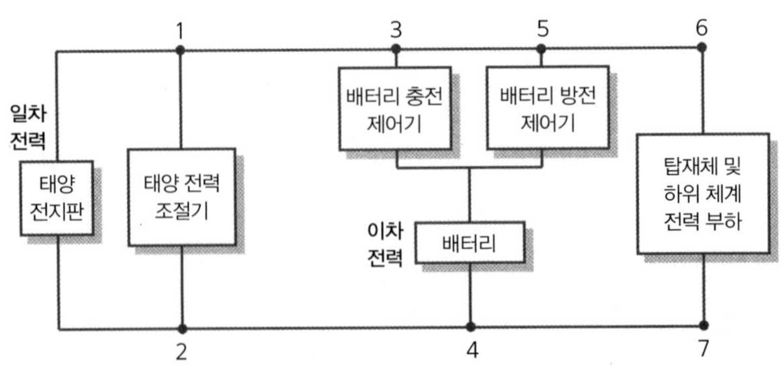

그림 9.9: 일반적인 태양전지/배터리 전력계의 배전 계통도.

로 태양전지판 발전량을 조절하는 복잡한 장치까지(특정 시점의 부하 전력에 따라 개별 태양전지를 활성/비활성화한다) 종류가 다양하다.

그 외중에 배터리 체계까지 (접점 3, 4를 통해) 태양전지 전력을 공급받는다. 일광하에 배터리를 충전해야 하기 때문인데 이 역시 결국은 또 하나의 전력 부하일 뿐이다. 우주선이 그러다가 지구 그림자 속으로 들어가면 어떻게 될까? 이제는 배터리가 (접점 4, 5를 통해) 탑재체 및 하위 체계에 전력을 공급한다. 배터리는 우주선 임무의 마지막까지 맡은 바 소임을 다해야 한다. 충전 및 방전 과정을 세심하게 제어하지 않는다면 배터리는 그 오랜 세월을 버티지 못한다. 그렇다면 배터리의 수명을 좌우하는 요소는 무엇일까? 임무 시작부터 끝까지 충전/방전 사이클을 몇 차례나 반복하는지, 매 충전/방전 사이클당 얼마만큼의 에너지를 인출하는지 등이 중요하게 작용한다. 지구 궤도 우주선의 경우 충전/방전 사이클은 매 궤도당 한 번이 보통이다. 지구 저궤도 우주선이라면 충전/방전 사이클을 연간 5,000회 정도 반복한다고 볼 수 있겠다. *충전/방전 제어기*charge/discharge controller(접점 3과 접점 5)는 배터리 수명 단축을 막고자 두는 일종의 안전장치이다. 자동차 배터리를 한 번 생각해 보자. 충전/방전 제어라 할 만한 부분을 딱히 찾아보기 어렵다. 실상은 운전자가 그 역할을 떠맡는 셈이다. 우주선 배터리는 애지중지한 덕분에 10년도 가고 15년도 가지만 자동차 배터리는 임무(차량 사용 수명) 종료도 전에, 그것도 꼭 다급할 때 고장 나 사람을 애태운다.

우주선 구석구석 말단에 이르기까지 전기 없이 돌아가는 부분이 없다. 우주선이 살아 숨쉬는 것은 모두 다 전력 덕분인데, 전력 하위 체계가 그 역할을 어떻게 수행하는지 살펴보았다. 이제 통신 하위 체계로 넘어갈 차례이다. 우주선 통신의 이면에는 어떤 원리가 숨어 있는지 궁금하다.

통신 하위 체계(통신계)

제7장에 다음과 같이 소개한 바 있다. "통신 하위 체계의 주요 기능은 지상과 통신 링크 제공, 탑재체 데이터 및 텔레메트리 자료 다운링크, 우주선 제어 명령 업링크 등이다." 우주선과 지상 간에 양방향 통신이 필요하다는 점에 있어 자못 당연해 보이는 일이다. 우주 환경을 측정하든 은하계 이미지를 촬영하든, 아무튼 궤도에서 무얼 하든 간에 지상과의 데이터 통신수단이 필요하다. 소통이 안 되면 하는 일이 아무 의미가 없다.

통신 주파수

위성통신 링크는 전자기파를 매개로 하여 정보를 전달한다. 제6장 그림 6.2에서 전자기파 스펙트럼 구성을 다시 한 번 살펴보자. 전자기파는 광속(약 300,000km/sec)으로 전달되는 탓에 지구저궤도 우주선의 경우 사실상 실시간으로 통신이 이루어진다. 그런데 정지궤도 통신위성 같은 경우는 약 38,000km 고도에 자리 잡고 있기 때문에 전자기파가 도달하는 데 10분의 1초 이상이 소요된다. 찰나에 불과해 보일 수 있지만, 필자가 영국에서 미국으로 전화 통화를 하는 상황이라면 전자기파가 이런 식으로 네 번을 이동해야 한다. 일단 필자의 음성신호가 위성을 거쳐 미국 내 지상 수신소에 들어간다. 친구가 하는 말도 마찬가지로 위성을 거쳐 영국 내 지상 수신소에 도달한다. 이 과정이 거의 반 초 가까이 잡아먹는다. 필자가 오스트레일리아로 전화 통화를 하는 상황이라면, 전달 경로에 복수의 위성이 관여할 수도 있다. 이 정도면 전화 너머 상대방이 어색한 침묵을 느끼고도 남을 시간이다. 이동 시간이 대화에 지장을 초래할 수 있다는 뜻이다. 행성 간 우주선의 경우라면 양방향 대화는 사실상 불가능하다. 토성에 가 있는 우주선과 교신하고자 하는 경우 전파 도달 시간만 최소한 1시간 15분이다.

위성통신에는 파장 2~30cm의 전자기 복사를 이용한다. 전자기파 스펙트럼의 마이크로파에 해당하는 부분이다(그림 6.2 참조). 저녁을 전자레인지로 데워 먹곤 하는가? 전자레인지도 바로 이 영역대의 마이크로파를 쓴다. 음식에 파장 12cm짜리 전자파를 퍼부어서 수분을 가열하는 원리이다. 지상 관제소의 대형 접시안테나들이 이런 마이크로파 빔을 쏘아대고 있지만 크게 걱정하지 않아도 된다. 접시안테나 축 방향으로 초점이 잘 맞음은 물론, 기본적으로 하늘을 바라보고 있기 때문에 우리에게 위험한 존재는 아니다. 전자기 복사를 어떤 식으로 정의하는지 그림 9.10을 보며 이야기하자. 정의도 정의지만 몇몇 중요한 특징이 눈에 띈다. 복사 강도는 파의 *진폭*amplitude 혹은 파고가 좌우한다. 예를 들어, 전자기파 스펙트럼의 가시광선 영역으로 말하자면 밝은 빛은 어두운 빛보다 진폭이 크다. 전자기파의 위상을 어떻게 정의하는지도 그림에 나와 있다. 위상은 각도로 측정하며, 파장을 기준으로 파의 어느 지점에 위치하는지를 나타낸다. 가령 파의 전단부는 위상 0°, 마루는 90°, 골은 270° 하는 식이다. 파와 관련하여 지금 나온 이야기가 왜 중요한지 곧 알게 된다.

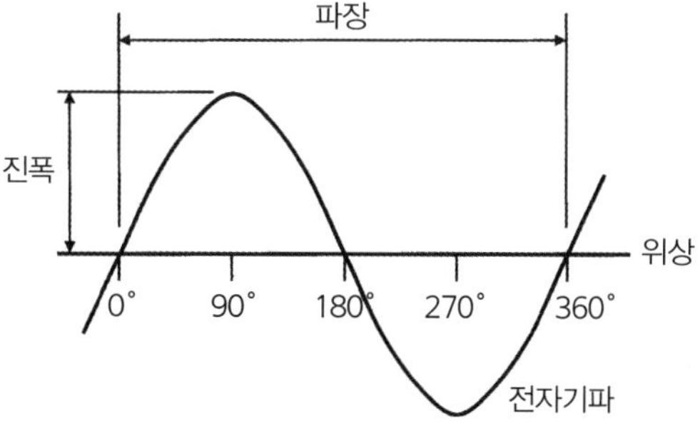

그림 9.10: 전자기파의 파장, 진폭 및 위상(본문 참조).

우리는 스펙트럼상의 어느 부분이 파장이 얼마다 하는 식으로 이야기한 바 있는데, 통신 분야에서는 파장보다 *주파수*frequency가 얼마라는 식으로 이야기한다. 어느 파장의 전자기 복사이든지 간에 그에 상응하는 주파수가 있다. 일반적으로 단파장 복사는 주파수가 높고, 장파장 복사는 주파수가 낮다. 통신이 주파수에 관심 있다는 점은 가정에 있는 FM 라디오를 보아도 알 수 있다. 어디어디 방송국 100MHz 하는 식으로 튜닝 다이얼에 나와 있지 않은가. 여기서 'M'은 'Mega(메가)'의 약자이며 100만이라는 뜻이므로, 주파수 100MHz는 1억Hz와 같다. 'Hz' 단위는 초당 사이클을 뜻한다. 독일 출신 물리학자 하인리히 헤르츠Heinrich Hertz가 전자기학에 크게 공헌한 바 있어 그의 업적을 기리는 뜻에서 Hz(헤르츠) 단위를 쓰고 있다. 아무튼 라디오방송국 주파수가 초당 1억 사이클이라는 말, 아직 어떤 의미인지 잘 와닿지 않는다. 그러면 이렇게 생각해 보자. 100MHz 방송을 듣는 중이라면 매초 1억 개의 파장이 빛의 속도로 라디오를 쓸고 지나가고 있을 터이다. 전자기파의 속력이 일정하다는 점으로 미루어 볼 때, 위와 같은 일이 벌어지려면 100MHz 신호의 파장이 3m여야 한다는 계산이 나온다.

위성통신은 그 이상의 주파수를 이용한다. 주파수가 높으니 파장은 더 짧겠다. 위성통신 주파수 대역은 1~15GHz가 일반적인데 여기서 'G'는 'Giga(기가)', 10억을 의미한다. 이러한 신호의 주파수는 초당 10억~150억 사이클, 파장의 범위는 30cm~2cm가 된다. 왜 이런 특정 주파수를 선호할까? 대기물리학이 비밀의 열쇠를 쥐고 있다. 지상관제소에서 우주선을 호출하려면 전파가 지구 대기를 통과해 우주선에 도달해야 한다. 그런데 주파수가 1GHz에 미달하는 경우 전리층 하전입자(전자 등)로 인해 전파의 복사에너지가 감쇠한다. 대기권에서 고도 80km 이상 구간을 전리층이라 한다. 전리층의 경우 산소나 질소 같은 대기 분자가 대부분 이온화되어 있다. 태양자외선 복사가 강렬하기 때문이다. 반면, 주파수가 15GHz를 초과하는 경우 전파의 복사에너지가 대기 하층부의 물 분자(수증기) 및 산소 분자에 흡수된다. 즉 1~15GHz 주파수 범위는 지상관제소와 우주선 간에 '창구'와 같은 역할을 한다.

디지털통신

위성통신은 대부분 디지털 방식으로 이루어진다. 위성통신이 *디지털* digital 방식이라는 말은 통신 링크상의 정보 일체가 0과 1의 문자열로 변환됨을 뜻한다. '0'과 '1' 각각은 정보를 나타내는 최소 단위인데, 이를 비트(bit, binary digit)라 한다. 데스크톱 컴퓨터가 내부적으로 루틴을 수행할 때에도, 범세계 디지털 네트워크를 통해 타 컴퓨터와 통신할 때에도 위와 같은 *이진법 디지털 언어* binary digital language를 쓴다. 디지털 기술은 최근 들어 무서운 속도로 저변을 넓혀 가고 있다. TV, 라디오, 사진 촬영, 음악 등 온갖 분야에 손길이 닿지 않는 곳이 없을 정도이다. 디지털 기술이 우리 생활은 물론 우주통신 분야까지 점령한 이유는 무엇일까? 디지털 방식은 간섭에 강한 특성을 보인다. 각종 간섭원으로부터 신호를 비교적 용이하게 식별할 수 있으므로 이 기술을 이용하면 음성이든 영상이든 품질이 전반적으로 향상된다. 오늘날 통신 및 가전 산업을 보라. 근본적으로 0과 1 두 가지밖에 없는 언어가 엄청난 사업을 일으켰다. 대단하다.

위성전화통신

위성통신이 어떤 식으로 작동하는지 알아보고자 한다. 정지궤도 통신위성

체계를 이용하여 타 대륙에 전화를 거는 과정을 자세히 한번 살펴보자. 1870년대에 알렉산더 그레이엄 벨Alexander Graham Bell의 손에서 전화가 처음 탄생하던 때나 지금이나 수화기는 여전히 *아날로그*analogue 방식으로 작동한다. 수화기 동작 원리를 보면 연속으로 변하는 물리량(이를테면 전류 등)이 관여할 뿐 0 또는 1 같은 디지털 비트는 어디에도 보이지 않는다.

옛날이야기지만 과거에는 전화 통화 전 과정이 철저하게 아날로그 방식이었다. 전화기에 대고 말을 하면 공기 중에 압력파(음파)가 발생한다. 음파가 송화구 속 다이어프램diaphragm(원형 진동판)에 가 닿으면 다이어프램이 음성에 따라 떨린다. 다이어프램에는 경량 코일이 붙어 있고, 곁으로는 영구자석이 배치되어 있다. 다이어프램이 떨면 코일도 따라서 상하로 요동치는데, 코일이 자기장하에 움직이고 있으므로 도선에 유도전류가 발생한다(제6장 전자기유도 설명 참조). 이 전류는 음성 정보, 즉 말의 전기적 표현이라 볼 수 있다. 그 음성신호가 전화선을 타고 상대편 수화기에 도달해 다이어프램 코일을 통과한다. 수화기도 송화기와 똑같이 코일에 다이어프램 조합인데, 이번에는 다이어프램이 전류에 따라 떨리며 공기 중에 음파를 만들어 낸다. 전화 수신자가 알아들을 수 있게끔 발신자의 목소리를 재현하는 셈이다.

위성통신은 디지털 방식이기 때문에 어느 시점에는 아날로그신호를 디지털신호로 바꿔야 한다. 전화 통화로 말하자면 음성전류를 0과 1의 배열로 변환해야 한다는 뜻이다. 이 과정, 즉 아날로그신호를 디지털신호로 바꾸는 작업을 *디지털 인코딩*digital encoding이라 한다(그림 9.11의 인코딩 방식이 현재 주류는 아니지만 이해하기에는 가장 쉽지 않나 싶다). 음성전류가 위아래로 쉴 새 없이 요동치고 있다. 음성신호를 위성에 보내기 좋게 0과 1의 문자열로 바꾸려면 어떻게 해야 할까? 지금 전화 통화에서 그림 9.11의 좌측과 같이 아날로그신호가 발생하고 있다. 송화기가 음성에 따라 진동하며 이처

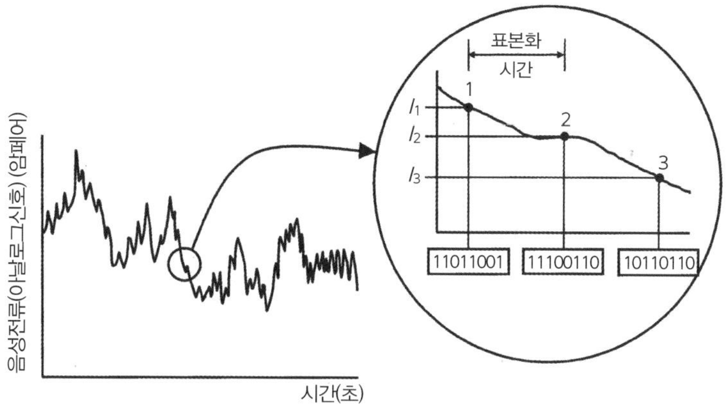

그림 9.11: 아날로그신호는 예를 들면 좌측과 같다. 신호가 복잡할 뿐만 아니라 급변하는 양상을 보인다. 그림 우측에 신호 일부를 확대해 시간 축 방향으로 늘려 놓았다. 아날로그신호를 디지털 신호로 변환하는 과정을 볼 수 있다.

럼 전류 변화를 만들어 낸다. 이런 신호는 대체로 복잡할 뿐 아니라 순간순간 빠르게 변하지만 어느 순간 얼마 하는 식으로 특정 값을 갖게 마련이다. 그렇다면 이제 첫 번째 할 일이 있다. 어느 순간 얼마 하는 그 전류값은 지금 십진수 체계로 되어 있다. 이를 0과 1의 단순 배열, 즉 이진수 체계로 바꾸어야 한다. 표 9.2를 보자. 0부터 시작해 7까지, 십진수의 처음 8개 숫자를 이진수 디지털 언어로 나타내 보았다. 이렇게 표기하려면 3비트(각 비트는 0 또는 1) 문자열이 필요하다. 특정 십진수를 나타낼 때 0과 1의 몇 비트(몇 자리) 문자열을 구성해야 하는지는 2의 거듭제곱으로 알 수 있다. 8은

표 9.2: 0부터 7까지, 십진수의 처음 8개 숫자를 이진수로 나타내면 아래와 같다. 0과 1로 3비트 문자열을 구성해야 한다.

십진수	이진수		
	2^0 1	2^1 2	2^2 4
0	0	0	0
1	1	0	0
2	0	1	0
3	1	1	0
4	0	0	1
5	1	0	1
6	0	1	1
7	1	1	1

2^3(2×2×2)이므로 3비트(세 자릿수) 문자열이 필요하다. 이런 식으로 하면 십진수의 처음 16(2^4)개 숫자는 4비트 문자열, 처음 32(2^5)개 숫자는 5비트 문자열, 처음 64(2^6)개 숫자는 6비트 문자열을 필요로 하겠다. 이후로도 마찬가지이다. 필자처럼 연식이 오래된 사람들에게는 이것 참 괜찮은 방법이다. 생일 케이크에 초를 50 몇 개씩 꽂느라 고생할 필요가 없다. 이진수라면 딱 6자루로 끝낼 수 있다. 물론 '0'과 '1'을 구분하려면 색상을 두 가지로 구비해야 하겠다. 생일상에 이런 농담이 오가면 분위기가 무르익는다.

표 9.2에서 보다시피 이진수 디지털 언어에서 각 비트는 2의 거듭제곱을 나타낸다. 표의 '이진수' 항목 아래 2의 거듭제곱(2^0, 2^1, 2^2)이 순서대로 나와 있고, 그 밑에는 거듭제곱 연산값 1, 2, 4가 나와 있다. 무엇의 0제곱이라 하니 그 의미가 선뜻 와닿지 않는데, 어떤 숫자이든 0제곱 하면(가령 2^0) 규칙상 1로 취급한다. 이제 2의 거듭제곱을 조합해서 각각의 십진수를 만든다고 생각하자. 2의 거듭제곱 가운데 해당 사항이 있으면 1을, 아니면 0을 곱한다. 예를 몇 가지 살펴보자. 표 9.2에서 십진수 5는 이진수 디지털 언어로 1 0 1이다. 5는 (1×1)+(0×2)+(1×4)이기 때문이다. 6의 경우 0 1 1이다. 6은 (0×1)+(1×2)+(1×4)이니까. 십진수는 이렇게 0과 1의 문자열로 표현이 가능하다. 우리에겐 낯설어 보이지만 데스크톱 컴퓨터는 늘 이런 식의 이진수 언어로 연산 루틴을 수행한다.

그림 9.11 좌측의 아날로그신호(음성전류)를 위성에 보내기 좋게 0과 1의 배열로 바꾸자고 하였다. 이 작업을 어떻게 하는지 살펴보자. 아날로그신호 한 조각을 떼다가 우측에 확대해 놓았다. 음성전류는 어느 순간(1지점) 얼마(I_1)라고 값이 정해진다. 이 값을 이진수 디지털 언어로 바꾸려 한다. 보통 8비트 문자열로 변환하는데, 이는 즉 해당 시점 음성전류 값에 256(2^8) 단계 가운데 어느 하나를 할당한다는 뜻이다. 그리고서 찰나가 흐른 뒤에(이 간격

을 *표본화 시간*sampling time이라 한다) 음성전류 값을 다시 측정해(I_2) 8비트 문자열로 바꾼다. 이 과정이 전화 통화 내내 반복된다. 지점별로 네모 칸에 0과 1의 문자열이 표시되어 있다. 음성전류가 전부 이런 식으로 바뀐다고 생각하면 된다. 음성전류 표본화 횟수는 초당 8,000회 정도가 보통이다(8,000회일 경우 표본화 시간은 0.000125초가 된다). 표본화 시간을 이렇게 짧게 하는 이유는 무엇일까? 원래의 음성전류 신호가 복잡한데다 급변하는 양상을 보이는 만큼 디지털신호에 그 디테일을 다 담으려면 잘게 쪼갤수록 좋다. 이 방식을 이용한다면 디지털 음성 통화 데이터전송속도는 초당 약 8×8,000 또는 64,000비트이다. 매초당 8비트가 8,000번씩 생성된다는 뜻이다. 이를 일컬어 64kbps라 한다. 여기서 'k'는 'kilo(킬로)', 1,000을 의미한다. 컴퓨터 관련 상식이 있다면 데이터전송속도가 낯익지 않을까 한다. 가령 광대역 인터넷 연결망의 경우 데이터전송속도 5Mbps라고 하는 식인데, 여기서 'M'은 'Mega(메가)', 100만을 의미한다.

위성으로 음성신호를 송신하기까지 아직 과정이 더 남아 있다. 지상 송신소와 우주선 간의 통신수단은 전자파이다. 음성 정보 디지털 비트 스트림을 전파에 어떻게 하든 실어 보내야 한다. 디지털 비트 스트림의 정보를 *반송파*carrier wave에 싣는 과정, 이를 *변조*modulation라고 한다(그림 9.12). 변조를 거쳐야 비로소 위성으로 전송이 가능하다. 반송파가 하는 일은 간단하다. 지상과 우주선 사이에서 정보 전달의 매개 역할을 할 뿐이다. 반송파는 그림 맨 위에서 보다시피 단일 주파수의 전자파이다. 그 밑으로는 디지털 비트 스트림이 보인다. 이 디지털 비트 스트림을 반송파에 실어 보내야 하는데 방법이 크게 세 가지이다. 첫 번째는 *진폭변조*amplitude modulation, AM 방식이다. 그림의 셋째 줄을 보자. 비트 값에 따라 파장의 진폭이 바뀐다. 그림에서는 0비트를 보낼 때 진폭을 없애고, 1비트를 보낼 때 진폭을 준다. 두 번째는

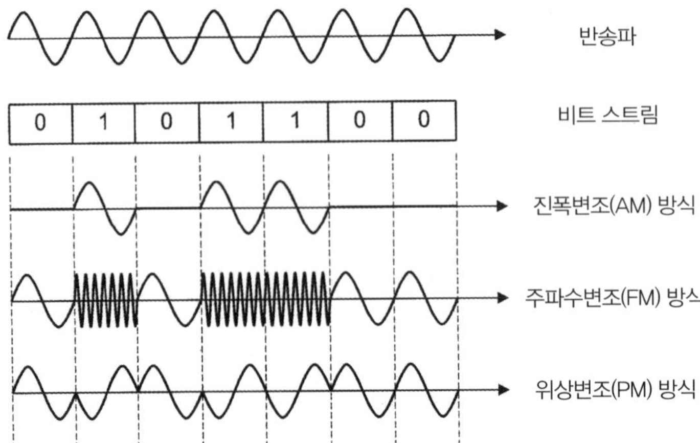

그림 9.12: 디지털 비트 스트림을 반송파에 싣는 작업을 변조라 한다. 아날로그 변조 방식은 AM, FM, PM이 대표적이다.

*주파수변조*frequency modulation, FM 방식이다. 그림의 넷째 줄을 보자. 비트 값에 따라 파장 주파수를 바꾼다. 그림에서는 0비트에 저주파(장파장), 1비트에 고주파(단파장)를 쓴다. 일반 라디오를 보면 튜닝 다이얼에 AM 및 FM 주파수대 방송이 나와 있는 경우가 대부분이다. 세 번째는 *위상변조*phase modulation, PM 방식이다. 그림의 맨 아래 줄을 보자. 그림에서는 비트 값이 0에서 1로 혹은 1에서 0으로 바뀔 적마다 반송파 위상이 180도 변화한다(위상 관련 정보는 그림 9.10 참조). 우주 분야 디지털통신의 경우 위상변조 방식이 주류를 이룬다.

상대편 지상 수신소에서 반송파를 수신하면 위의 과정을 역순으로 밟아나간다. 반송파의 정보를 통화 상대방이 알아들을 수 있는 형태로 복원해야 하겠다. 일단 반송파를 *복조*demodulation하여 비트 스트림으로 되돌리고, 디지털 비트 스트림을 *디코딩*decoding해 아날로그신호(음성전류)로 복원한다. 과정이 꽤 복잡해 보인다. 하지만 아무도 느끼지 못할 뿐 허구한 날 일상적으로 벌어지는 일이다.

그런데 중요한 점이 있다. 전화 통화는 수천 건이 동시다발적으로 진행되고, 이 모두는 동일한 업링크를 공유한다. 전화 통화 간 혼선을 막으려면 어찌해야 할까? 주파수를 약간씩 달리함으로써 각 통화마다 별도의 반송파를 할당한다. 따라서 지상 송신소는 반송파를 대역으로 송출하는 경우가 일반적이다. 이를테면 주파수 범위 6~6.5GHz 하는 식이다. 위성이 업링크 신호를 수신하여 증폭한 다음, 이를 다른 주파수대역으로(가령 4~4.5GHz로 주파수를 바꾸어) 송출하면 상대측 지상 수신소에서 다운링크 신호를 받는 순으로 일이 진행된다. 업링크 과정에서 장거리를 이동하다 보면 신호 강도가 10^{-8}W(또는 0.000 000 01W) 정도로 떨어지기 때문에 증폭이 불가피하다. 가정용 백열등의 출력이 수십 와트인 생각을 하면 티끌만도 못한 셈이다. 주파수를 변경하는 까닭은 무엇일까? 우주선은 보통 업링크 수신과 다운링크 송신을 안테나 하나로 해결하곤 한다. 주파수대역을 달리하지 않으면 업링크와 다운링크 정보가 섞여 뒤죽박죽이 되고 만다.

통신 하위 체계

지금까지 전화통신을 위주로 살펴보았다. 그런데 우주 분야 통신은 전화 통화가 다가 아니다. 가령 행성 간 우주선이나 지구관측위성이 이미지를 보내온다고 생각해 보자. 보통은 우주통신 링크를 통해 전달되게 마련이다. 이 과정은? 역시 디지털이다. 우주선 카메라는 디지털 촬영 기술을 이용하기 때문에 결과물이 이미 디지털 형식을 취하고 있다. 그 때문에 우주선은 위의 방식 그대로 지상의 데스크톱 컴퓨터에 이미지를 전송한다.

우주선은 임무 기간 내내 지상과 끝없이 교신을 주고받는다. 그런즉 지상 통신체계가 우주선의 통신 하위 체계 설계에 크게 영향을 줄 수밖에 없다. 정지궤도 통신위성 그리고 지상관제소는 보통 그림 9.13과 같은 통신 안테나를 사용하고 있다. 통신 하위 체계 엔지니어는 우주선 설계 시 양질의 링크 확보에 역점을 두고 안테나 크기와 방사전력을 정한다. 해당 설계 과정에는 (지상 설비와 우주선을 통틀어) 시스템 전체의 물리적 특성이 주된 역할을 하는데, 이를테면 지상과 우주선 간 거리, 사용 주파수, 지상 안테나의 크기 및 전력, 대기흡수에 의한 손실 등이 고려 대상이다.

우주선의 통신 하위 체계에서는 *방사전력*radiated power과 *이득*gain, 이 두 가지 속성이 가장 중요하다. 휴대전화 사용자라면 통신체계의 방사전력이 무얼 말하는지 대략은 알지 않을까 싶다. 화면에 보면 자그마하게 연결 상태창(안테나 표시)이 있지 않은가. 안테나 막대가 많이 보이면 근처에 휴대전화 기지국이 있다는 뜻이다. 관할 기지국 권역 내에서는 방사전력이 충분해

그림 9.13: 정지궤도 통신위성 임무 시 보통 사진과 같은 안테나를 쓴다. 좌측은 우주선 안테나, 우측은 지상 통신 안테나. 가족 여행 와중에 콘월(Cornwall)주 군힐리다운(Goonhilly Down) 위성 지구국에서 지상 통신 안테나를 촬영하였다. [우주선 이미지 제공: 록히드 마틴]

전화를 걸고 받는 데 문제가 없다. 하지만 너무 멀리 벗어나면 신호 강도가 떨어져 연결이 끊어진다. 서비스를 유지하려면 인근의 기지국이 신호를 넘겨받아야 한다. 우주선도 비슷한 식이다. 통신 하위 체계의 유효성을 판단하는 데 방사전력이 얼마인지가 중요하다. 하지만 방사전력 와트 수가 다는 아니다. 우주선 통신 안테나(보통은 접시 모양을 하고 있다)의 이득이 크다면 통신체계의 유효성이 더욱 향상될 수 있다. 규칙은 간단하다. 이득은 접시안테나의 크기에 비례한다. 손전등 꼬마전구를 한번 생각해 보자. 광량을 놓고 봤을 때 꼬마전구의 방사전력량은 적다. 일반 가정용 백열전구와 비교하면 말 그대로 장난감 수준이다. 손전등에서 꼬마전구만 빼내 배터리에 연결해 보라. 어두운 방을 밝히기에는 역부족이다. 그렇다면 꼬마전구를 도로 손전등에 끼우고서 불을 켜 보자. 접시형 반사경이 꼬마전구 불빛을 한 방향으로 집중시킨다. 직접 쳐다보면 눈부셔서 정신이 없을 정도이다. 손전등 반사경은 이득이 상당해서 축 방향을 따라(빛줄기가 모이는 곳) 전구의 방사전력을 효과적으로 증가시킨다.

우주선의 접시안테나도 손전등 반사경 비슷하다. 우주선 접시안테나가 마이크로파 방사전력을 지상 수신 안테나 방향으로 집중한 덕분에 지상에서는 수신 전력 증대의 효과를 본다. 고품질 통신 링크를 확보하려면 지상 수신 전력이 어느 정도여야 한다는 요구 사항이 있다. 우주선 설계 인력은 이 부분에서 선택을 내릴 수 있다. 방사전력을 적게 잡는 대신 이득을 높이는(접시를 키우는) 방향으로 갈지, 방사전력을 크게 잡는 대신 이득을 낮추는(접시를 줄이는) 방향으로 갈지 말이다. *전력-이득 간 균형*power-gain tradeoff은 통신 하위 체계 엔지니어들에게 주요 설계 문제 가운데 하나이다. 이 문제는 우주선 설계에 영향을 준다. 행성 간 우주선처럼 태양계 멀리 진출하는 경우라면 특히 그렇다. 일례로 카시니/하위헌스(제7장 그림 7.6 참조)나 뉴

그림 9.14: 명왕성 및 뉴허라이즌스 탐사선 예상도. [이미지 제공: NASA]

허라이즌스(그림 9.14, 명왕성 탐사 목적으로 최근에 발사) 탐사선을 보자. 우주선에 안테나가 달렸다고 하기보다 안테나에 우주선이 달린 듯한 모습이다. 태양에서 멀리 떨어질 경우 선내 장치로는 대규모 발전을 하기 어렵다. 따라서 통신 하위 체계 역시 방사전력이 낮을 가능성이 크다. 우주선들이 그 멀리서 탐사 데이터를 보내려면 링크 품질이 상당해야 한다. 자연히 고이득 안테나, 즉 대형 접시를 장비하지 않을 수 없다.

다음 절에도 하위 체계 하나를 간단히 다루려 한다. 우주선 곳곳의 이진수를 누가 움직이나 보자.

선내 데이터처리 하위 체계(데이터처리계, OBDH)

제7장에 설명한 바 OBDH 하위 체계는 탑재체 데이터와 기타 데이터 저

장 및 처리, 하위 체계의 구성 요소 간 데이터 교환을 주요 기능으로 한다. 설명만 보아도 알겠지만, 데이터처리계는 주로 컴퓨터 및 주변 장치와 소프트웨어로 구성된다. 우주선이 제대로 작동하려면 하위 체계 간에 데이터 링크가 필요한데, 데이터처리계가 기체 곳곳에서 이러한 역할을 수행한다. 일례로 제8장의 ACS 제어 루프를 들 수 있다(그림 8.1 참조). 하다못해 탑재 장비 데이터를 지상으로 다운링크하려 해도, 탑재 장비에서 통신 하위 체계로 데이터의 이관이 필요하다. OBDH 하위 체계는 컴퓨터 프로세서와 프로그램이 거의 전부라 실체가 모호하지만, 지상관제소 사람들에게는 가장 현실감 있는 부분이 아닐까 싶다. 실제 말 상대는 우주선 하드웨어가 아니라 OBDH 하위 체계이기 때문이다. 지상과의 상호작용은 늘 양방향이다. 업링크는 *명령*command 위주이고, 다운링크는 *탑재체 데이터*payload data 및 *텔레메트리*telemetry가 대부분을 차지한다.

명령 기능

지상관제소는 명령 업링크를 통해 우주선을 호출하고 작업 명령을 하달한다. OBDH 하위 체계는 명령을 수신 및 해석하여 선내 각부에 전달한다. 작업 명령은 난이도가 다양하다. 단순히 배터리 히터를 켜라고 하는 정도면 어렵지 않다. 반면, 우주망원경에게 우주 어느 곳을 바라보라고 하거나 지구관측위성에게 지상의 특정 표적을 촬영하라는 식의 명령은 조금 복잡하다. 명령 기능은 지상관제소로 하여금 우주선의 일거수일투족을 통제하게 하므로 그 중요성이 매우 크다. 그러한 만큼 반드시 신뢰할 수 있는 방식으로 작동해야 한다. 명령 업링크에는 검증 절차가 필수로 따라붙는다는 점만 보아도 그렇다. 수신한 내용이 정확한지 확인하겠다는 뜻이다. 시키는 대로 했다고 끝이 아니다. OBDH 하위 체계는 업링크 지시 사항이 정확하게 이행되었는지 확인하고 그 결과를 텔레메트리로 보고한다(아래 참조). 일처리가 답답하게 보일지도 모르겠다. 하지만 이러한 부분을 소홀히 여기면 큰 화를 입을 수도 있다. 역대 우주선 임무 가운데 어이없는 실패 사례가 몇몇 있다. 우주선 내부에서 부정확한 명령 혹은 확인되지 않은 명령을 그대로 실행한 것이 화근이었다.

탑재체 데이터 및 텔레메트리 기능

탑재체 데이터를 지상에 다운링크하려면 데이터를 통신 하위 체계에 보내는 작업부터 해야 한다. 이는 OBDH 하위 체계의 역할 가운데 핵심이라고 할 수 있다. 경우에 따라서는 OBDH 하위 체계 컴퓨터로 탑재체 데이터를 처리해야 하는 수도 있다. 데이터처리 과정에는 *저장*storage, *오류 검출 및 오류 정정*error detection and correction, *압축*compression 등이 포함된다(아래 참조). 일부 우주선, 가령 영상 장비를 탑재한 경우 혹은 통신위성 같은 경우 탑재체 데이터 용량이 상당할 수 있다. 지구저궤도 우주선은 때에 따라 지상관제소 시야 밖으로 벗어나기도 하는데, 그 와중에도 탑재체 데이터는 계속해서 발생한다. 즉 지상관제소에 다운링크가 가능해질 때까지 선내에 데이터를 저장해야 한다는 뜻이다. 이러한 저장 장치 역시 OBDH 하위 체계의 일부이다. 과거에는 저장 장치로 테이프리코더tape recorder를 주로 썼지만, 오늘날에는 *솔리드스테이트 메모리*solid-state memory(데스크톱 컴퓨터 것이나 비슷하다)가 이를 대신하고 있다. 솔리드스테이트 메모리는 데이터 저장 능력이 수백 Gbit(여기서 'G'는 'Giga 기가', 10억을 뜻한다)에 달할 정도지만, 제6장에 설명했다시피 방사선으로 인한 오류에 취약하다. 이와 같은 데이터 오류를 가능한 한 줄이고자 오류 검출 및 오류 정정 컴퓨터 프로그램을 이용해 메모리를 지속적으로 스캔한다. OBDH 하위 체계는 기능 일부를 이런 작업에 할애하고 있다. 간혹 탑재체 데이터가 지나치게 클 때는 OBDH 소프트웨어로 데이터를 압축해 다운링크 통신 부담을 줄여야 한다. 탑재체의 원 데이터를 압축하면서도(혹은 크기를 줄이면서도) 데이터 품질을 일정한 수준 이상으로 유지하는 방법이 있다. 이를테면 불필요하거나 중복되는 내용, 원치 않는 정보들을 제거하고 디지털 이미지의 해상도를 낮추는 식이다.

제7장에서 텔레메트리에 대해 간단하게 설명한 바 있는데, 이 역시 OBDH 하위 체계의 역할에 중요한 부분을 차지한다. 우주선을 살펴보면 곳곳에 이런저런 센서들이 배치되어 있다. 선내 장비 상태와 작동 상황을 모니터할 목적이다. 이를테면 전자 장비의 온도부터 추진제 탱크 압력, 전원 공급 장치의 전압 및 전류 등 구석구석을 빠짐없이 들여다본다. 어떤 대상이 켜졌는지 꺼졌는지, 즉 장비 작동 상태 역시 모니터링 대상이다. 이러한 누적 데이터를 디지털 비트 스트림으로 변환해 몇 kbps(초당 킬로비트) 속도로 다운링크하면 지상관제소의 컴퓨터 모니터에 주르륵 뜨는 식이다. 덕분에 우주선에 무슨 문제라도 생기면 관제소에서 신속하게 상황을 판단해 조치할 수 있다.

열제어 하위 체계(열제어계)

궤도에 있는 우주선을 보면 열제어 하위 체계가 전체 질량에서 차지하는 비율이 그리 크지 않다. 그런데 외견상으로는 거의 열제어 하위 체계밖에 보이지 않는다. 무슨 말인지 보면 안다. 앞서 제7장에서 SPOT 5 지구관측위성을 다룬 바 있다(표 7.4 참조). 그림 9.15가 발사 전의 모습이다. 금박과 은박을 두른 모습이 초콜릿 상자를 떠올리게 한다. 이 '포일'이 *다층 단열 블랭킷*multilayered insulation blanket이다. 이전 장에도 한 번 이야기가 나왔었다. 그 밖에도 눈에 띄는 부분들이 있다. 거울처럼 생긴 표면이 있는가 하면, 안테나를 비롯한 몇 군데는 하얀색으로 칠하였다. 이들 모두 열제어 하위 체계 설계의 전형적인 특징이라 할 만하다. 앞서 이런저런 우주선 사진이 등장한 바 있는데, 열제어 설계가 눈길을 끈다는 점에서 대체로 유사성을 보인다. 이번 절에서 그 이유를 알아보겠다.

표 7.1에 설명했다시피 열제어 하위 체계의 주 임무는 다음과 같다. 탑재체 및 하위 체계가 안정적으로 작동하게끔 선내에 적절한 열 환경을 조성하는 것이다.

장비 신뢰성

우주선에는 임무와 관련한 전자 장비 및 기계장치들이 꽉 들어차 있다. 이들 장비, 특히 전자 계통은 일반 및 산업용 제품을 바탕으로 개발된 경우가 대부분인데, 물론 기본이 되는 그 제품들은 지상 사용을 전제로 한다. 이처럼 지상 제품의 *설계 계보*design heritage를 잇다 보니 우주선의 선내 장비도 실온에서 최상의 성능을 보인다. 따라서 우주선 임무 내내 각종 장비들이 안정적으로 작동하도록 실온 환경을 조성할 필요가 있다. 가전제품이나 똑같다고 생각하면 되는데, 가령 TV를 냉동실에 얼리거나 오븐에 가열하면 사용수명이 급감하고 만다. 우주선 구성품도 마찬가지이다. 신뢰성과 수명을 보장하려면 각 부분에 따른 작동 온도를 준수해야 한다. 선내 품목 일부의 대

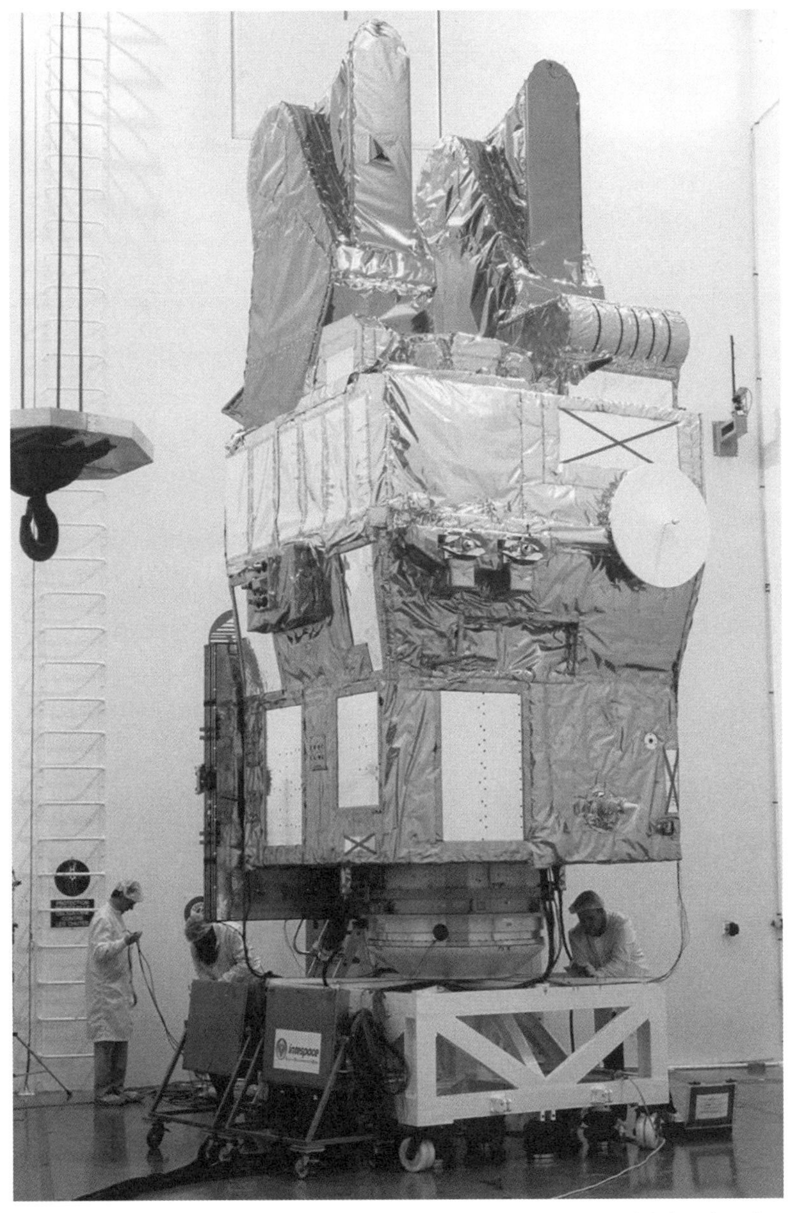

그림 9.15: SPOT 5 지구관측위성. 열제어 하위 체계 설계는 우주선이 우주선처럼 보이는 데 크게 한몫한다. [이미지 저작권 © CNES/파트리크 뒤마(Patrick Dumas)]

표 9.3: 선내 장비 작동 온도 범위

구성품	적정 온도 범위
배터리	0~25℃
추진제(하이드라진 따위)	10~50℃
전자 장비(컴퓨터 프로세서 따위)	−5~40℃
베어링 부품(반작용 휠 따위)	0~45℃

략적인 작동 온도는 표 9.3과 같다. 열제어 엔지니어는 이를 고려하여 하위 체계를 설계해야 한다. (실온은 정의하기 나름이라 범위가 상당히 넓다.)

탑재체 요구 사항

제7장에도 언급했지만, 일부 탑재체의 경우 작동 온도 조건이 까다로운 편이다. 이러한 요구 조건은 열제어 하위 체계의 설계 사항에 영향을 준다(그림 7.1 참조). 예를 들면 이런 식이다. 우주망원경이나 지구관측위성과 같이 선내에 대형 광학계를 갖춘 경우를 생각해 보자. 광학계는 기본적으로 다수의 거울과 렌즈를 포함한다. 광학계의 생명은 초점이다. 정확한 곳에 상이 맺히게끔 입사광을 반사 및 굴절해야 한다. (우주망원경이나 지구관측위성도 이미지 센서로 상을 기록한다. 디지털 카메라와 비슷한 식이다.) 초점을 정확히 맞추려면 렌즈, 거울, 이미지 센서 간 거리에 한 치의 오차도 없어야 한다. 그래서 이런 우주선에는 우주선의 구조와 별개로 내부에 광학계 전용 틀을 둔다. 이를 *광학대*optical bench라 하는데, 렌즈니 거울이니 하는 광학계 일체가 틀 안에 단단히 고정되어 있다. 제5장에서 보듯 발사 과정은 극한 환경이다. 정밀 광학기기들이 난리통을 겪고서도 말짱하게 작동하려면 광학대가 무조건 튼튼해야 한다. 그런데 무사히 올라간다고 끝이 아니다. 또 한 가지 중요한 특성이 있으니 바로 열 설계 부분이다. 우주선은 궤도에 오른

뒤로 극한의 온도에 노출된다. 적절한 보온 수단을 마련하지 않을 경우 광학대에 열팽창 혹은 열수축이 발생할 수 있다는 뜻이다. 틀이 늘었다 줄었다 하면 거울, 렌즈 및 이미지 센서 사이의 거리 역시 변할 수밖에 없다. 이런 식으로 광학계의 내부 정렬이 흐트러지면 이미지 품질 면에서 하등의 좋을 일이 없다. 광학 성능 보장을 위해서는 선내 온도 변화를 최대한 억제하는 수밖에 없다. 우주선 설계 시 열제어 엔지니어들이 해결해야 할 몫이다. 대형 관측위성, 예를 들어 허블 우주망원경(세부 사항은 표 7.5 참조) 정도 규모에서는 이 문제가 생각보다 만만치 않을 수 있다.

궤도상의 열 환경

열제어 설계는 우주선 및 각종 구성 부품의 온도를 적정 범위 내로 유지하는 데 그 목적이 있다. 열제어 엔지니어는 가열 요소 및 냉각 요소에 대한 이해를 바탕으로 우주선을 설계한다. 핵심은 둘 간의 균형이다. 우주선이 달아올라도 안 되고 얼어붙어도 안 된다. 지구궤도 우주선에 초점을 맞춘다면 열 환경을 다음과 같이 두 가지로 정리할 수 있다. 하나는 열 유입(가열 요소)이고, 다른 하나는 열 방출(냉각 요소)이다.

열 유입

우주선은 그림 9.16과 같은 식으로 열을 받는다. 제6장에서도 언급한 바 있지만 직사광선, 즉 태양의 직접적인 전자기 복사가 열 유입의 주축을 이룬다. 지구궤도에서 태양복사열은 일광 투영 면적 $1m^2$당 약 1.4kW에 달한다. 우주선은 태양복사를 직접 받기도 하지만 간접적으로 쬐기도 한다. 지구 표면이 태양복사 일부를 반사하기 때문이다. 지표 입사광 가운데 3분의 1가량은 구름과 해수면 등에 반사되어 우주로 돌아간다. 이러한 *지구 알베도 복사*

Earth albedo radiation 역시 우주선을 가열한다. 그런가 하면 지구 그 자체도 열원으로 작용한다. 지구는 열이 있는 물체이기 때문에 적외선을 방출한다(그림 6.2 참조). 이를 *지구 열복사*Earth heat radiation라 한다. 열복사 현상은 우리 모두에게 익숙하다. 불길이 어른거릴 때 앞으로 다가서면 얼굴이 벌겋게 달아오른다. 그런데 불길만 아니라 열이 있는 물체는 예외 없이 적외선을 방출한다. 온도에 따라 정도의 차이가 있을 뿐이다. 열이 있는 물체라는 표현은 물체의 온도가 *절대영도*absolute zero보다 높다는 의미이다. 절대영도는 섭씨온도로 −273℃인데, 물리적으로 이보다 낮은 온도가 존재하지 않기 때문에 절대영도라고 한다. −273℃에서는 물리적 과정 일체가 중단된다.

지구도 사람도 복사열을 방출하기는 마찬가지이다. 온도가 절대영도보다 높기 때문이다. 지구 평균온도는 20℃ 안팎이다. 이에 따른 열복사 영역은 우주선을 미지근하게 데울 수 있다. 지구의 영향 두 가지, 즉 지구 알베도 복사와 지구 열복사는 우주선에 가열 요소로 작용하는데, 그 강도는 우주선 궤도고도 제곱에 반비례한다(제1장 역제곱법칙 부분 참조). 마지막으로 *내부 전력손실*internal power dissipation도 가열 요소로 작용한다. 태양 및 지구의 영향이 외부적 요인인 반면, 내부 전력손실은 우주선 내에서 일어나는 일이다. 우주선 내부는 각종 전기 및 전자 장비로 가득하다. 전기 전자 계통은 효율이 좋지 않아서 소모 전력의 상당 부분(보통 10~50%)을 발열로 낭비한다. 꼭 우주선 이야기만은 아니다. 일반 가전제품도 사정은 마찬가지이다. TV를 몇 시간 켜 놓고서 뒤편의 방열 구멍에 가만히 손을 대 보자. 화면과 소리가 TV 소모 전력의 전부가 아니라는 점을 느낄 수 있다. 소모 전력 가운데 일부는 이처럼 열에너지 형태로 손실된다. 내부 전력손실 역시 우주선 가열 요소에서 중요하게 취급할 부분이다.

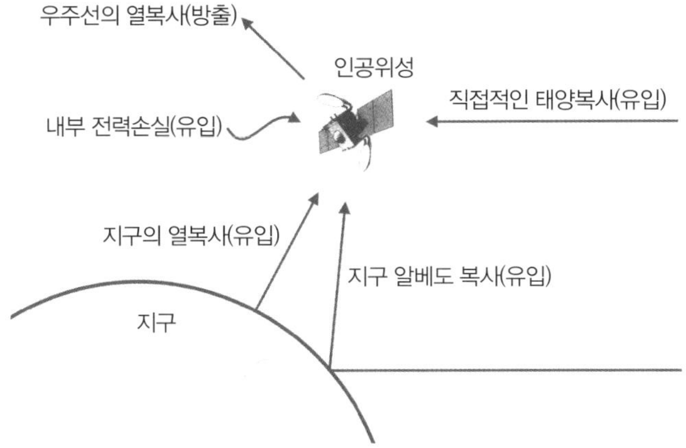

그림 9.16: 우주선의 열 환경을 가열(열 유입) 및 냉각(열 방출) 측면에서 요약해 보았다.

열 방출

열 문제를 어떤 식이든 해결하지 않으면 우주선이 과열되어 표 9.3에 표시된 허용 온도 범위를 벗어난다. 하지만 우주선도 열이 있는 물체라서 자체적으로 열복사를 한다. 우주선 온도가 올라가면 열복사 강도 역시 증가한다. 우주선이 식는 방법, 다시 말해 열을 방출하는 수단은 자체 열복사가 전부이다(그림 9.16 참조).

열평형

앞서 열 환경에 대해 설명한 바 있다. 이로 보건대 특정 온도에 이르러 열 방출량이 열 유입량에 필적할 경우 우주선의 온도가 그대로 유지된다는 점을 알 수 있다. 일종의 열평형에 도달한 셈이다. 그 특정 온도를 일컬어 *평형 온도*equilibrium temperature라 한다. 우주선이 열평형에 도달하였을 때 평형 온도가 실온에 근접한다면 이상적이라 할 수 있다. 열제어 엔지니어는 이를 목표로 하위 체계를 설계한다. 이상적인 열 환경이 조성된다면 우주선의 임무 수명이 다할 때까지 선내 부품이 큰 탈 없이 작동하리라 기대해 볼 수 있다.

열제어 설계

그러면 열제어 엔지니어들은 문제를 어떤 식으로 해결할까? 이번 절의 시작 부분에 그런 이야기를 했었다. 우리 눈에 보이는 그대로가 열제어 하위체계라고. 이 말 한마디에 벌써 기본은 다 나왔다. 일단 물질의 열 특성에서부터 이야기를 시작해 볼까 한다. 같은 햇볕을 쬐는데 어떤 표면은 뜨겁고 어떤 표면은 덜 뜨겁다. 한여름날 바닷가를 맨발로 돌아다녀 보자. 모래사장이나 해안의 포장도로 등은 발바닥이 화끈거릴 만큼 뜨거운 반면, 산책로 목재 바닥재 등은 밟아서 딱 기분 좋은 정도이다.

같은 선상에 있는 이야기인데, 언젠가 이런 일이 있었다. 필자의 지인 중에 우주선 엔지니어가 있다. 이 친구는 열제어계 전문이다. 친구 말이 동네 아무개가 요트를 가지고 있다고 한다. 이 요트가 좀 문제가 있었다. 갑판의 일부가 스테인리스스틸 재질이라 날씨 한번 쨍하다 싶은 날이면 어김없이 갑판이 불판이 된다고 한다. 친구가 주인장 말에 계산기를 두드려 보았나 보다. 친구 예상에 따르면 스테인리스스틸 갑판 온도가 100℃도 넘을 수 있다고 한다. 친구가 주인장에게 특약 처방을 내렸다. 자기 말 믿고 스테인리스스틸 갑판을 한번 하얗게 칠해 보라. 이제 설명하겠지만 흰 표면은 태양열을 쉽게 흡수하지 못하는 반면, 열복사에 있어서는 월등하다. 결과가 궁금한데, 갑판 온도가 실온으로 떨어지는 모습을 보고 우리 선주님께서 크게 놀라셨다 한다. (요트든 우주선이든) 배 만드는 사람들끼리 이렇게 주고받는 것이 있다니 뿌듯하다.

다시 우주선 이야기로 돌아가자. 우주선 표면 가운데 일부는 태양열을 잘 흡수하는 반면, 열(적외선)복사 능력이 떨어진다. 이런 류로 알루미늄 표면이 대표적이다. 햇볕을 받으면 금세 달아오르는데 그 열을 좀처럼 발산하지 못한다. 알루미늄 표면이 지구궤도상에서 햇볕에 노출되면 온도가 300~400℃까지 치솟는다. 그런데 어떤 표면은 햇볕을 보아도 그다지 열을 받지 않는 대신 열복사를 잘한다. 예를 들어, 표면을 백색으로 도장하면 직사광선에 노출되어도 온도가 크게 올라가지 않는다. 알루미늄 표면이 지구궤도상에서 햇볕에 노출되면 수백 ℃까지 달아오를 수 있다고 하였다. 그런데 페인트만 하얗게 칠해도 온도가 약 20℃ 수준으로 떨어진다. 물론 우주선이 직사광선하에 보내는 시간과 지구 그림자 속에 보내는 시간에 따라 상황이 다르기 때문에 정확한 값은 궤도를 보고 판단해야 한다. 열제어 하위 체계 엔지니어들은 우주선 표면 재료의 열 특성을 효과적으로 활용해 열 유입과 열 방출 간의 균형을 맞춘다. 이로써 우주선 각 부분에 대해서는 허용 온도 범위를, 우주선 전체에 대해서는 적정 평형 온도(실온 안팎)를 유지하도록 만든다. 금박을 두른 부분, 하얗게 칠한 곳, 거울처럼 생긴 곳… 열 균형을 잡기 위한 고심의 산물이 어느새 우주선의 트레이드마크가 되었다.

그림 9.15를 보자. 직사광선 노출에 따른 과열을 방지하고자 통신 안테나 접시를 흰색으로 칠하였다. 하지만 이 우주선의 경우는 서멀 블랭킷thermal blanket을 대량으로 사용한 점이 눈에 띈다. 서멀 블랭킷은 태양복사에 의한 직접적인 가열 효과로부터 우주선을 단열하는 역할을 한다. 우주선이라고 하면 왠지 금박이나 은박 포일을 두른 모습이 생각나곤 하는데, 바로 이 서멀 블랭킷 때문에 그렇다. 블랭킷 혹은 *다층 단열재*multilayered insulation, MLI는 (알루미늄, 은, 금 따위) 금속 코팅 플라스틱 필름을 여러 겹 겹쳐서 만든다. 마라톤이 끝나면 선수들 한기 들지 않게 보온 담요를 나누어 주곤 한다. MLI도 한 꺼풀 한 꺼풀 벗겨 보면 이런 보온 담요와 비슷하다. 그림 9.17

은 MLI 견본인데 필름 층이 25겹 정도 된다. 여기서 두 가지가 눈에 들어온다. 필름에 일정 간격으로 구멍을 뚫어 놓은 모습이 보인다. 지상 조립 시에는 층층이 공기가 들어차 있지만, 진공에 노출되면 구멍을 통해 쉽사리 빠져나간다. 필름 사이에 나일론 재질의 망사를 포갠 모습도 보인다. 우주선이 궤도에 오르면 필름 간 공간이 진공층 구실을 한다. 보온병처럼 단열 효과를 극대화하는 셈이다.

그런데 다층 단열재로 우주선을 다 감싸 버리면 문제가 생긴다. 선내 전자 장비의 방열이 바깥으로 빠지지 못하면 우주선 내부가 찜통이 된다. 그림 9.15를 보자. MLI를 군데군데 잘라내고 방열판을 달았다. 방열판은 대개 거울면처럼 생겼는데, 이 역시 태양열 흡수를 억제하고 열(적외선)복사를 잘하게끔 의도적으로 설계한 결과물이다. 덕분에 직사광선하에서도 달아오르는 일 없이 내부의 발열을 바깥으로 쉽게 방산한다. 전자 장비의 발열이 심한 경우 보통 방열기 안쪽 면에 장착하여 냉각을 돕는다.

공학 기술의 면면을 살피다 보면 자연이 스승이라는 생각이 종종 들곤 한다. 우주선의 열제어는, 이를테면 북극곰의 체온조절 방식과 닮았다. 북극곰(그림 9.18)의 생활 터전은 열 환경 측면에서 아주 열악하다. 우주선과 비슷한 운명이다. 극지방의 추위 속에 체온을 유지하려면 단열을 잘해야만 한다. 저 복슬복슬한 털가죽을 보라. 그런데 저런 옷을 껴입고 여름을 나거나 중노동을 하면 더위 먹어 퍼지고 만다. 단열과 별개로 방열 표면을 갖추지 않을 수 없다. 따라서 곰 발바닥, 반짝이는 까만 코, 혓바닥이 방열기 역할을 함으로써 체온을 떨어뜨린다. 혹한을 나려면 단열재를 잘 갖추어야 하고, 과열을 막으려면 방열 면적을 충분히 확보해야 한다는 점에서 우주선과 다를 바 없다.

그림 9.17: 다층 단열재의 단면. 필름 사이에 공간을 확보하고자 나일론 망사를 끼워 넣은 모습이 보인다. 틈새의 공기가 빠지도록 필름을 약 1cm 간격으로 천공하였다.

그림 9.18: 자연에서 배우다: 열제어 편. 북극곰에게도 단열 블랭킷과 방열 표면이 있다.

구조 하위 체계(구조계)

우주선이 각종 탑재체를 비롯하여 여타 하위 체계 관련 장비를 싣고 다니려면 우주선이라는 형태의 틀이 필요하다. 우주선의 구조 하위 체계가 바로 그 틀이다. 표 7.1의 구조 설계 부분을 찾아보자. 구조는 "구조적인 얼개를 제공함으로써 예상되는 모든 환경에 대해 탑재체와 하위 체계 하드웨어를 보호(특히 발사체 환경에 대한 보호가 필요)"한다. 여기에 중요한 대목이 있다. '예상되는 모든 환경'이다. 구조 하위 체계 엔지니어들이 신규 우주선 설계를 시작할 때 가장 먼저 하는 일이 있다. 이 사람들은 '예상되는 모든 환경'의 최악부터 살펴본다. 구조 면에서 최악은 다름 아닌 발사체 환경이다. 제5장에서 보았다시피 우주선은 발사 시 고도의 가속, 진동, 충격과 소음에 노출된다. 발사 환경 전반에 대한 세부 정보는 발사 대행사 측이 제공하는데, 이를 토대로 구조를 설계하는 작업이 구조 하위 체계 엔지니어의 주요 업무이다. 최우선 과제는 우주선의 생존이다. 발사대를 떠나 궤도에 안착하기까지 살아남는 구조를 만들어야 한다.

설계 요구 사항

구조 하위 체계 엔지니어는 다음과 같은 부분을 중요하게 고려해야 한다. 이 가운데 다수는 발사 환경에서 살아남기 위한 기본 조건과 관련이 있다.

- 경량화: 구조가 견고해야 함은 물론이지만 질량 부담이 커지면 곤란하다. 구조 하위 체계 엔지니어는 무슨 수를 써서라도 질량을 최소화하려 노력해야 한다. 제5장에서 언급했다시피 우주선 질량이 증가하면 발사

비용이 대폭 상승한다. 우주선 질량 문제는 프로젝트의 전체 예산을 제한하는 데 있어 민감한 사안이다. 발사 비용이 예산에 상당 비중을 차지하기 때문이다.

- 강도와 강성: 구조가 발사 하중 및 궤도상의 하중에 변형되지 않아야 한다. 구조에 허용 한도 이상으로 변형이 발생하는 경우 탑재 장비(카메라나 망원경 따위)나 하위 체계 관련 장비(통신 안테나 및 자세 센서 등)의 방향 정렬이 흐트러질 수 있다.
- 방호 능력: 우주 환경의 위험 요소(방사선, 궤도 잔해물 및 미소 유성체 충돌 따위, 제6장 참조)로부터 적정 수준의 보호가 가능해야 한다.
- 발사체 연결부: 우주선을 발사체에 어떤 식으로 장착하는지의 문제 역시 설계 전반에 영향을 준다. 궤도에 오를 때까지는 체결이 빈틈없이 유지되어야 하는 반면, 도착 후에는 명령에 따라 확실히 분리되어야 한다. 아울러 발사 하중이 우주선 기체 구조에 고루 분산되게끔 우주선의 인터페이스(발사체와 연결되는 부분으로서 힘이 집중된다) 위치를 잘 잡아야 한다.

재료

견고하면서도 경량이어야 한다. 요구 사항이 까다롭다. 그렇다면 어떤 소재가 적합할까? 요즘에는 주로 알루미늄 허니콤aluminium honeycomb 패널을 쓴다. 허니콤 패널은 그림 9.19처럼 알루미늄 허니콤 코어 양면에 알루미늄 면재(외판)를 접착해 제작한다. 재질만 알루미늄일 뿐 기본적으로 벌집과 똑같다. 허니콤 코어를 다룰 때 보면 비실비실 축축 늘어지는 모습이 어디다 힘을 쓰겠나 싶은 생각이 든다. 펜치로 눌러 보라. 푹푹 들어간다. 그런데 양면에 알루미늄 면재를 접착해 샌드위치 패널로 만드는 순간 딴판이 된다. 가뿐하면서도 빳빳한 것이 우주선 소재로 안성맞춤이다.

허니콤 패널의 사용례를 보자. 그림 9.20은 통신위성의 본체 부분이다. 상자형 기초 구조가 보인다. 본체 중심부에는 추력 콘이 자리 잡고 있다. 추력

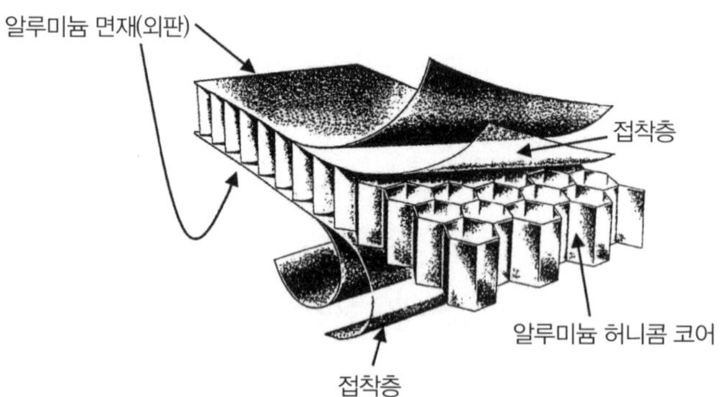

그림 9.19: 알루미늄 허니콤 패널은 코어 양면에 알루미늄 면재를 접착해 제작한다. 가뿐하면서도 빳빳한 것이 우주선 소재로 안성맞춤이다.

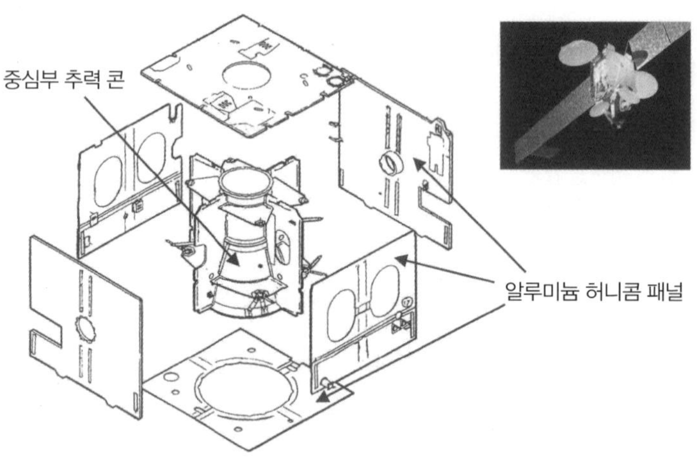

그림 9.20: 우주선 구조의 예시. 그림은 유로스타Eurostar® 인공위성의 본체 부분이다. 본체의 상자형 구조는 다수의 허니콤 패널로 구성된다. 본체 중심부에 추력 콘이 보인다. 추력 콘 내부에는 우주선의 주 추진 기관이, 추력 콘 하단에는 발사체 연결부가 자리 잡는다. [사진 제공: EADS 아스트리움]

콘 내부에는 우주선의 주 추진 기관이, 추력 콘 하단에는 발사체 연결부가 자리 잡는다. 따라서 발사 시 혹은 우주선의 주 추진 기관이 작동할 때 이 부분에 하중이 집중된다.

요약

그림 9.21에 우주선 분해도를 실었다. 지금까지 다룬 부분, 각종 하위 체계의 구성 요소들이 보인다. 그림을 통해 제7, 8, 9장의 내용을 간단하게나마 돌아보았으면 한다.

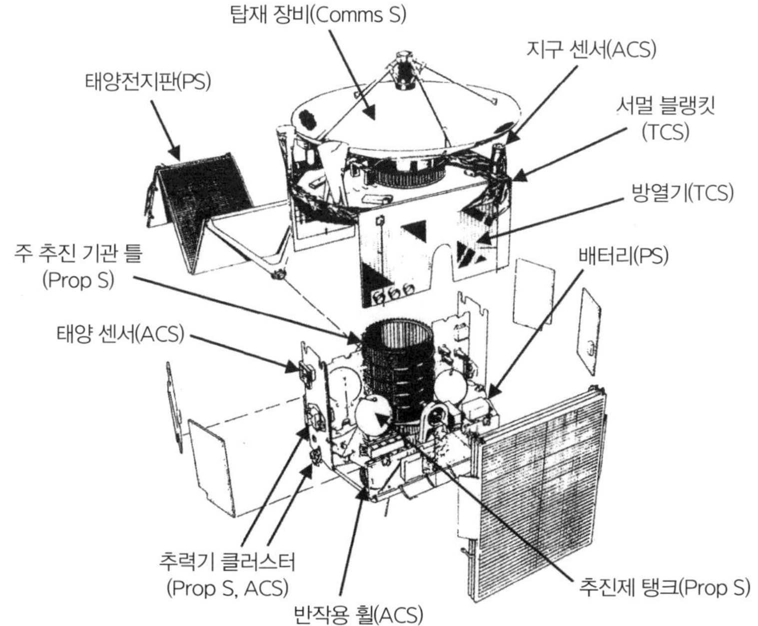

그림 9.21: 우주선 분해도. 각종 하위 체계의 구성 요소들이 보인다. 그림의 예시는 통신위성이므로 통신계를 탑재 장비로 분류하였다. [배경 이미지 제공: ESA]

* 기호 설명: ACS-자세제어계, Comms S-통신계, PS-전력계, Prop S-추진계, TCS-열제어계

10. 21세기의 우주

Space in the 21st Century

필자는 유년 시절 이따금씩 아쉬움에 잠기곤 하였다. 쓸데없는 공상이지만 미래에 태어나고 싶었다. 1950년대 무렵이니 달 탐사나 태양계 탐사는 아직 시작도 하기 전이다. 아, 정말이지 궁금한 점이 차고 넘쳤다! 화성인은 정말로 녹색인지, 타이탄(토성의 위성)의 지평선에서 토성의 고리를 본다면 그 얼마나 장관일지 궁금하고 또 궁금하였다. 돌이켜보면 우주 예술가들 작품이 그레이엄 스위너드 어린이의 상상력에 불을 지피지 않았는가 싶다. 체슬리 본스텔Chesley Bonestell의 작품(그림 10.1)이 당시 사람들에게 어떻게 보였는지 지금은 모를 터이다. 요즘 세상은 그때와는 달라서 타이탄의 대기층이 두터운 줄 안다. 타이탄의 하늘은 그저 자욱할 뿐이라 이런 비경을 기대하고 가면 크게 실망한다. 하지만 사람 마음은 꼭 그렇지가 않아서 필자 역시 아닌 줄 알면서도 이런 만화영화를 떨쳐내지 못한다. 그래서 못내 궁금하다. 우주 삼라만상이 어떻게 돌아가는지, 태양계의 스펙터클, 이를테면 토성의 고리나 이오Io(목성의 위성 중 하나)의 화산활동을 직접 가서 보고 온다는 것이 어떤 의미일지 여전히 궁금하다.

미래가 어떤 모습일지 아무도 모르지만 언젠가 그날이 도래하리라는 상상은 해 보아도 좋지 않을까. 물리학자들이 *대통일이론*theory of everything을 찾아냄으로써 우주의 삼라만상을 속속들이 다 이해하고, 엔지니어들이 기술적인 난제를 극복함으로써 행성 간, 항성 간, 나아가 은하 간 여행을 성사시키는 그날이 오지 말라는 법이 있을까. 아인슈타인의 물리학에 광속 이상은 없다. 우리는 죽었다 깨어나도 빛보다 빠를 수 없다고 한다. 하지만 필자 생각에 거기가 끝이라고 믿을 이유는 없어 보인다. 아인슈타인은 물리학을 끝내러 왔는가? 20세기가 도래할 때만 해도 다들 뉴턴 물리학이 세상의 끝인 줄 알았다.

미래상을 놓고 이야기하자면 사실 그만한 안줏거리가 없지만 현실은 현실

그림 10.1: 타이탄에서 토성을 바라본다. 우주 예술가 체슬리 본스텔의 상상도. [이미지 제공: 본스텔 스페이스 아트(Bonestell Space Art)]

이다. 사람은 자기 분수를 알아야 한다. 우리는 어찌 되었든 주어진 시공간을 받아들여야 한다. 물리학이 숙원 사업을 해결해서 우리네 우주를 손금 보듯 하면 좋겠지만, 필자 생전에 그런 날이 올까 싶다. 너무 멀리 가지 말고 동네에서 놀자. 필자는 솔직히 말해서 인류가 화성 땅을 밟는 모습만 볼 수 있어도 여한이 없다. 정말이다. 이런 생각을 하면 정말 재미있어지는데, 누가 될지 모르지만 최초의 화성인은 필자가 지금 글을 쓰는 이 순간 세상 어딘가에 분명 존재한다. 그것도 멀다 싶으면 좀 더 가까운 장래를 논해 보자. 인류가 달 땅을 다시 밟는 모습을 보고 갈 수 있을까? 10~20년 이내에 말이다. 필자는 상당히 낙관적으로 본다. 다만 현재 진척 상황으로 보아서는 너무 장밋빛 미래를 그리고 있나 싶은 생각도 든다. 아무튼 근거 없는 이야기는 아니다. 우주에서 달은 문 열면 바로다.

혹시나 오해할까 싶어 말하는데, 그래서 아폴로 프로그램의 성취는 더 대단하다. 아폴로 우주인이 달 땅을 밟던 때, 1960년대 후반부터 1970년대 초반까지가 우주항행학의 황금기라고 생각할지 모르겠다. 존 F. 케네디 대통령의 그 유명한 1961년 연설, 겁 없는 젊은 친구들(우주인들만 놓고 본다면 굳이 젊다고 자랑할 나이는 아니지만)이 끝내 약속을 지켰다. 그림 10.2, 폭풍의 바다 평원에 아폴로 12호 착륙선이 내려앉았다. 아폴로 프로그램 당시 필자는 10대 시절을 보내고 있었다. 프로그램의 일거수일투족이 인생의 의미처럼 다가오던 순간이었다. 필자가 우주 분야에 투신하기로 마음먹은 데는 사실 아폴로가 한몫하였다. 아폴로는 그만큼 대단하였다. 필자는 당시에 세상을 너무 순진하게 바라보았던 듯하다. 미국이 인류의 지평을 넓히고자 달에 갔다고 철석같이 믿었다. 하지만 나중에 보니 그것이 아니었다. 나이가 들면서 비판적 견해를 갖게 된 탓도 있겠다. 지금 생각에는 그렇다. 자본주의가 공산권을 상대로 체제 우월성을 과시하려는 의도가 다분해 보인다. 달 착륙에 12년 앞서서 소련은 인류 최초의 인공위성인 스푸트니크 1호를 발사한 바 있다. 스푸트니크 사건은 미국의 자존심에 먹칠을 하였다. 아폴로 프로젝트에 성공하면 이런 말도 안 되는 상황을 바로잡을 수 있을 터였다. 이처럼 정치색 짙은 계획이었지만 일은 그저 일일 뿐, 아폴로가 우주공학적 측

그림 10.2: 1969년 11월 아폴로 12호 달 착륙선이 폭풍의 바다(Oceanus Procellarum)에 안착하였다. 달 착륙 여섯 번 가운데 두 번째이다. 이런 모습을 언제나 다시 보게 될까? [이미지 제공: 미국항공우주국(NASA)]

면에서 위업을 달성했다는 점은 부인할 수 없는 사실이다. 실제로 달 표면을 밟기까지 우주인은 또 어떤 용기를 필요로 했는지 우리는 알지 못한다. 이런 프로그램, 아폴로 이후로 본 적이 없다. 1972년 유진 서넌Eugene Cernan과 해리슨 슈미트Harrison Schmitt가 아폴로 프로그램 막차를 타고 달을 뜰 때 이번이 마지막이라고, 앞으로 35년간 아무도 달 땅을 다시 밟지 못한다고 옆에서 누군가 그랬다면 필자는 흥분하며 결코 믿지 않았을 것이다. 이처럼 일회성으로 끝나고 말았다는 것 자체가 프로젝트의 정치적인 성격을 여실히 보여 준다.

아폴로가 황금기였다면 요즘 젊은 친구들은 아쉽게도 명장면을 놓친 셈이다. 책에서 보다시피 그 이후로도 우주 비행에 크고 작은 성취들이 분명히 있었다. 그렇지만 청춘들이 너도나도 하겠다고 나서지는 않는다. 그만한 비전을 보여 주지 못하고 있으니까. 그러는 사이에 중심이 우주탐사에서 우주개발 쪽으로 이동하였다. 통신, 항법, 지구 관측 등에 우주선을 이용하기 시작하면서 상업이나 레저 분야에 일대 혁명이 일어났다. 하지만 이런 우주 활동은 유인 우주탐사로 태양계를 개척해 가는 모습에 비하면 흡인력이 떨어진다. 젊은이들을 끌어들일 결정적인 한 방이 절실한 상황이다. 사람은 자기 꿈만큼 큰다 하지 않는가.

이번 장과 다음 장에 걸쳐 우주 활동 및 기술 개발 동향에 관해 설명하려 한다. 우리는 미래에 이런 모습을 마주하게 될지 모른다. 내용이 조금 긴 편인데 모쪼록 부담 없이 읽었으면 한다.

유인우주선

지금부터 보게 될 내용은 다소 추측성인 측면이 있다. 일단 유인우주선 이야기부터 간단히 하고 가자. 앞서 제2장에서 양해 말씀을 드린 적 있다. 유인우주 비행을 *manned spaceflight*라고 썼는데 부디 젠더 구분 없이 받아들여 주었으면 한다고. 필자 역시 manned란 단어가 정치적으로 올바르지 않다는 데 인식을 공유하고 있지만 다른 용어, 이를테면 crewed나 peopled 같은 단어는 아무래도 부자연스럽다는 생각에 내키지가 않는다.

무인 인공위성 설계에 대해서는 지금까지 그럭저럭 이야기를 했는데, 유인우주선의 경우는 설계 요구 사항이 더 까다롭다. 우주는 험악하고(제6장) 인간은 나약하다. 인간이 생존하려면 공기와 적정 기압, 실온 환경, 음식물

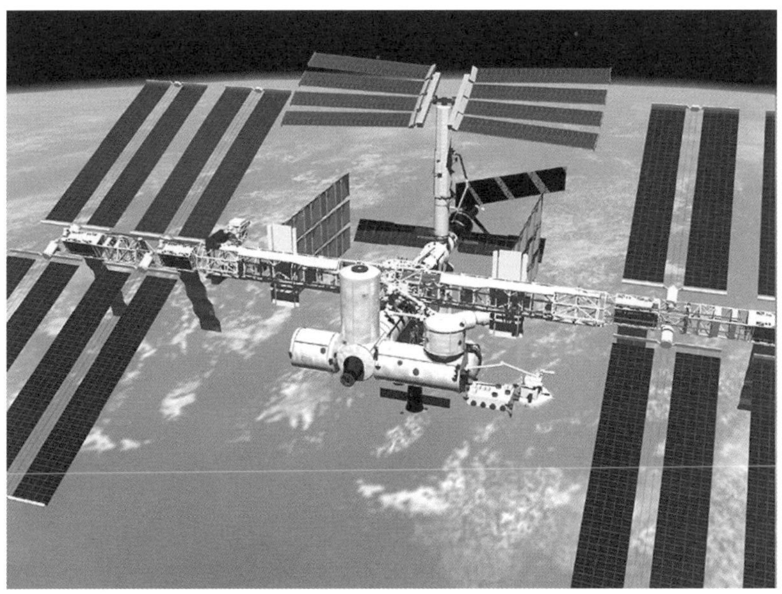

그림 10.3: 국제우주정거장(ISS) 모형도. 훗날 그림과 같은 모습을 갖추리라 보인다. 2010년 완공 예정. [이미지 제공: NASA]

등이 필수이며 폐기물 처리 수단 역시 갖추어야 한다. 자못 당연한 요구 사항이다. 하지만 그 최소한을 갖추려 해도 관련 하드웨어 및 식량이 유인우주선 질량에 적잖은 부분을 차지한다. 오늘날 유인우주선을 보면 이런 형편이 한눈에 드러난다. 국제우주정거장(ISS)(그림 10.3)의 경우 2010년에 완공 예정으로 아직 건설 중에 있는데, 최종 질량이 450톤에 육박하리라 예상된다. 그런데 기본을 갖추었다고 해서 끝이 아니다. *중복 설비*redundancy, 즉 대체 물자 때문에도 유인우주선의 질량은 더욱 늘어날 수밖에 없다. 특정 설비나 물자가 탑승 인원의 생존과 직결될 경우 결코 하나에만 의존할 수 없다. 만일의 사태에 대비해 선내에 보완 체계를 마련해야 한다는 뜻이다. 안전 관련 핵심 장비(이를테면 생명유지 장치 구성품 따위)를 이중으로 갖춘다면 어느 한쪽이 고장이 나도 나머지 하나로 승무원을 살릴 수 있다. 이 문제는 유인우주선 설계에서 중대 사안이다. 소형 경량화를 포기하는 대신 극한의 안전성을 추구할 수도 있고, 잠재적 위험성을 안고서라도 소형 경량화를 추구할 수도 있다. 결국 균형이 관건인데, 선택은 설계 엔지니어의 몫이다. 발사 비용 면에서 보면 우주선은 간소할수록 좋다. 그러나 승무원의 생명을 담보로 도박을 할 수는 없는 일이다.

그래서 유인우주선은 돈이 많이 든다. 생명유지 시스템의 필요성 때문에 궤도에 올려야 하는 하드웨어가 늘어나서 그렇기도 하지만, 한편으로는 *유인 등급* 발사체가 필요하다는 점에서 비용이 더욱 상승한다. 제5장에서 보았다시피 무인 발사체는 발사 성공률이 통상 90% 수준이다. 하지만 유인이라는 말이 붙는 순간 발사 성공률 99%도 부족하다. 99%를 달성하려면 발사체 차원에서도 중복 설비가 늘어난다. 이러나저러나 질량 증가를 피할 수 없다. 유인 등급 발사체로 유인 하드웨어를 궤도에 올린 사례를 꼽아 보자. 예를 들면 새턴 5Saturn V(아폴로 하드웨어와 우주인을 달에 보냈다)나 스페이스셔틀이 대표적이다. 이들은 지금껏 채택된 발사 체계 가운데 복잡하고 거대하고 값비싸기로 거의 최고 수준을 자랑한다. 다들 그럴 만한 이유가 있는 셈이다. 앞날을 생각해 보면 유인 우주탐사 확대에서부터 우주관광까지 모두 다 예정된 일이다. 언젠가는 때가 온다. 하지만 그 꿈을 실현하기까지 여러 난관이 앞을 가로막고 있는데, 앞의 궤도 접근 비용 문제 역시 반드시 넘어야 하는 산이다. 이 부분이 로켓 과학자들에게 어떻게 다가오는지, 그 의미에 대해서는 제5장에 어느 정도 설명한 바 있다.

유인우주선을 설계한다는 말은 선내 환경을 지상과 유사하게 구현한다는 의미 이상이다. 방사선, 우주 잔해, 미소 중력 등의 우주 환경은 인명에 적대적이므로 이에 대한 대책도 마련해야 한다. 유인우주선 설계 및 운용에는 다음과 같은 요소가 영향을 미친다(제6장도 함께 참조하라).

방사선

방사선 측면에서 우주인 안전에 주로 문제가 되는 부분은 전자기 방사선이 아닌 입자 방사선이다. 제6장에서 보았듯이 입자선은 전자, 양성자, 때로는 이온(딸린 전자가 이탈하고 남은 원자핵)과 같은 고에너지(고속) 아원자 입자로 구성된다. 입자선 발생원은 이것저것 다양하지만 지구궤도 우주선 승무원에게는 밴앨런대Van Allen belt가 특히 위협적이다. 지구자기장은 태양풍 입자 일부를 잡아 가둔다. 이에 따라 우주상의 특정 공간에 포획 입자(고에너지 전자 및 양성자)가 집중되는데, 이를 밴앨런대라 하였다. 하지만 고도 1,000km 미만의 지구저궤도에 우주선을 올린 경우라면 어느 정도 안전이 보장된다. 밴앨런대 고위험 구간이 고도 1,000km보다 훨씬 높이 위치한 탓이다. 물론 밴앨런대 포획 입자 외에도 태양풍 입자가 지구로 계속해서 날아들고 있지만, 이들 대부분은 지구자기장에 의해 밖으로 튕겨 나간다. 국제 우주정거장의 경우 궤도고도가 350km 안팎이라 장기 체류 승무원의 노출 선량이 비교적 낮은 편이다. 하지만 그 이상의 궤도를 택할 경우 승무원 안전을 크게 위협할 수 있다. 승무원이 고도 4,500km, 내부 밴앨런대(양성자 집중 구간) 한복판에 장기 거주한다고 하자. 이런 우주정거장은 사람 잡는 결과를 부른다.

여기까지는 지구자기장의 보호를 가정한 상황이다. 그러나 우주선이 지구궤도를 벗어나는 순간 이야기는 달라진다. 가령 타 행성을 목표로 유인 탐사에 나선다고 하자. 행성은 하루 이틀 만에 갈 수 있는 거리가 아니다. 가까운 곳조차 몇백 일이 기본이다. 이 말은 승무원이 수백 일간 태양풍 입자 방사선에 속수무책으로 노출된다는 뜻이다. 태양활동이 극으로 치닫다 보면 이따금씩 태양 폭풍으로 이어지기도 한다. 입자 방사선이 태양계 전역을 휩쓰는 모습을 보면 양도 어마어마하고 말 그대로 쓰나미가 따로 없다. 이렇게 한 번씩 터질 때에 운이 나빠 우주선을 덮치기라도 한다면 큰일이다. 방호 대책 없이 나서면 그대로 유령선이 될 수 있다. 즉 방사선 방호 문제가 향후 유인 행성 탐사에 걸림돌로 보인다. 하지만 비용 대비 괜찮은 방법이 있다. 쉽게 말해 공습경보를 발령한다고 생각하자. 그러려면 일단 조기경보 체계가 있어야 한다. 태양활동을 주시하다가 폭풍 발생 시 즉각적으로 알려 주면 좋을 것이다. 태양궤도 인공위성에 파수꾼 역할을 맡기면 된다. 감시위성으로 조기에 폭풍경보를 받으면 저 멀리 유인우주선에 시간을 벌어 줄 수 있다. 아울러 유인우주선 선내 가압 구획에 *폭풍 대피소*storm shelter를 갖추어야 한다. 승무원은 태양 폭풍 기간 동안 대피소에서 생활한다. 폭풍 대피소는 방사선 차폐를 목적으로 하는 곳이므로 벽면을 납 방호벽으로 둘러치든 해야 한다. 그러나 납벽을 두껍게 대면 질량 증가가 부담스럽다. 대안으로 이러한 방법도 고려해 볼 수 있다. 우주선은 각종 하드웨어를 비롯해 추진제도 다량 싣고 있다. 우주선의 자세를 적절히 바꾸어 태양과 대피소 사이에 하드웨어가 집중되도록 배치하면 우주선 자체를 바리케이드로 활용할 수 있다. 예를 들어, 태양과 대피소 사이에 액체수소 연료 탱크가 놓인다고 생각해 보자. 액체수소 0.5m 정도 두께면 적정 수준의 대방사선 방호력을 제공하리라 본다.

우주 잔해

지구저궤도 유인우주선의 경우 우주 잔해가 문제가 된다. 지구저궤도에는 우주 쓰레기가 상당량 떠돌고 있기 때문에 그렇게 안심할 수 있는 상황이 아니다. 거짓말이 아니라 정말로 충돌할 수도 있다. 가령 우주정거장처럼 지구저궤도에 유인우주선을 장기 운용하는 경우 우주 잔해 충돌에 대비해 방패막이를 두기도 한다(제6장 휘플 실드 부분 참조). 국제우주정거장의 경우, 잔해 충돌 가능성을 면밀히 검토한 결과 질량의 상당 부분을 장갑판에 할애하였다. 정거장의 비행 방향으로 정면충돌 발생 시 피해가 극심하리라 예상되므로 장갑판 대부분을 정거장 정면에 집중 배치하였다. 반면, 스페이스셔틀 같은 경우는 유인우주선임에도 불구하고 이런 식의 장갑을 달 수 없다. 비행영역선도flight envelope가 대기와 우주를 아우르기 때문이다. 셔틀에 이런 류의 장갑을 적용할 경우 대기권 재진입 및 착륙에 이르기까지 비행 능력에 지장을 초래할 수 있다. 최근 몇 년 사이, 셔틀 궤도선 및 승무원 안전과 관련해 잔해 충돌 위험에 주목하게 되었다. 이에 따라 승무원에 대한 위험만이라도 감소해 보고자 독특한 궤도 기동을 실시하고 있다. 내용인즉 기체를 뒤집고 주 엔진을 전방으로 향하게 돌려놓는다. 이렇게 하면 정면으로 날아오는 잔해와 충돌하는 최악의 사태에서도 승무원이 피해를 덜 보게 될 수 있다.

미소 중력

궤도 환경의 특징인 미소 중력 혹은 무중력은 유인우주선 설계에 문제가 되지는 않는다. 그보다는 거기에 탈 사람이 걱정이다. 장기적인 무중력 환경이 생리학적으로 어떤 영향을 미치느냐가 관건인 셈이다. 유리 가가린이 1961년 인류 최초로 궤도 비행에 성공한 이래 유인 우주 프로그램은 주로 이 부분에 관심이 있었다. 살류트Salyut, 스카이랩Skylab, 미르Mir에서 오늘날 국제우주정거장까지 우주정거장 역사만도 벌써 수십 년이다. 오랜 세월, 우주인들이 길게는 수백 일씩 머물러 가며 정거장을 지킨 덕분에 지금은 의학적 자료가 제법 쌓였다. 이런 자료가 왜 중요할까? 화성으로 유인 우주 비행을 시도한다고 생각해 보자. 미소 중력 환경하에 적잖은 시간을 보내야 한다. 탑승자에게 생리학적으로 어떠한 영향이 있는지 연구 및 평가하는 데 위와 같은 자료가 밑바탕이 된다. 무중력이 인체에 미치는 생리학적 영향을 크게 다음과 같이 요약할 수 있다.

- 우주 멀미: 우리는 누워 있는지, 물구나무서 있는지, 움직이는지 아닌지 눈감고서도 안다. 균형 감각 덕택이다. 균형 감각은 내이의 전정기관이 담당한다. 전정기관의 내림프액이 운동하면 이를 감지해 바깥 상황을 판단하는 식이다. 내림프액의 운동은 물론 1g 환경을 기본으로 하고 있다. 무중력 환경에 노출된다는 말은 그 판단 근간이 흔들린다는 뜻이다. 전정기관은 있는 그대로 전할 뿐이지만 우리 두뇌는 전례 없는 상황에 혼란스러워한다. 문제는 그뿐만이 아니다. 균형 감각과 시각 정보 간

의 충돌이 일대 혼선을 빚는다. 눈에는 이렇게 보이는데 내 느낌에는 그렇지 않은 상황이다. 사람에 따라 차이는 있지만 우주인들 이야기로는 메스껍고 상태가 말이 아니라 한다. 그렇게 이삼 일 지내다 보면 두뇌도 생각을 정리하고 새 환경에 잘 적응해 나간다.

- 체액 재분배: 사람을 세워 놓고 혈압을 재어 보면 발에서 가장 높고 위로 갈수록 낮아진다. 뇌와 발을 비교하면 거의 3배 차이이다. 그런데 무중력에 노출되면 혈액 분배가 크게 바뀐다. 즉 얼굴은 붓고 다리는 가늘어진다. 소위 문페이스, 버드레그라고 하는 현상이다. 그래도 우주인은 궤도 환경에 곧잘 적응한다. 지상의 1g 환경으로 돌아오면 단시간 내에 평상시 기능을 회복한다.
- 근위축증: 무중력 생활을 장기간 하다 보면 신체 활동 부족에 시달린다. 통 힘쓸 일이 없다 보니 근육이 약해지는데 심근도 예외는 아니다. 지상에 있을 때보다 심장 무게가 줄어들 뿐만 아니라 심박수도 떨어진다. 심히 우려스러운 상황이 아닐 수 없다. 그러므로 의무적으로 운동에 나서야 한다. 우주선에서는 운동도 그냥 할 수 있는 것이 아니다. 말 그대로 무중력 환경이라 그렇다. 특수 운동기구가 필요한데 구조가 꽤 복잡하다.
- 골격의 칼슘염 상실: 무중력 환경에서 오래 생활하면 근육만 아니라 뼈도 약해진다. 칼슘 성분이 점차 소실되기 때문인데, 장기적으로는 골연화증으로 발전할 수도 있다. 우주인이 1g 환경으로 돌아오면 원상회복된다.

미소 중력 환경은 위와 같이 생리적인 변화를 수반한다. 시간이 지나면 대부분 회복할 수 있다고 하지만 근골격계 관련 부분은 향후 태양계 유인 탐사에 문제가 될 것으로 보인다. 무중력하에 우주 비행을 지속하다 보면 건강 상태가 좋을 수 없다. 목적지에 당도했으나 정작 건강 문제가 발목을 잡는다면 곤란하다. 그런 불상사를 피하려면 우주비행사를 위한 체력 관리에 각별히 유의해야 하겠다. 인공적으로 중력 환경을 조성하는 방법도 부분적인 해결책이 될 수 있다(아래 참조).

유인 우주탐사: 근미래

이번 절에서는 (거의) 확실한 이야기만 해 보자. 향후 30년간 유인 우주 임무는 다음과 같은 방향으로 진행되리라 본다.

- 국제우주정거장 완공 및 정상화
- 유인 달 탐사 재개
- 유인 화성 임무

근미래의 유인 우주탐사라. 필자도 이제 나이를 먹어서 그런지 이런 문구가 와닿지는 않는다. 하지만 필자 생각에 그날은 기어이 오고야 만다. 그렇게 여길 만한 이유가 충분하다. 상황이 심상치 않다. 2004년 1월에 현직 미국 대통령이 '우주탐사 비전'을 새로 발표하기까지 했으니 괜한 소리는 아니라고 본다. 다른 데서도 조짐이 보인다. 스페이스셔틀 함대가 2010년께 퇴역할 예정이라 한다. 스페이스셔틀은 1981년 초도 비행을 시작한 이래 미국 우주 프로그램의 주력으로 자리매김하였다. 그래서인지 셔틀의 퇴역 소식을 접한 첫 반응은 올 것이 왔다는 분위기였다. 하지만 꼭 나쁘게만 볼 필요는 없다. 셔틀의 퇴역은 미국 우주 프로그램을 재편하는 계기가 되지 않을까 한다. 장차 무엇을 어떻게 할지 바닥부터 다시 시작하는 기분으로 가 볼 수 있으리라 본다. 이렇게 비전을 마련하는 자체가 우주 프로그램 전체에 활력을 불어넣는 역할을 한다.

또 하나의 문제는 예산이다. 앞서 말한 프로젝트들 어디로 보아도 싼값에 해결되지는 않을 듯하다. 이런 프로젝트의 존립 가능성에 대해 합리적 의심을 품을 수 있겠다. 아폴로 시대라면 말이 통한다. 정치적 동기에 의해 막대한 재정 부담이 정당화된 시대였다. 하지만 오늘날 같아서는 어림없다. 냉전은 종식되었고 그 무서운 이념 대립도 이제는 옛말이 되었는데, 물어보는 것이 당연하다고 본다. 국가 차원에서 처음도 아니고 달에 또 갈 이유가 있는가? 화성은 가서 뭐하나. 결국은 국민 혈세이다. 미래가 어떻고 기술이 어떻고는 사실 중요한 문제가 아니다. 돈 문제에 제대로 답할 수 있어야만 의미가 있는 이야기이다. 이 문제는 잠시 후에 다시 논의하기로 하자.

국제우주정거장

이 책의 집필 시점을 기준으로 유인 우주 활동은 사실상 한 프로젝트에 집중되어 있다. 지구저궤도에 국제우주정거장을 건설하는 작업이다. 이름만 보아도 알겠지만 여기에는 세계 유수의 우주기구가 관여하고 있다. NASA(미국항공우주국), ESA(유럽우주기구), JAXA(일본우주항공연구개발기구), CSA(캐나다우주국), RKA(러시아연방우주국) 등이다. 우주정거장 궤도는 원형에 가까우며 경사각은 52°이다. 궤도고도는 항력의 영향 탓에 약간씩 변동을 보이지만 대략 350km 선을 유지하고 있다. 2010년 완공을 목표로 현재도 건설 중이며, 최종 질량은 물경 450톤에 달하리라 예상된다. 완성 후에는 그림 10.3과 같은 모습을 갖춘다.

우주정거장 건설은 1998년에 시작되었다. 발사체로 모듈을 쏘아 올리고 하나씩 덧붙여 나가는 식으로 공사를 진행했는데, 이런 비행이 착공에서 완공까지 줄잡아 40회 이상 된다. 운반 및 조립은 주로 스페이스셔틀이 담당했다. 완공 시의 최대 폭은 약 110m, 총 생산 전력은 100kW, 여압 구획실 용적(승무원 6인 거주 공간)은 1,000m^3에 달한다. 공사가 예정대로 진행되고 이후로 예상 수명 6년을 채우면 대기권 재진입 방식으로 폐기할 예정이다. 아마 2016년경이 되지 않을까 한다.

이쯤 되면 프로젝트 예상 비용이 얼마인지 궁금해진다. 놀라지 마시라. 1300억 달러(한화로는 현재 약 156조 원-역자주)이다. 바로 이 지점에 반대 여론의 집중포화가 쏟아진다. 비판의 요지는 이렇다. 그 많은 예산을 우주망원경이나 행성 탐사선 등 무인우주선에 투자했어야 한다는 것이다. 사실 말이 나올 만도 하다. 과학적 측면에서 무인 탐사의 실익이 훨씬 크기 때문이다. 이런 주장에는 설득력이 있다. 국제우주정거장의 임무 중 과학 연구 부문을 보면 천문학과 지구 관측이 상당 부분을 차지한다. 그런데 제2장에서 보았다시피 이런 임무라면 국제우주정거장은 궤도부터 부적합이다. 그 외 연구는 주로 실험에 치중한다. 이런 실험들은 하나 이상의 특수 환경을 필요로 하며, 대개는 미소 중력과 관련된다. 무중력이 인체에 미치는 영향을 장기적으로 살펴본다든가, 이를테면 재료 공학 등, 물리 및 화학 관련 연구를 한다든가, 예를 들면 그런 식이다. 아무튼 이 우주정거장 논쟁은 격하다 못해 막말 싸움으로 번지기도 한다. 메릴랜드 주립대학의 밥 파크Bob Park(물리학과 교수로 학과장도 지낸 사람이다) 같은 경우는 유인 우주탐사에 정면으로 반기를 들고 나선다. 여기에 꼭 그런 말을 옮겨야 하는가 싶지만, 미국 과학계 일부는 국제우주정거장에 극렬히 반대한다는 사실이 퍽 실감이 된다. 다음은 파크 교수가 한 말이다. "나사는 국제우주정거장을 서둘러 완공하시라. 바다에 제때 들어가려면 시간 얼마 안 남았다!"(개인 홈페이지에 밝히기로는, 개인적인 의견이었을 뿐 메릴랜드 주립대학 입장과는 무관하다고 한다.)

국제우주정거장에 대한 필자의 생각은 다소 뒤섞여 있다. 항상 비용을 정당화할 목적을 찾는 비싼 프로젝트가 아닌가 생각하였다. 사람들이 보면 저 가격표, 무어라고 말 좀 해 보라고 하지 않을까. 물론 이런 주장도 있다. 우주정거장 등 거대과학 프로그램에 관여하면 국가 차원에서 얻는 바가 있다. 첨단 기술산업 부문 발전에 따른 경제적 효과와 더불어 고도로 숙련된 노동력을 확보한다. 그렇다, 우주 기술 개발에 따른 파급효과는 분명히 있다. 프라이팬 테플론 코팅이 우주선을 만들다 나온 기술이다, 그런 옛날이야기나 늘어놓으려고 하는 말이 아니다. 우주산업 연구 개발 성과가 민간 산업에 파급될 때 이에 따른 경제적 효과도 분명하다. 모두 맞는 말이다. 하지만 전반적으로 보면 그 실익이 투자에 미치지 못할 가능성이 농후하다. 본전 생각이 간절해지기 쉽다는 말이다. 국제우주정거장 사례를 보면 유인 우주 프로그램의 비용 문제를 정당화하는 데 있어 필자도 방침을 달리해야겠다는 생각을 한다. 2016년이면 임무 종료이다. 그 말은 궤도상의 인프라로 활용할 수 없다는 뜻이다. 달 탐사 재개나 화성 유인 임무와 관련해 국제우주정거장이 실질적으로 아무 도움이 안 된다는 이야기이다. 하지만 필자는 밥 파크 교수와는 생각이 다르다. 필자는 유인 우주탐사를 해야 한다고 믿는 사람이다. 그 때문에 국제우주정거장도 앞날을 염두에 둔 행보라고 본다. 큰물로 나아가기 전에 이것저것 경험을 쌓아야 하지 않을까. 필자는 역시나 김칫국부터 들이켠다. 지금 상황을 보면 아직 멀었는데 말이다. 늘 이렇게 앞서 나가서 문제이다. 아무튼 국제우주정거장 프로그램을 정당화할 이유를 적어 보라고 하면, 필자는 다음과 같은 견해를 피력하겠다.

- 우주에 반영구적 거점을 확보함으로써 우주 체류 경험을 쌓는다.
- 궤도상에 대규모 시설을 구축하는 방법을 터득한다.
- 대규모, 고비용, 고난도, 다국적 우주 프로젝트를 효과적으로 운영하고 비용 효율을 도모하는 방법을 터득한다.
- 청소년에게 꿈을 심어 주어 우주 공학 및 과학 분야에 참여하도록 장려할 수 있다.

다음 단계, 지구를 벗어나 태양계 탐사에 나서려면 위와 같은 요령을 터득해야 하리라 본다. 유인 우주 활동을 반대하는 진영이 보기에는 수업료가 말이 안 되겠지만, 국제우주정거장의 운용 경험은 틀림없이 중요한 자산이 된다. 필자의 소견이다.

유인 달 탐사 재개

미국은 최근 들어 아예 공표를 하였다. 미국인 우주비행사가 달 땅을 다시 밟는다. 기한은 2020년. 저만한 발표에는 이런저런 동기가 있으리라 보이는데, 일단 우주탐사와 관련하여 대중의 열광을 되찾고자 하는 절실함이 느껴진다. 한편으로는 이런 의식도 엿보인다. 지구저궤도 국제우주정거장에 사람이 나가 멀쩡히 살고 있는데도 그런 것은 별 구경거리가 못 된다는 식이다. 또 하나 덧붙이자면 여기저기서 경쟁의식을 부추기는 탓도 있다. 지금 달에 가겠다는 나라들이 하나둘이 아니다. 중국국가항천국(CNSA)은 유인 달 착륙 시점을 2017년으로 못박았다. 중국 유인 우주 프로그램의 역사가 상대적으로 짧다는 점을 감안하면 야심 찬 계획이 아닐 수 없다. 2010년에는 또 스페이스셔틀이 줄줄이 퇴역할 예정이다. 미국 우주 프로그램에 중대한 변화와 새로운 발전이 필요한 형국이다. 시작하기에 앞서 하나 짚고 넘어가겠다. 지금 선수가 여럿이다. 그럼에도 굳이 미국의 달 탐사 계획을 집중 조명하고자 한다. 다른 이유는 없다. 지금 이야기는 유인 달 탐사가 어떤 식으로 진행되는지 설명하는 데 목적이 있다. 설명이 목적이라면 미국의 달 탐사 계획은 충분히 준비되었다.

미국항공우주국(NASA)의 달 탐사 계획에서 눈에 띄는 부분이 있다. 아폴로와 스페이스셔틀의 노하우를 한데 엮어 최대한도로 활용하겠다는 방침이다. 셔틀을 대체할 유인우주선은 아폴로와 엇비슷하게 생겼다. 초기 명칭은 유인 탐사 비행체Crew Exploration Vehicle였으나 현재는 오리온Orion으로 개칭하였다. 그림을 보다시피 아폴로 사령선 및 기계선과 상당히 유사하다(그림 10.4). 하지만 외관이 닮았다는 것뿐이지 크기로는 거의 3배에 달한다. 내부 공간이 늘어난 덕분에 탑승 인원수도 4인으로 증가하였다. 오리온 우주

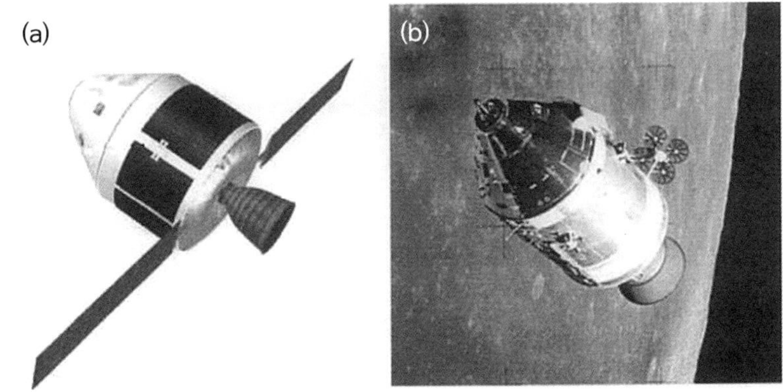

그림 10.4: 오리온 우주선(a)과 아폴로 사령선 및 기계선 모듈(b)을 비교해 보면 구성이 거의 비슷하다. 오리온은 기체가 대형화되어 아폴로의 3배 크기에 달한다. [이미지 제공: NASA]

선용 유인 등급 발사체 역시 개발 중에 있다. 이름하여 아레스Ares 1인데, 기존 발사 체계(셔틀 및 아폴로)의 파생 부품을 상당 부분 가져다 썼다. 이런 식의 접근은 다음과 같은 이점이 있다. 기존 로켓 부품의 경우 이미 검증이 끝났기 때문에 이를 활용하면 시간과 비용을 줄일 수 있다. 아울러 부품 생산부터 통합에 이르기까지 경험이 축적되었으므로 작업 숙련도 면에서 유리하지 않을 수 없다. 안전하게 가기로 노선을 정한 만큼 셔틀에서 차세대 우주선으로 배턴터치가 순조롭게 이루어지리라 기대한다.

그런데 오리온만으로는 달에 가서 내릴 수가 없다. 장비가 추가로 필요한데 특히 달 착륙선이 있어야 한다. 미국항공우주국은 아레스 1과 별도로 초대형 발사체 아레스 5 개발을 제안했는데, 전과 마찬가지로 셔틀 및 아폴로 부품을 적극 활용할 계획이다. 아레스 5는 지구 이탈용 엔진Earth Departure Stage, EDS 및 달 착륙선Lunar Surface Access Module, LSAM 운반을 목적으로 하며, 지구저궤도에 약 125톤을 올릴 수 있다. 본문에서는 아레스 1과 아레스 5 발사체를 유인 달 착륙 프로그램의 일환으로 소개했지만, 미국항공우주국은 장차 달 이외의 유인 우주 임무와 관련해 이들 발사 체계의 역할을 확대해 나갈 계획이다.

이처럼 새로 구축한 인프라가 유인 달 탐사 재개에 어떤 역할을 하게 될지 보자. 아폴로 달 착륙 때와 닮은꼴이라 비교해 보면 재미있다. 유인 달 탐사 날이 밝으면 아레스 5 발사체가 먼저 날아오른다. 아레스 5로 지구궤도에 화물(달 착륙선과 지구 이탈용 엔진)을 올리고 나면 30일 내로 아레스 1 발사체가 오리온 유인우주선을 싣고 간다. 즉 화물이 선발, 사람은 후발대이다. 아레스 1 발사 체계는 스페이스셔틀에 비하면 단순하기 그지없다. 기계가 단순한 만큼 신뢰성이 높을 것으로 보인다. 오리온 우주선은 지구궤도에 오른 뒤 선착 화물과 랑데부 및 도킹을 시도한다. 유인우주선에 착륙선과 추진

단을 결합하는 작업이다. 여기까지 무사히 마쳤으면 이제 진짜 달에 갈 차례이다. 지구 이탈용 엔진을 점화해 달 전이궤도에 진입하자. 전이궤도 진입에 성공하였다면 지구 이탈용 엔진을 분리한다. 이로써 오리온 유인우주선 및 달 착륙선 모듈이 달까지 3일 여정에 들어간다.

달에 도착하면 오리온 우주선의 주 엔진을 점화해 달 저궤도에 진입한다(그림 10.5). 모듈이 달 저궤도를 도는 동안 우주인들 4명은 착륙선으로 갈아타고 오리온에서 도킹 해제한다. 착륙선은 하강 엔진을 점화해 달 표면으로 내려간다. 원안에 따르면 월면 탐사 기간은 7일이다. 탐사 기간 동안 우주인은 전부 달에 가 있고, 오리온 우주선은 무인으로 궤도에 대기한다. 표면 탐사를 마무리하면 우주인은 착륙선의 이륙 모듈을 타고 궤도로 돌아와서 오리온과 랑데부 및 도킹한다. 우주인은 오리온으로 자리를 옮겨 이륙 모듈을 분리하고, 오리온 우주선의 주 엔진을 점화해 지구 귀환 궤도에 진입한다.

그림 10.5: 오리온 우주선 예상도. 달 착륙선과 도킹한 상태로 달 궤도를 돌고 있다. [이미지 제공: NASA]

오리온은 지구 대기권에 진입해 낙하산으로 감속한다. 착륙 지점은 미국 영토 내, 캘리포니아 정도로 예상된다.

우주개발이 중심인 시대에 다시금 우주탐사 이야기가 나오는 모습을 보니 반갑지 않을 수 없다. 하지만 질문이 남는다. 달에 다시 가는 이유가 무엇인가? 월면기지의 특성을 과학적으로 이용하고자 하면 이유야 얼마든지 만들어 낼 수 있다. 과학자들이 예산이 없지 아이디어가 없지는 않다. 그런데 그럴 만한 값어치가 있는가? 미국의 달 계획은 국제우주정거장 비용에 맞먹을 전망이라 못해도 1000억 달러(한화로는 현재 120조 원이 넘는다–역자주)이다. 유인 우주 비행에 반대하는 진영에서 달 계획을 엎으려고 득달같이 달려들지 않을까? 로봇으로 무인 탐사를 진행하는 편이 훨씬 이득이라고 주장할 터이다.

약점은 또 있다. 거기까지 갔으면 무언가 남는 것이 있어야 하지 않을까. 그런데 계획을 보면 달에 장기 체류가 가능하도록 시설을 만들겠다는 이야기는 어디에도 없이 그저 한 번 내리고 말겠다는 식이다. 아폴로 때와 비슷한 상황이다. 미국항공우주국도 그 점을 익히 알고 있고, 우주선과 발사체 인프라를 적절히 활용하면 어떤 형태로든 반영구적 월면기지를 세울 수 있다고 주장한다. 월면기지 구조물을 초대형 발사체 화물로 실어 나르면 불가능한 일도 아니겠다. 필자 생각에는 결국 이 부분이 관건이 아닐까 싶다. 지출을 정당화하려면 이렇게 접근해야 하지 않을까: 장기적으로 달에 전초기지를 마련하자. 달 탐사는 물론 화성 유인 임무를 위한 포석으로 활용하겠다. 이 프로젝트의 과학적 성과만 따질 일은 아니다. 달을 일종의 시험장이라고 생각해야 한다. 우주상에서의 작전 운용과 절차를 폭넓게 다룰 필요가 있다. 자급자족이 가능한지도 해 보아야 알 수 있다. 이러한 노하우를 터득한다면 장차 태양계의 다른 곳으로 발을 넓히고자 할 때 크게 도움이 된다.

화성 유인 임무

그렇다면 '다른 곳'은 어디를 말할까? 현시점에서 각국 우주 기관들이 하나같이 눈독 들이는 곳이 있다. 화성이다. 태양계 내의 착륙 가능한 장소를 비교해 보면 화성은 상대적으로 무난한 축에 속한다. 대기도 있고 온도도 적당하고 어디 이만한 행성이 없다. 하지만 어디까지나 *상대적으로* 그렇다는 말이다. 훗날 화성에 탐사대가 내리더라도 우주복 없이는 활동이 불가능하다. 화성의 대기 조성은 이산화탄소(CO_2) 위주이며, 대기압은 지구 대기압의 1%에 못 미친다. 대기가 이처럼 희박한데도 불구하고 바람은 또 심해서 한번 불기 시작하면 화성 표면의 상당 부분이 몇 주씩 모래 폭풍으로 뒤덮인다. 평균기온은 −50℃ 선으로 극한지나 다름없다. 화성의 분진 자체가 인체에 유해할 수 있다는 우려도 나온다. 그러나 정말 문제는 방사선이다. 화성은 자기장이 약해서 태양풍 입자선을 효과적으로 차단하지 못한다. 게다가 대기층도 얕아 별다른 감쇠 효과를 기대할 수 없다. 화성 표면에 나가만 있어도 상당량의 방사선을 쬔다는 뜻이다.

이쯤 되면 저기를 왜 간다고 야단인가 싶겠다. 명색이 화성인데 시간과 노력에 비용은 또 얼마나 들겠는가. 하지만 태양계 유인 탐사라는 대업에서 다음 발걸음은 화성 아닌 다른 곳일 수가 없다. 금성을 가겠는가, 목성을 가겠는가. 이런 데는 화성보다 더하면 더했지 조금도 나을 것이 없다. 한편으로 과학계가 화성 유인 임무에 목을 매는 탓도 있다. 화성에서 생명의 흔적을 발견할지도 모를 일이다. 녹색 화성인을 찾는다는 이야기가 아니다. 가능성이 있다면 아마도 미생물 정도가 나오지 않을까. 과학계는 지구 외부의 생명체 발견 가능성에 흥분감을 감추지 못한다. 무언가 찾아낸다면 외계 생명체의 발생과 특성을 이해하는 데 실마리가 될 터이다. 유인 우주 비행에 반대하는 진영은 역시나 다음과 같이 지적한다. 화성 표면에 무인 탐사선을 보내도 사람 못지않게 잘할 수 있다. 필자가 보기에도 이런 이유로 유인 화성 착륙을 정당화하기는 어렵겠다는 생각이 든다.

이러니저러니 해도 결국은 비용 문제로 귀결된다. 유인 화성 착륙 비용이 얼마나 들지 지금으로서는 예측하기 어렵지만, 액수가 우리의 상상을 초월하리라는 점은 확실하다. 1조 달러(한화로 현재 1200조 원-역자주) 이야기가 나오는데 문제가 심각하다. 지금 국제우주정거장이나 유인 달 착륙도 비싸다고 싸우는 현실이다. '그것이 우리 운명이다' 하는 것 외에는 이런 규모의 비용 지출을 정당화할 방법이 없다. 우리는 정말 화성에 가게 될까? 필자가 볼 때 이 문제는 전적으로 국제사회의 뜻에 달리지 않았나 싶다. 그만한 재원을 투입할 의사가 있다면 그때는 이야기가 다를 수 있다.

그 문제는 그렇다 치고 기술적으로는 가능한가? 유인 화성 착륙은 30년 뒤에나 있을 일이지만, 이 문제에 답하고자 우주 기구들이 나름대로 준비를 많이 해 두었다. 예를 들면, 미국항공우주국과 유럽우주기구(및 기타 우주 기관) 모두 소위 말하는 *기준 임무*reference mission를 개발한 바 있다. 화성 착륙 전략을 정립하는 한편 이를 실행에 옮기려면 어떠한 기술이 필요한지 알아볼 목적이다. 기준 임무를 보면 세부 사항에 차이는 있지만 사람을 화성에 보내는 전반적인 방식에 있어서는 어느 정도 합의가 된 상황이다. 신기술이 등장하면서 비용 절감의 가능성이 열리고는 있지만, 유인 화성 탐사에 필요한 기술은 사실 지금도 있다. 의외라면 의외이다. 이제부터 유인 화성 착륙 전략을 논하도록 하겠다. 이런저런 기준 임무를 취합하여 나름대로 구상해 보았다. 우리는 화성 착륙이 대략 이러한 방향으로 진행된다는 점을 알면 되겠다.

일단 기본부터 이야기하자면 화물과 승무원 분리 수송이 핵심이다. 지금부터 30년 뒤 어느 날, 무인 화물 우주선 발사를 신호탄으로 역사에 길이 남을 여정이 시작된다. 무인 발사체는 최소한 2기 이상이 동원되며, 각각 지구 귀환 우주선과 현장 화물선을 지구궤도에 올려놓는다. 화물 규모로 볼 때 발사체의 지구궤도 운반 능력이 150톤은 되어야 할 것으로 보인다. 지구궤도에서 이상 유무를 점검하고 나면 각자 로켓엔진을 점화해 화성 전이궤도로 진입한다. 특징이 있다면 화성까지 저속 궤도, 사실상 호만 전이궤도Hohmann transfer orbit를 이용한다는 점이다. 호만 전이궤도는 제9장 추진 부분에서 다룬 바 있다. 그림 10.6의 저속 궤도는 이 호만 전이궤도를 말한다. 기억해 보자면, 호만 전이궤도를 이용하여 추진제 소요를 최소화할 수 있다고 하였다. 다시 말해 비용 절감을 꾀할 수 있다는 뜻이다. 하지만 지구궤도만 벗어나려 해도 약 3.6km/sec의 ΔV(속력 변화)가 필요하다. 기존의 화학 추진기관을 이용하는 경우 고성능을 전제하더라도 상황이 만만치 않다. 초기 질

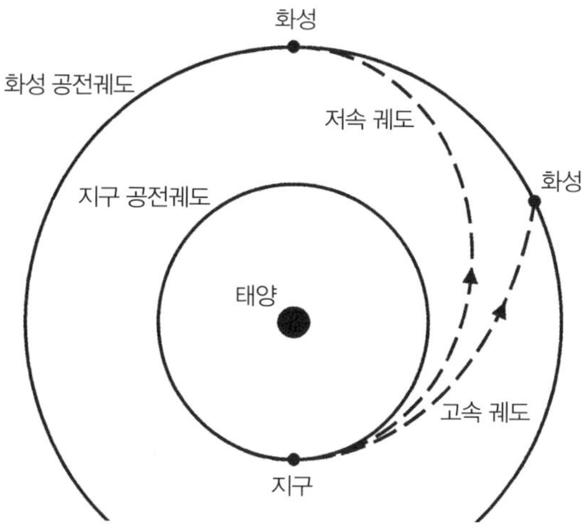

그림 10.6: 유인 화성 임무 시 일반적으로 그림과 같은 전이궤도를 이용한다. 저속 궤도, 즉 호만 전이궤도로는 무인 화물을 보낸다. 고속 궤도는 탐사대가 이용한다. 고속 궤도 이용 시에는 이동 시간이 단축되어 미소 중력 및 방사선 피해를 줄일 수 있다.

량 150톤에 추진제가 80톤을 잡아먹는다.

무인우주선 각각은 259일 이후 쌍곡선 궤적(제4장 참조)을 그리며 화성에 최종 접근한다. 그런데 문제가 있다. 이대로 계속 가면 화성을 스윙바이로 지나친다. 화성궤도에 진입하려면 우주선을 감속해야 한다. 여기서 로켓엔진을 이용해 속력을 줄일 수도 있지만, 감속에 필요한 추진제만도 상당량이다. 추진제가 어디서 공짜로 나던가. 추진제도 짐이라서 덜 싣는 만큼 질량 부담이 줄어든다. 그 때문에 일부 기준 임무들은 *공력 제동*aerobraking으로 화성궤도에 진입하는 방안을 제시한다. 공력 제동의 핵심은 화성 대기이다. 화성 접근 시 대기권을 지나도록 비행 경로를 잡으면 항력에 따른 감속 효과를 볼 수 있다. 이를 이용함으로써 우주선이 자연스럽게 화성궤도에 진입하도록 할 수 있다. 물론 이 방식을 택한다 해도 그만한 대가가 따른다. 우주선이 화성 대기를 고속으로 지날 경우 대기 마찰로 인해 고온에 노출되므로 열 차폐가 필수적이다. 나름대로 장단이 있는 셈이다. 그러면 어느 쪽이 유리한가? 계산해 보면 공력 제동이 낫다는 결론이 나온다. 추진제를 더 싣기보다는 열 차폐재를 쓰는 편이 질량 부담이 적다.

여기까지는 같이 왔으나 이제부터는 길이 달라진다. 지구 귀환 우주선은 일차 목적지에 도달하였다. 귀환 우주선은 비행사들이 탐사를 마치고 돌아갈 때 이용하는 차편이다. 그런데 화성 탐사대원이 지구에서 아직 출발하지도 않았다. 따라서 탐사대가 도착할 때까지 화성궤도에 몇 년이고 방치된다. 현장 화물선의 경우는 화성 표면이 최종 목적지이다. 이쪽도 사람들이 오기까지 마냥 기다려야 하는 입장이다. 이름만 보아도 알겠지만 화물선은 유인 탐사 물자 일체를 싣고 있다. 예를 들면 연구 및 탐사 장비, 발전 장비(아마도 원자로 형태가 아닐까 한다), 생활용품 및 실험실 기자재, 탐사 차량, 화성 상승선(표면 탐사 임무 종료 후 상승선을 이용해 화성궤도로 복귀한다) 등이 있겠다. 여기에 로켓 추진제 생산 시설까지 포함하는 계획도 있다. 화성 현지 자원으로 메탄과 액체산소를 생산해 상승선 추진제로 쓰려는 의도인데, 이런 계획에는 다소 불확실한 측면이 있는 것도 사실이나. 우주인이 그 말만 믿고 선뜻 길을 나설지는 모르겠으나, 아무튼 추진제를 현지 조달하는 쪽으로 가닥을 잡으면 전체적으로 질량을 줄일 수 있으리라 보인다. 지금까지는 썩 좋다. 하지만 진짜 유인 임무는 아직 시작도 하지 않았다.

무인우주선이 화성궤도와 화성 표면에 무사히 안착해 정상 작동하면 이제 화성 임무 유인 편을 시작할 차례이다. 하지만 일에도 때가 있는 법이다. 행성이 적절한 위치에 올 때까지 기다려야 한다. 그러면 실제 작전 개시는 언제인가? 무인우주선 발사 후 약 3년 뒤이다. 이번에도 짐이 한가득이라 초대형 발사체를 동원해야 한다. 일단 지구저궤도에 승무원 수송 및 거주선부터 올린다. 이 역시 질량이 150톤은 되지 않을까 예상한다. 화물이 올라가고 나면 며칠 이내로 우주인이 뒤따라간다. 아마도 오리온 우주선 캡슐을 이용할 것이다. 오리온 우주선은 궤도상에서 승무원 수송 및 거주선과 랑데부를 시도한다. 랑데부를 마치면 우주인은 수송 및 거주선으로 옮겨 대장정에 나선다. 승무원 수송 및 거주선은 그림 10.6에서 보다시피 고속 궤도를 이용한다. 화성까지 비행 시간을 줄이고자 함이다. 이런 식으로 가자면 ΔV가 클 수밖에 없다. 즉 추진제 소요가 많다는 뜻이다. 추진제 질량이 늘어나면 손해인데 굳이 왜 이렇게 할까? 우주인들 지루할까 봐 그러는 것이 아니다. 미소중력 환경과 방사선 노출 문제 때문이다. 화성까지 비행 시간을 130~150일로 줄이는 정도라면, 그에 따른 ΔV 및 추진제 질량 증가는 감수할 만하다고 본다.

무중력의 부작용을 줄이는 방안으로 *인공중력*artificial gravity도 검토해 볼 만하다. 기체를 인위적으로 회전시켜 중량감을 만들 수 있다. 우주비행사의 훈련 영상에서 그런 장면을 본 적이 있을 터이다. 일명 가속도 내성 강화 훈련인데, 대형 원심분리기에 사람을 앉히고 정신없이 돌려댄다. 발사 시의 가속에 대처하는 훈련이다. 원심분리기의 회전수가 오를수록 탑승자 실효 체중이 점점 증가하는데, 보고 있자면 딱한 생각마저 든다. 우주 비행의 여명기에 비행사들이 '필사의 도전'(『필사의 도전The Right Stuff』은 톰 울프Tom Wolfe의 저서 제목으로 초창기 우주비행사들 이야기를 조명한다)을 하고 있을 때 이런 기계가 동원되어 비행사들을 괴롭혔다. 8*g* 혹은 그 이상도 갔다고 하는데, 말이 8*g*이지 평상시 본인 체중의 8배가 된다고 생각해 보라. 아무튼 무중력 환경이 장기간 계속되면 문제가 심각해지기 때문에 행성 간 장거리 유인우주선에는 이러한 원심분리기와 비슷한 설비를 놓아야 할 수도 있다. 설계상의 변종으로 우주선 모듈 2개를 쌍절곤처럼 엮는 방법도 있다. 아령 모양의 우주선이 서로서로 빙글빙글 돌아간다고 생각하면 되겠다. 이런 우주선이라면 각 모듈의 우주인은 중력과 유사한 환경에 놓인다. 유사 중력의 크기는 회전수로 조절한다. 기술적으로는 그러한데 화성에 가면서 이러한 우주선을 타기는 좀 뭣하다. 기계적으로 복잡하면 자연히 질량과 비용이 늘어나는데, 화성은 사실 너무 가까워서 탈이다.

화성에 도착하면 승무원 수송 및 거주선은 공력 제동으로 화성궤도에 진입한 뒤 표면에 내린다. 착륙 예정지는 현장 화물선 근처이다. 표면 탐사 임무에 차질이 없도록 현장 화물선과 가능한 인접하여 착륙해야 하겠다. 화성 표면 탐사 광경은 아마도 그림 10.7과 같지 않을까. 상상화가 아니라 실사 이미지로 보고 싶다. 표면 체류가 끝나면 우주인들은 상승선을 타고 화성궤도에 올라 귀환선과 도킹한다. 도킹을 마치면 상승선을 떼어 버리고 지구를 향해 박차를 가한다. 지구 귀환선은 화성궤도를 벗어나 지구 귀환 궤도에 진입한다. 이제 임무 마지막 단계로 접어든다. 우주선은 지구 대기권에 곧장 진

그림 10.7: 두 우주인이 로버를 이용해 화성 표면을 탐사 중이다. 작가 팻 롤링스(Pat Rawlings)의 상상화. [이미지 제공: NASA]

입해 착륙 예정 지점으로 낙하산 강하한다.

이상이 대강의 줄거리이다. 장비 목록을 보면 알겠지만 달 임무 때와는 차원이 다르다. 표면 체류가 장기화될 수밖에 없기 때문이다. 최초 착륙 시 무조건 반영구적 유인 전초기지를 마련해야 한다. 체류 기간은 태양궤도 행성 간 위치에 좌우된다. 지구로 귀환하려면 화성과 지구 간 배열이 맞아떨어질 때까지 기다려야 한다. 화성 땅을 처음 밟는 사람들은 화성에서 여러 달을 보내게 될 가능성이 높다.

태양계 유인 탐사

화성 이후 태양계 유인 탐사의 미래를 점쳐 보라고 하면 그때부터는 정말 점괘나 다름없다. 차라리 수정 구슬을 들여다보는 편이 나을지 모른다. 세계의 우주기구들이 장기 계획이라고 세우는 내용은 대개 2030~2040년 이야기이다. 따라서 유인 화성 임무 정도는 계획에 있지만 그 이상은 관심 밖이다. 물론 이런저런 추측을 해 볼 수는 있다. 그러나 대부분은 우리 예상을 빗나가리라 본다. 여하튼 유인 우주 비행과 관련해 몇 가지 문제가 있는데, 지금까지 논의한 우주 임무에도 다 같이 해당되는 내용들이다. 이와 같은 대규모 사업이 성사되어 결실을 맺기까지, 사업의 성패를 좌우할 핵심 요소 네 가지를 짚자면 아래와 같다.

- 타당성: 다음 질문에 답해야 한다. 가서 뭐요? 왜 갑니까? 얻는 게 뭔데요? 우주탐사는 대개 과학적 목표에 근거하여 정당성을 얻는다. 하지만 일을 추진함에 있어 국위나 노동력 이용, 혹은 파급효과를 통한 경제적 편익 등 기타 정치적인 요인도 못지않게 중요하다는 점을 인식할 필요가 있다.
- 팀워크: 목표에 대한 공동 의식을 바탕으로 실현 방안을 함께 모색하여야 한다. 지금까지 다룬 내용처럼 대규모 우주 사업을 진행할 때는 세계 각국이 대거 참여해 기술적 책임과 사업 비용을 분담할 가능성이 높다.
- 이동 수단: 목표를 이루려면 기술이 뒷받침되어야 한다. 발사체 능력이 따라야 함은 물론 유인 우주 비행 인프라가 완비되어야 한다.
- 자금원: 이런 임무는 보통 거대 재원을 필요로 한다. 사업이 순탄하게 흘러가려면 재무 계획에 빈틈이 없어야 한다. 정치적 단기 성과주의에 휘둘려 긴축과 완화를 오가면 우주 사업에 얼마나 타격이 큰지 모른다. 과거에 그런 일이 비일비재하였다.

유인 화성 착륙의 예상 비용만 보아도 알겠지만 장기적인 심우주deep space 임무는 앞으로도 (민간 자본이 아닌) 정부 지원을 받을 수밖에 없어 보인다. 이들 사업은 과학적 성과를 주요 추진 동기로 삼을 것이다. 아울러 저 많은 비용의 상당 부분이 지구궤도 접근 문제, 즉 발사 비용에 기인하는 점도 살펴보았다. 지구저궤도 운반비는 킬로그램당 2,000~5,000달러 사이가 시세이다. 유인우주선을 지구궤도 너머로 보내려면 우주 추진 체계도 새로 개발해야 한다. 추진 체계 개발은 기술적인 부분에서 주요 과제라 할 수 있다. 이 내용은 다음 절에서 논의하겠다.

그래도 수정 구슬에 무엇이 나타나는지 한번 보자. 21세기에 어떤 임무가 가능한지 궁금하다. 표 10.1에 예상 임무를 적어 보았다. 앞서 말했지만 우주 사업의 예측에는 한계가 있다. 이를 감안하면 예상 임무보다는 희망 사항이라는 표현이 어울릴 듯하다.

화성 이후의 유인 임무라면, 틀림없이 목성의 얼음 위성들부터 탐사를 시작하리라 생각한다. 목성은 위성을 여럿 거느리지만 그 가운데서도 이오Io, 유로파Europa, 가니메데Ganymede, 칼리스토Callisto를 4대 위성으로 꼽는다. 이들은 일명 갈릴레오 위성으로 통한다. 갈릴레오가 400여 년 전에 망원

표 10.1: 21세기 유인 우주탐사 제안. 희망 사항이다.

연도	임무
2020	유인 달 탐사 재개
2030	지구 근접 천체* 유인 착륙
2035	달 영구 기지
2040	유인 화성 착륙
2040	유인 등급 일단식 발사체(SSTO) 도입
2070	목성의 위성(유로파)에 유인 착륙
2090	화성 영구 기지
2090	토성의 위성(엔켈라두스)에 유인 착륙

* 소천체(소행성 및 혜성 따위) 궤도가 지구 공전궤도와 교차하거나 지구 공전궤도에 접근할 경우, 이를 일컬어 지구 근접 천체라 한다. 지구 근접 천체가 출몰하면 촉각을 곤두세워야 한다. 만에 하나 지구와 충돌하면 파국적인 결과를 맞는다(제11장 참조).

경으로 목성을 들여다보다 처음 발견했기 때문이다. 목성은 태양을 기준으로 지구보다 5배 멀리 떨어져 있다. 즉 목성의 일조량은 지구의 25분의 1 수준이다. 또다시 역제곱법칙이다. 그 때문에 목성의 위성은 대체로 난방이 잘 되지 않는다. 유로파만 해도 표면 온도가 −160℃에 이른다. 그런데 이런 냉골이 보기와는 달리 가 볼 만한 곳으로 손꼽힌다. 태양계 내에서 생물체 존재 가능성이 비교적 높은 곳으로 드러났기 때문이다. 과학자들은 유로파에 로봇도 보내고 나중에는 사람도 보낼 생각에 꿈에 부풀어 있다.

유로파가 급부상한 데에는 사연이 있다. 갈릴레오 무인 탐사선이 1995년 9월 목성궤도에 진입하면서 일이 재미있게 돌아가기 시작한다. 사진이 속속 도착했는데 유로파의 동토가 눈에 띄었다. 문제의 사진, 그림 10.8이다. 그렇다, 첫눈에 반할 상은 아니다. 그런데 가만 보니 얼음덩어리가 아닌가. 얼음층이 과거 어느 시점인가 빙산으로 조각나 바다를 떠돌다가 연안에서 도로 얼어붙지 않았나 추측된다. 말인즉 저 아래에 바다가 있다는 이야기이다. 지하 바다가 얼지 않았다고 보는 이유가 있다. 밑에는 버너가 있으니까. 해저의 화도가 바다를 가열한다. 유로파는 목성궤도를 돌면서 조석력을 받는다.

그림 10.8: 유로파의 동토. 갈릴레오 우주선이 촬영하였다. [사진 제공: NASA/제트추진연구소(JPL)-캘테크]

조석력이 위성을 만득이 인형처럼 주물럭대기 때문에 해저에 화산활동이 있을 가능성이 높다. 그런데 해저 화산활동과 생명체의 존재가 무슨 관련이 있는지 모르겠다. 그러면 지구로 눈을 돌려 보자. 지구의 해구에도 비슷한 화도가 더러 존재한다. 해저 깊은 곳이라 실상 태양에너지가 전무하다. 생명유지에 적절치 않은 환경이다. 그런데도 해양생물학자들은 기어이 생물체를 찾아냈다. 이들은 순전히 화산작용의 열과 에너지를 양분으로 생존한다. 유로파의 바다에서도 비슷한 일이 벌어질지 모른다. 일각에서는 미생물 이상으로 진화했을 수도 있다고 하는데 귀추가 주목된다. 소설가 아서 클라크 Arthur C. Clarke가 여러 해 전에 『*오디세이*Odyssey』 시리즈를 작업하면서 위와 같은 아이디어를 잘 풀어낸 바 있다. 수작으로서 지구 외 생명체에 대한 사색이 돋보인다.

궤도 접근 비용

지금껏 누누이 설명했지만 지구궤도에 무얼 보내려면 엄청난 비용이 든다. 사람이나 하드웨어, 추진제 등 화물 하나하나가 전부 돈이라서, 1kg마다 운임이 수천 달러씩 붙는다. 유인 탐사 임무의 예산을 보면 천문학적인 액수이다. 유인 임무를 비난할 일이 아니다. 궤도 접근 비용을 탓해야 한다. 이 근본적인 문제만 해결하면 말 그대로 신세계가 열릴 것이다. 그러나 다시 말하지만, 이 문제는 참 어떻게 안 된다.

*스타 트렉*처럼 "Beam me up, Scotty." 한마디로 해결된다면 무슨 걱정이 있을까. 과학자들도 이런 기계를 진지하게 고민한다. 앞으로 100년 안에 실용화될지 모른다는 이야기도 들린다. 아직까지는 이렇다 할 성과가 없지만, 물리학계는 원자 수준의 이동을 실증하고자 실험 개발에 힘쓰는 중이다. 스

*타 트렉*의 트랜스포터transporter 개발자도 처음에는 이렇게 시작하지 않았을까.

유인 등급 발사체

아직 트랜스포터를 만들 재주는 없으니 천상 로켓으로 궤도에 갈 수밖에 없다. 분리 수송의 개념은 궤도 접근 문제에 효율성을 도모할 수 있는 방법 중 하나이다. 발사체를 두 종류로 개발해 각각 인원 수송과 물자 수송을 전담시킨다는 계획이다. 사람을 궤도에 보내는 문제부터 보자. 앞서 소개했다시피 지금 이런저런 계획들이 진행 중이다. 이들의 접근 방식을 보면 큰 차이가 드러난다. 한쪽은 단순함의 극단을, 다른 한쪽은 공학 기술의 극한을 추구한다. 일단 쉬운 쪽부터 가 보자. 스페이스셔틀을 퇴역 처분하고 차기 유인우주선으로 오리온을 개발한다고 하였다. 유인우주선과 세트로 아레스 1 유인 등급 발사체도 함께 개발하고 있다. 이번 발사 체계는 설계 철학이 간명하다. 즉 단순 발사 체계로 회귀하고, 비상 탈출 체계를 정비한다. 이로써 비용 절감 및 신뢰성 향상을 도모한다. 스페이스셔틀은 애당초 복잡해서 틀렸다. 비용을 절감할 수 있으리라 기대를 모았건만 예상과 달리 미국항공우주국을 애먹였다. 유인 등급 발사체의 경우 발사 성공률 99% 정도를 안전기준으로 삼는다고 하였는데, 셔틀 체계를 이 정도 수준으로 유지하기가 보통 까다로운 일이 아니었다. 돈은 돈대로 들고 고생은 있는 대로 한 셈이다. 반면, 일단식 발사체(SSTO)를 개발하려는 움직임도 있다. 제5장에서 보았듯이, SSTO는 기술적으로 더 복잡하다. 항공기 운용 개념과 같이 완전 재사용이 목표인 만큼 성공하기만 하면 유인, 무인 가리지 않고 궤도 접근 비용을 대폭 절감할 수 있을 것으로 보인다. SSTO는 현재 기술로는 난공불락에 가

갑다. 하지만 민간 및 군사 기관 연구 프로그램을 통해 향후 30년 내에 개발될 가능성이 없지 않다. 그렇게만 된다면 2040년 혹은 이후의 유인 탐사 프로그램에 일익을 담당하리라 생각한다.

무인 화물 발사체

그러면 무인 화물이라고 일이 쉬워지는가? 그렇지 않다. 비용 문제로 따지면 대규모 화물 수송이 더 까다롭다. SSTO 기체를 대형화해서 화물용으로 이용하면 어떨까 싶지만, 개발에 따르는 기술적 어려움을 감안하면 대규모 화물 수송(이를테면 궤도에 10톤 이상)은 사실상 요원한 일이다. 대안으로 성능보다 비용을 최적화한 대형 부스터를 개발하는 방안이 있다. 고성능 고효율을 추구하는 대신 기술적으로 단순한 방식을 택하고 기존 부품을 적극 활용한다면, 발사체 규모에 비해 효율은 떨어질지 몰라도 결과적으로는 발사 비용을 줄일 수 있다. 단순하고 미더운, 말하자면 덤프트럭 같은 발사체 개발이 목표이다. 향후 유인 탐사 계획의 요구 사항을 만족하려면 지구저궤도 운반 능력이 150~200톤은 되어야 한다. 킬로그램당 운임이 어느 정도일지 예상하기 쉽지 않지만, 기존 발사 비용의 절반을 목표로 잡는다면 적절하리라 본다.

우주 엘리베이터

진짜 나중 이야기지만, 우주 엘리베이터를 만드는 날에는 궤도 접근 비용 문제가 말끔히 해결된다. 지표에서부터 지구정지궤도 너머로 로프를 늘이면 우주에 엘리베이터를 타고 갈 수 있다(그림 10.9). 적도 표면에 앵커를 박

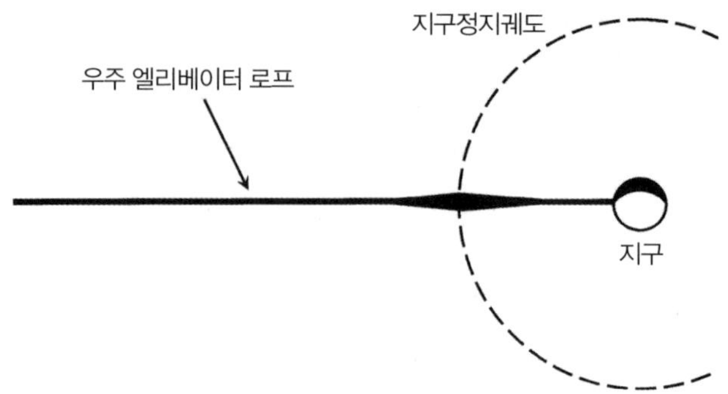

그림 10.9: 우주 엘리베이터 개요도(배율은 무시하고 그렸다). 장력 분포에 따라 로프의 굵기를 달리할 가능성이 높다. 굵기는 지구정지궤도 부분이 가장 두껍다. 인장력이 최대에 달하기 때문이다.

고 로프를 한없이 늘인다고 생각해 보자. 지구자전(원심력)은 로프를 밖으로 날린다. 로프 자체의 중량(중력)은 로프를 지구 방향으로 잡아당긴다. 그렇게 양쪽에서 잡아당기면 로프는 그냥 서 있는다. 저 높이 솟은 탑이나 다름없다. 그러면 일종의 엘리베이터가 로프를 타고 올라 궤도에 화물을 부린다. 말하자면 잭과 콩나무 실사판이다. 엘리베이터가 지구정지궤도 높이(약 36,800km)에 도달하면 화물이 무중력상태에 놓인다. 화물을 엘리베이터 문 밖으로 슬쩍 밀어내자. 지구정지궤도 발사가 이렇게 쉽다. 이런 구조물이 있다면 궤도에 승무원이고 화물이고 자유롭게 보낼 수 있다. 운반비는 로켓 추진 발사체를 생각하면 헐값이다.

저 이야기가 말이 되나 싶지만 이론상으로는 하등의 문제가 없다. 이런 구조물을 올리지 말라는 법은 없다. 하지만 지금 보아서는 될 일이 아니다. 현실적으로 힘든 부분이 너무나도 많다. 일단 로프 소재부터 문제이다. 로프 인장력은 지구정지궤도 고도에서 최대에 달한다. 이를 견디고도 남을 정도로 가볍고 질겨야 한다. 가령 철강재 인장 강도의 100배는 되어야 할 텐데 그런 재료가 수중에 없지 않은가. 재료공학자들이 노력은 하고 있지만 우주 엘리베이터가 나와 궤도 접근 비용 문제를 해결하기까지는 시일이 좀 걸리지 않을까 싶다.

우주 추진

보다시피 발사체의 주 엔진은 하나같이 크다. 그 무거운 기체를 쏘아 올리려 하니 대추력을 요할 수밖에 없다. 지표에서 무언가를 수직으로 발사한다는 자체가 사실 힘자랑에 가깝다. 비행 시간은 기껏해야 몇 분이지만 그동안 몇 메가뉴턴 규모의 추력을 계속해서 내야 한다. 그러나 일단 지구궤도에 진입하거나 행성 간 여정에 오르고 나면 그 뒤로는 운신의 폭이 넓어진다. 기체 중량에서 별 부담이 없기 때문에 추력을 낮추고 연소 시간을 늘리는 쪽으로 방향 전환이 가능하다.

지금까지 태양계 무인 탐사는 대부분 화학 추진 기관의 힘을 빌렸다. 잠깐 계산 하나 해 보자. 화학 추진 기관의 한계는 어디까지인가? 다단식 구성을 취하지 않는다면 ΔV(속력 변화)는 10km/sec 전후가 최대이다. ΔV10km/sec 전후는 로켓엔진과 추진제 탱크, 즉 발사체 구조만 날렸을 때 얻는 값이다. 탑재물 없이 발사체만 날릴 일은 없지만 요지가 무엇인지 알겠다. 추진 기술의 현주소가 고작 이 수준이다. 따라서 오늘날의 우주선 및 임무 설계 역시 그 테두리를 벗어나지 못한다. 유로파 표면에 로봇이고 사람이고 보내겠다고 계획하는데, 이런 식의 행성 임무를 진행하려면 ΔV10km/sec로는 어림도 없다. 향후 행성 임무에서 근본적으로 문제가 되는 부분이다. 결국 추진 기술의 개발만이 살길이다. 이번 절에 그 일부를 소개하려 한다. 현시점에서 핵 전기 추진nuclear electric propulsion, NEP과 핵열 로켓nuclear thermal rocket, NTR이 쌍두마차로 거론되고 있다.

핵 전기 추진

전기 추진 체계는 벌써부터 등장하였다. 이미 무인우주선에 실려 우주를 누비는 중이다. 화학 추진 체계와 전기 추진 체계는 근본이 다르다. 화학 추진 체계는 연료/산화제 조합을 연소해 고온 고압 가스를 발생한다. 연소 가스 열에너지는 로켓 노즐을 거치며 배출 가스 운동에너지로 전환된다. 화학 추진 기관에 있어 추진제는 가진 전 재산이나 다름없다. 화학 추진제의 에너지양은 기체가 화학 추진 기관으로 얻을 수 있는 속력에 근본적으로 제약을 가한다. 그렇다면 전기 추진 체계는 사정이 다를까? 이 추진 체계는 주머니가 둘이다. 전기 추진 체계는 별도의 에너지원으로 추진제를 가속한다. 그러므로 이론상으로는 제약이 없다. 그럼 별도의 에너지원은 무엇을 말할까? 이름에서 보다시피 전기이다. 전기라면 태양광(태양전지판)이나 핵에너지로 얼마든지 얻을 수 있다.

전기 추진 기관, 일명 *이온엔진*ion engine은 보통 그림 10.10과 같은 구조를 보인다. 일반 이온엔진의 단면도인데 실물은 이보다 복잡하다. 이온엔진을 보면 작달막한 것이 꼭 페인트 깡통같이 생겼다. 저 안으로 추진제가 흘러든다. 소형 무인우주선의 경우 이온엔진의 직경은 10cm 내외이다. 추진제로는 비활성 기체를 사용한다. 이를테면 아르곤이나 제논 등이다. 전리함(깡통)에는 추진제와 함께 전자를 투입해야 한다. 전자는 중공 방전관, 일명 홀로 캐소드hollow cathode를 가열하여 얻는다. 전리함 둘레에는 솔레노이드solenoid가 자리 잡는다. 솔레노이드는 일종의 전자석이다. 전리함 내에 자기장이 형성되면 전자는 자기력선을 따라 나선운동을 한다(제6장 그림 6.7

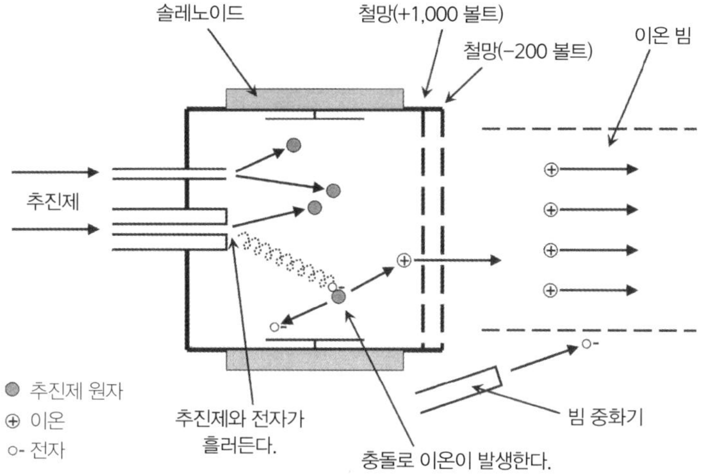

그림 10.10: 이온엔진 전리함 단면도.

참조). 이런 식으로 전자와 추진제 원자 간의 충돌을 유도한다. 추진제를 이온화하기 위함이다. 딸린 전자가 이탈하면 원자는 양전하를 띤다. 이를 양이온이라 한다. 추진제 원자도 이처럼 양이온으로 바뀐다. (전리함 내 이온 형성에 방전관을 쓸 수도 있다는 뜻일 뿐, 방법은 사실 다양하다.) 전리함 끝에는 철망들이 있다. 여기에 전압을 인가하면 이온이 가속을 받아 고속으로 튀어 나간다. 즉 철망 뒤쪽으로 고속 이온 빔이 형성된다. 가속은 얻었는데 이대로 말면 문제가 생긴다. 양이온만 연신 배출하면 우주선에는 계속해서 음전하가 쌓인다. 그 때문에 이온 빔 하류에 빔 중화기를 두고 전자를 쏘아댄다. 추진제 이온은 전자를 만나 원자로 돌아간다.

이제 성능을 한번 보자. 전기 추진 시의 배출 속도는 보통 50km/sec에 달한다. 고성능 화학 추진 기관과 비교하면 거의 10배 수준이다. 하지만 초당 가속할 수 있는 질량이 비교도 되지 않게 작다. 이온엔진은 결과적으로 다음과 같은 특성을 보인다. 비추력은 크고(좋은데) 추력은 작고(별로이다). 제5장에서 비추력 이야기가 나왔다. 즉 나머지 조건이 동일하다면 이온엔진은 주어진 추진제 질량에 대해 화학 추진 엔진 대비 ΔV(속력 변화) 10배를 달성할 수 있다는 뜻이다. 가히 폭발적인 성능이다! 하지만 보잘것없는 추력으로 보아서는 어느 세월에 그럴까 싶다. 토끼와 거북의 경주를 떠올리면 쉽다. 이온엔진은 다행스럽게도 작동 시간이 수천 시간에 달한다. 꾸준함이 매력이라고 하겠다. 참을성 있게 기다리면 언젠가는 ΔV로 보답한다. 엔진이 계속해서 작동한다면, 다음다음 주쯤 제로백에 도달할 수 있다. 태양전지판으로 이온엔진을 구동하는 경우를 예로 들겠다. 전력 1kW로 추력 몇 뉴턴을 내는지 자못 궁금한데 20분의 1N이다. 정말 작다!

전기 추진 체계는 아직까지 무인우주선 외에는 쓰인 적이 없다. 지구궤도 우주선의 궤도제어, 달 임무 혹은 지구 근접 소행성 임무 정도를 활용 사례로 꼽을 수 있겠다. 그런데 우리는 사실 유인우주선에 관심이 있다. 유인우주선 추진에 사용할 수 있는지 궁금한데, 그 정도 규모로 대형화가 가능할까? 일단 전력을 수백 킬로와트급으로 늘려 보겠다. 이 전력을 내려면 원자로 외에는 답이 없다. 이런 식의 핵 전기 추진 체계와 관련해 타당성 연구는 꽤 진행되었다고 한다. 물론 실제 우주 비행에 나선 적은 한 번도 없다. 위의 1kW급 추진 체계를 500kW급으로 확장해 보자. 계산이 어떻게 나올지 궁금하다. 이 정도 급의 이온 추진이면 아직은 추정에 가깝지만 대략 다음과 같은 구성을 따를 수 있으리라 본다. 직경 60cm짜리 이온엔진 5기를 묶어 단일 추진 기관으로 취급한다. 단순 계산에 따르면 추력은 15N 전후이다. 1N의 힘은 대략 자그마한 사과 한 알 무게와 같다. 명색이 원자력인데 엔진 추력은 고작 자그마한 사과 열다섯 알 무게이다. 20분의 1N 때 생각하면 감지덕지지만 유인우주선 추진 기관으로 쓰기에는 무리인 듯하다. 유인우주선이라면 질량을 100톤은 잡아야 한다. 잠시 후 요약 부분에서 다시 한 번 살펴보자.

동역학 면에서 문제시되는 부분이 또 있다. 원자로 질량도 계산에 넣어야 한다. 지금 유인우주선 질량만 해도 감당이 안 되는데 거기다 원자로까지 실어야 한다. 500kW급 원자로라면, 적어도 3톤 정도는 예상해야 하지 않을까 생각한다.

핵열 로켓

이제 핵열 로켓 추진 기술을 살펴보자. 이쪽도 원자로에 외주를 주어 에너지를 조달한다. 그러나 핵 전기 추진 체계와는 작동하는 방식이 다르다. 핵 전기 추진 체계의 원자로는 원자력발전소이다. 추진 체계가 결국 전기에너지로 돌아가기 때문이다. 그런데 핵열 로켓의 원자로는 열원일 뿐이다. 핵열 로켓은 원자로의 열을 전기에너지로 바꾸지 않고 그대로 로켓 추진에 이용한다. 추진제를 직접 가열해 추력을 내는 구조이다. 핵열 로켓도 개발 역사가 꽤 된다. 실제로 지상 시험도 했지만 역시나 우주 비행 경력은 전무하다.

핵열 로켓은 그림 10.11과 같은 식이다. 그림의 로켓은 *고체 노심 방식* solid-core configuration인데, 다른 방식에 비해 그나마 제작이 용이한 편이다. 작동 원리는 개념상으로는 어려울 것이 없다. 액체수소가 냉각재와 추진제 역할을 겸한다. 노심에 액체수소를 흘려 보낸다. 액체수소가 노심 열을 흡수하여 3,000℃로 끓어오른다. 고온 고압의 수소 가스가 노즐로 빠져나가면서 추력을 낸다. 이 엔진은 대추력을 상당 시간 유지한다. 작동 시간은 최대 1시간가량이며, 비추력은 1,000초에 달한다. 비추력 1,000초면 대단한 수치이다. 내로라하는 화학 추진 기관들의 2배이다. 주어진 추진제 질량으로 ΔV 2배를 달성할 수 있다는 뜻이다. 이 말이 의미하는 바를 수치로 예를 들어 보

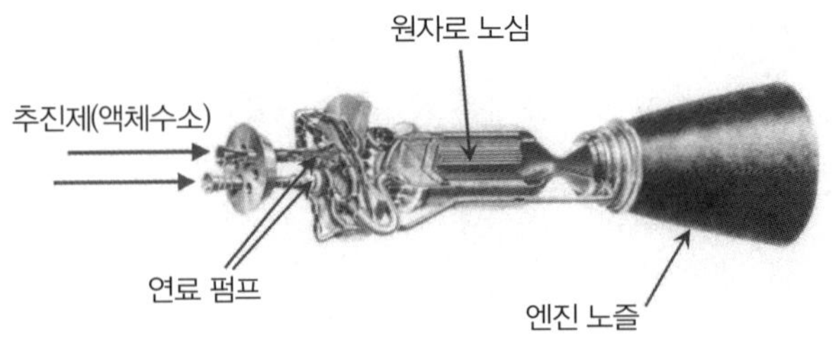

그림 10.11: 고체 노심 방식의 핵열 로켓 구조도. [배경 이미지 제공: NASA]

겠다. 고체 노심 방식의 핵열 로켓으로 우주선을 추진한다고 해 보자. 추력 200kN, 비추력 1,000초, 우주선 초기 질량은 150톤으로 잡겠다. 엔진을 1시간 정도 작동하면 ΔV 6.5km/sec에 도달할 수 있다. 이 정도 추진 성능이면 유인 탐사 임무에 안성맞춤이다. 계산서를 끊어 보자. 추진제 73.5톤에 핵열 로켓엔진 6.5톤을 빼도 탑재물 몫으로 70톤이 돌아간다. 흡족하다. 고체 노심 방식 외에도 이런저런 설계가 있으며, 종류에 따라서는 비추력 2,000초도 가능하다. 이론상으로는 추진제 질량을 더 줄일 수도 있다는 뜻이다.

우주 추진 기술 간 비교

그러면 이제 추진 기술 간의 비교를 해 보자. 지구 이탈용 엔진을 점화해 유인우주선을 화성 전이궤도에 집어넣는다고 가정하겠다. 표 10.2의 추진 기술 간 비교를 보자. 어떠한 방식을 택하든 우주선 초기 질량 150톤 내에서 ΔV 3.6km/sec를 달성해야 한다. 화학 추진 기관은 스페이스셔틀 메인 엔진을 모델로 하였다. 핵 전기 추진 체계의 경우 500kW급 원자로를 탑재한다고 가정한다. 핵열 로켓의 특성은 미국항공우주국의 화성 기준 임무 채택안을 참조하였다.

추진제 소요로만 보아서는 핵 전기 추진 이온엔진이 단연 최고이다. 그런

표 10.2: 추진 기술 간 비교. ΔV 3.6km/sec는 화성 전이궤도 진입을 가정한 상황이다.

엔진 유형	화학 추진 로켓	핵 전기 추진	핵열 로켓
ΔV(km/s)	3.6	3.6	3.6
초기 질량(톤)	150	150	150
비추력(초)	450	5,000	960
배출 속도(km/sec)	4.4	49.1	9.4
추력(N)	2,000,000	15	200,000
연소 종료 후 질량(톤)	66	139	102
추진제 질량(톤)	84	11	48
연소 시간	3분	393일	37분

참고: 유인우주선 표준으로 초기 질량 150톤을 일괄 적용하였다.

데 엔진 추력을 보자. 저 추력으로 목표 ΔV에 도달하려면 한도 끝도 없이 걸린다. 계속 틀어 놓으면 393일 뒤 ΔV 3.6km/sec에 도달한다는 계산이 나온다. 이런 식으로는 곤란하다. 유인 탐사와 핵 전기 추진, 둘은 애초부터 어울릴 수가 없는 사이이다. 유인우주선이 되는 순간 질량이 커지기 때문이다. 차라리 규모가 있는, 이를테면 20톤 정도 되는 무인우주선에 집어넣는다면 행성 간 임무에 괜찮게 사용될 수 있으리라 본다. 과거에도 이런 구상이 없지 않았다. 목성의 얼음 위성계에 무인 탐사선을 보낼 때 핵 전기 추진 방식을 쓰겠다는 이야기들이 있었지만, 아직은 그저 청사진에 머무르는 수준이다. 아무튼 유인 임무에 관해서는 핵열 로켓이 유망주로 보인다. 추력으로 보나 탑재물 질량으로 보나 적절한 선택이 아닌가 싶다.

아직 이야기가 나오지 않았지만, 사실 원자력 우주선 운용에는 또 다른 문제가 있다. 원자로를 실었기 때문에 방사선과 승무원의 안전 문제가 첫째로 떠오른다. 원자로 질량만 해도 꽤 나갈 텐데 거기에 방사선 차폐까지 하면 여유가 더 줄어들겠다. 우주비행사의 안전을 생각하면 어쩔 수 없는 일이다. 승무원 거주 공간이 있기 때문에 원자로를 아무 데나 놓을 수도 없고, 거기에 차폐까지 하다 보면 기체 설계에 제약이 따를 수밖에 없다. 게다가 원자로는 고성능 난로이다. 열출력이 무척 큰 관계로 방열기를 대량 장비해야 한다. 질량은 늘어나고 또 늘어난다. 마지막으로 정치적인 부담도 따른다. 핵전기 추진이든 핵열 로켓이든 '핵' 자만 붙으면 탈이다. 우주 사용을 전제로 하므로 환경 위해성과는 거리가 멀지만 요즘 세상은 그렇지가 않다. '녹색' 단체들이 목소리를 높이고 있는 만큼 반발을 피하기가 쉽지 않다. 밖에 나가 잘할지는 사실 걱정하지 않는다. 가다가 잘못될까 봐 그러는 것이다. 궤도에 무사히 올리느냐가 관건이라는 뜻이다. 만에 하나라도 발사에 실패할 경우 방사성물질이 광범위하게 흩어진다는 점 또한 사실이다.

우주 추진 문제에 대한 해법으로 이런저런 (상당히 기상천외한) 발상들이 나오고는 있지만, 대개는 먼 미래에나 실현될 법한 이야기들이다. *스타 워즈* Star Wars 같은 공상과학영화들은 우리 눈앞에 하루가 멀다 하고 추진 기술의 향연을 펼쳐 보인다. 반면, 웬만큼 현실성 있는 아이디어로는 저런 영화적 상상력과 도무지 보조를 맞출 수가 없다. 소형기만 한 유인우주선이 우주로 날아가 은하계를 가로질러 머나먼 행성에 착륙하고 심지어 지구로 귀환하기까지 하는데, 현재로서 그런 자유를 허용하는 에너지원은 찾아보기 어렵다. 현실도 할리우드 우주공학처럼 쉽다면 얼마나 좋을까.

우주 민영화 및 우주 관광

지금까지 정부 지원 우주 사업을 주로 이야기했는데, 이즈음해서 민간 영역도 한번 살펴보면 어떨까 한다. 우주 민영화와 관련해 미래상을 그려 보아도 재미있겠다. 요즘 관광산업이 호황을 누리고 있다. 우주를 무대로도 발을 넓힐 수 있을지 그 또한 궁금하다.

우주 민영화

지금까지 한 이야기에 따르면 그림이 이렇다. 유인 우주 프로그램은 큰 사업이다. 수십 년에 걸쳐 어마어마한 액수를 지출해야 한다. 성과라면 과학 발전이 대부분이다. 참가국의 국위 선양도 있다. 이 말만 들어도 아마 쉽게 이해하지 않을까 싶다. 민간 업계의 참여가 왜 어려운지 말이다. 사업이 그렇다. 투자를 하면 남는 것이 있어야 한다. 수익이 나기까지 너무 오래 걸린다면 섣불리 뛰어들기 어렵다. 유인 우주 활동이라는 대규모 사업은 전반적으로 볼 때 상업의 이치에 벗어난다. 그나마 손댈 만한 분야가 있다면 아마도 우주 관광산업 정도가 있을 텐데, 이 이야기는 조금 후 다시 하도록 하자.

하지만 반대 관점도 있다. 우주 활동에 민간기업이 참여하는 경우도 부지기수이다. 어디를 두고 하는 말인지 궁금하다. 우주 어디가 수익성이 있는지 한번 생각해 보자. 우주개발로 오랜 시간 재미를 본 분야가 있다. 바로 위성통신이다. 대륙 간 전화통화량은 해를 거듭하며 큰 폭으로 증가하였다. 대륙 간 통화라면 알다시피 지구정지궤도 통신위성이 적임이다. 우주선 선주들이 투자 수익을 거둘 수 있는 구조이다. 수익으로 말하자면 지구 관측 분야도 유망하다. 아이디어는 간단하다. 위성사진으로 장사하겠다는 뜻이다. 지구 자원 탐사, 일기예보, 재해 평가 및 관리, 대규모 토목공학 프로젝트 계획, 지도 제작, 심지어는 농업 분야에 이르기까지 수요는 차고 넘친다. 개인기업들이 이 사업에 뛰어드는 경우가 없지 않은데, 위성 비용과 발사비를 제하고 나면 쉽게 이윤을 내기는 어렵다고도 볼 수 있다. 지구 관측 분야는 현재로서 큰돈을 만질 수 있는 사업은 아니지만 위성 비용과 발사비를 낮출 수만 있다면 충분히 잠재력이 있다. 앞으로 두고 볼 일이다.

통신 및 지구 관측 분야를 예로 들었지만, 시장성으로 치면 위성항법sat-nav 분야도 그에 못지않다. 위성항법과 관련해서는 제1장에도 간략히 소개한 바 있다. 위성항법은 모두 너무나 잘 아는 분야이다. 내비게이션 없이 돌아다니는 차가 드물 정도이다. 우리는 미군 내브스타 GPS를 얻어 쓰는 실정이다. 2012년경에는 유럽연합 위성항법 체계인 갈릴레오가 서비스를 시작할 예정이다. 갈릴레오는 민수 시장을 목표로 한 만큼 유료 서비스를 제공할 방침이라 한다. 갈릴레오의 수익성과 관련해 일이 좀 복잡해진 부분이 있다. 이를테면 시장에 GPS라는 완전 대체재가 존재하지 않는가, 그것도 무료로. 사람들이 지갑을 열게 하려면 어떻게 해야 할지 생각해 볼 문제이다. 갈릴레오 항법 체계는 정치적으로나 재정적으로나 오랜 시간 난항을 겪었다. 아직 다 해결되었다고 볼 수는 없지만 아무튼 고생 끝에 낙이 온다고 하였다. 사업이 정상 궤도에 오르는 날을 기다려 본다.

사례를 들라고 하면 여러 가지가 있겠지만 대표적으로 하나만 더 살펴보자. 발사 서비스 제공은 상용 우주 사업에 있어 간판 주자나 다름없다. 미국, 유럽 및 러시아에는 상용 발사 대행사가 몇 군데나 된다. 이들은 정부나 민간 고객을 상대로 발사 용역을 판매·제공한다. 세계 최초의 상용 우주 운송사는 아리안스페이스Arianespace로 1980년에 설립되었다. 이 회사는 아리안 계열 발사체를 주력으로 운용하며, 현재도 궤도 수송 분야에서 순위를 다투고 있다.

이처럼 무인우주선 분야에서는 영리 활동의 증거를 상당수 찾아볼 수 있다. 그렇다면 민간 부문의 유인 우주 비행은 현재 어떻게 돌아가고 있을까? 비용, 시간 규모, 투자 수익 문제와 관련해 말이다. 민간 부문의 유인 우주 비행은 2004년 첫걸음마를 떼었다. 엑스프라이즈X-Prize 비영리 재단 측이 유

그림 10.12: 엑스프라이즈 수상작인 스페이스십원. 고도 100km를 찍은 뒤 하강하고 있다. 2004년의 일이다. [저작권 © 2004 모하비 에어로스페이스 벤처스 LLC(Mojave Aerospace Ventures LLC). 사진 촬영은 스케일드 컴포짓(Scaled Composites)사. 스페이스십원은 폴 G. 앨런(Paul G. Allen)의 프로젝트임]

인 우주 비행 기술 개발에 민간 투자를 장려할 목적으로 현상금 1000만 달러를 내걸었다. 경합에 나선 끝에 그림 10.12의 스페이스십원SpaceShipOne 유인기가 2004년에 우승을 차지한 바 있다. 요건이 만만치 않은데, 민간 개발 및 운용 기체로 고도 100km 이상을 유인 우주 비행해야 한다. 스페이스십원은 결국 실증 비행에 성공하였다. 민간 최초로 달성한 유인 우주 비행이었다. 업적이 상당하지만 한 가지 짚고 가겠다. 이 기체는 궤도고도에는 도달했지만 궤도속력에는 도달하지 못했다. 앞서 제2장에도 이야기한 바 있다. 100km 고도에서 궤도에 진입하려면 수평 방향으로 8km/sec 속력을 내야 한다. 기술적으로 보면 정작 어려운 부분은 궤도속력 달성이다. 로켓 추진으로 에너지를 엄청나게 퍼 넣어야 궤도속력에 도달할 수 있다. 기존의 발사 작업이 위험하고 비싼 데에는 다 이유가 있는 셈이다. 엑스프라이즈 대회는 그 부분에서 핵심을 벗어나지 않았나 한다. 하지만 효과는 있었다. 최초의 민간투자 유인 우주 비행이 성공한 뒤로 영리회사가 하나둘씩 시류에 편승하기 시작하였다. 이들은 유사 비행체 제작을 제안하고 나섰는데, 내용은 모두 비슷하다. 사람들 태우고 궤도고도에 올라갔다 내려온다. 투자 동기는 관광이다. 일단은 승객 일인당 20만 달러(한화로 현재 약 2억 4000만 원-역자주)선에서 좌석을 판매하겠다는 방침이다. 그 돈 주고 탑승할 용의가 있다면 소비자는 100km 고도에서 지구 경관을 감상할 수 있다. 비행체가 몇 분간 무동력 탄도비행할 때는 잠시나마 무중력상태도 체험한다. 그렇다, 유인 우주 비행 분야도 이처럼 민간투자 가능성이 엿보인다. 우주 관광의 징후이다.

우주 관광

데니스 티토Dennis Tito, 이 사람은 개인 부담으로 우주여행을 하였다. 2001년 국제우주정거장을 방문해 7일간 머물다 갔다. 최초라면 최초이다. 이후로도 티토 같은 사람이 몇 명 더 방문해 이색 체험을 하고 갔다고 전해진다. 그런데 티켓 값이 2000만 달러(한화로 현재 240억 원-역자주)라 한다. 티토의 경우 교통비로 몸무게 1kg당 5,000달러씩 낸 셈이다. 객실 요금은 하루에 280만 달러. 티토처럼 할 수 있는 사람이 세상에 과연 몇이나 될까. 이래서는 우주에 놀러 갈 생각은 꿈도 꾸지 말아야 한다. 궤도 접근 비용을 탓할 수밖에. 꿩 대신 닭이라고 아쉬운 대로 20만 달러 주고 준궤도 비행이라도 해 보겠냐고 묻는다면 대개는 괜찮다고, 다음에 그러겠다고 하지 않을까. 관광업계가 나서서 우주 공간을 개발하기에는 비용이 너무 크다. 근본적으로 문제가 있는 구조이다.

궤도 접근 문제는 관광 시장에서 우주의 관문을 여는 열쇠와 같다. 비용, 신뢰성 및 안선성의 3마리 토끼를 잡아야 한다. 다시 한 번 원점으로 돌아왔다. 유인 등급 일단식 발사체(SSTO)가 필요한 상황이다. SSTO는 우주에 간다는 것뿐 여객기나 다를 바 없다. 새로운 시장을 개척하려면 우주 여객기 개발이 필요하다. 앞서 제5장에도 이야기한 바 있지만, SSTO는 기술적으로 보통 어려운 문제가 아니다. 연구 개발에 상당한 투자를 요하는 만큼 SSTO 개발에는 군이 주도적인 역할을 할 가능성이 높다. SSTO 기체가 그런 식으로 세상에 등장한다면 기업이 군사 분야 연구 성과의 수혜를 입는 셈이다(이런 사례가 결코 없지 않다). 앞서 SSTO가 향후 30년 내에 실용화되리라 전망하였는데, 필자가 너무 앞서 나갔나 싶은 생각도 든다. 아무쪼록 괜한 말이 아니었으면 하고 바란다.

이야기는 여기서 끝이 아니다. 궤도 접근 문제는 그렇다 치고 관광을 하려면 인프라가 있어야 한다. 손님들이 목적지까지 이동하여 휴가를 즐기려면 궤도상은 물론 현지에도 시설을 갖추어야 하겠다. 이런 상상에 잠겨 본다. 주말 휴가로 토성에 고리를 보러 간다든지, 혹은 일주일 코스 고가 모노레일을 타고 달의 환상적인 풍경을 감상한다든지. 날씨만 없다뿐이지 달에서 즐기는 로키 마운티니어 열차나 비슷하지 않을까. (금강산도 식후경이라고, 고요의 기지Tranquility Base에 내려 맥도날드에서 간식도 사 먹고 해야지.) 아, 얼마나 멋진 일인가! 결국 추진 기술 개발이 관건이다. 안전하고 믿을 수 있으며 빨라야 한다. 지금은 행성에 가려면 몇 년이 기본인데, 이를 이삼 일 만에 주파할 정도가 되어야 한다. 정말이지 무리한 요구가 아닐 수 없다.

우주 관광에 일사천리는 있을 수 없다. 천 리 길도 한 걸음부터. 지구궤도 호텔을 시작으로 다음은 달, 그다음은 더 멀리. 추진 기술이 발달하는 만큼 지평선이 아득히 펼쳐진다. 서민도 큰맘 먹고 태양계 패키지 상품을 신청할 수 있다면 진정한 의미의 우주 관광이라 하겠다. 그런 날이 언제나 올지, 아직은 꿈만 같다. 필자도 토성에 고리 보러 가는 날까지 살면 안 되지 싶다.

이제 마지막 장이 남았다. 우리는 우주에 저비용으로 안전하게 접근하는 문제를 한편으로 심각하게 고민할 필요가 있다. 그래야만 하는 상황이 있다는 점을 다음 장에서 보게 된다.

11. 우주: 최후의 미개척지인가?

Space: The Final Frontier?

딥 임팩트

우리 머리는 공룡보다 나은가? 약 6500만 년 전의 일이다. 지금의 중앙아메리카 지역 상공에 어느 날 불꼬리가 가로지르더니 유카탄반도에 거대한 폭발이 일어났다. 직경 10km짜리 소행성이 엄청난 속력으로 날아와 충돌한 결과였다. 이로 인해 전 지구가 초토화되고 기후가 완전히 바뀌었다. 과학계는 유카탄반도의 소행성 충돌이 공룡을 멸종시켰다고 믿는다. 1억 6000만 년 공룡 역사가 막을 내리는 순간이었다. 이런 일이 다시 발생하고 이번에는 인류가 그 주인공이 될까?

불행하게도 '그렇다'고 하겠다. 이런 일은 다시 일어난다. 다만 이 정도 규모의 충돌은 자주 일어나지 않아서 1억 년에 한 번 있을까 말까 한다. 그래서 한동안 우리가 걱정할 필요는 없을 듯하다. 하지만 모르면 약이요 아는 것이 병이라. 관측 기술이 발전하면서 깨달은 바이지만, 태양궤도 천체 중 상당수는 지구와 충돌할 확률이 있다. 이런 천체를 일컬어 *지구 근접 천체* near-Earth object, NEO라 한다. 소행성 및 혜성 궤도가 지구 공전궤도와 교차하거나 지구 공전궤도에 접근하는 경우 위의 범주에 들어간다. 만에 하나라도 지구와 맞닥뜨릴 위험이 있는 셈이다. 지구 근접 천체군의 탐지 및 식별에 노력한 결과 현재는 직경 1km 이상 소천체 1,000여 개를 추적 관리하기에 이르렀다. 그보다 작은 천체는 발견하기 쉽지 않으므로 정확한 수효를 알 수 없지만, 대체로 크기가 작을수록 많아진다고 보면 된다. 오늘날에는 직경 100m 이상 소천체 수를 10만 개 안팎으로 추정하고 있다. 결론을 말하자면 그렇다. 이 중 하나가 언제 충돌 궤도에서 발견될지 전혀 예측할 수 없다.

최근 일로는 퉁구스카 대폭발을 꼽을 만하다. 1908년 시베리아 퉁구스카강 유역에 약 50m 되는 물체가 떨어졌는데, 폭발로 인해 일대 삼림

2,000km^{2}가량이 파괴되었다. 현장이 무인 지대였기에 천만다행이다. 이 물체가 런던 한복판에 떨어졌다면 M25 순환 고속도로 안쪽을 폐허로 만들고도 남는다. 이 정도 규모의 충돌이라면 수백 년에 한 번꼴로 생긴다. 지구 근접 천체의 충돌은 자주 있는 일도 아니지만 남의 이야기처럼 생각할 일도 아니다. 머지않아 우리 이야기가 될 확률이 높다. 국가는 국민을 보호할 책임이 있는 바, 각국 정부도 천체 충돌을 지진 및 태풍과 같은 자연재해로 보기 시작하였다. 할리우드도 나름의 몫을 하고 있다. 영화 *딥 임팩트*Deep Impact나 *아마겟돈*Armageddon 등은 천체 충돌의 파국적인 결과를 컴퓨터그래픽으로 묘사함으로써 경각심을 높인다. 천체가 지상에 충돌할 경우 폭발, 열, 충돌 분출물, 지진 등이 발생한다. 그런데 지표 대부분을 물이 차지하고 있어 바다에 떨어질 가능성이 높다. 이런 일이 벌어지면 결과는 주로 거대 해일 형태로 나타난다. 해일은 삽시간에 대양 전역으로 퍼져 나간다. 이 해일이 문제이다. 충돌 에너지가 별다른 감쇠 없이 건너 해안에 도달하기 때문이다. 전 지구적으로 볼 때 인구 상당수가 해안 도시에 집중되어 있으므로 피해 규모가 상상을 초월하리라 예상된다.

이런 상황이 오면 과연 무엇을 할 수 있을까? 우리 사정은 공룡보다 나은 편이다. 최소한 모르고 당하지는 않는다. 충돌 궤도 천체가 발견되면 우리를 비껴가도록 어떻게 손이라도 써 볼 수 있다. 기술적으로는 지금도 가능하지만 문제는 자금이다. 지구 근접 천체 탐지와 관련하여 가용 예산이 얼마 되지 않는다. 위험 천체에 우주선을 보내 궤도 변경을 시도할 수 있지만, 우주선 개발 관련 기관 역시 예산 부족에 시달린다. 어느 날 갑자기 500m짜리 천체가 충돌 궤도에 나타났다고 해 보자. 피해 규모가 대륙에 이르리라 예상된다면 예산 문제는 어떻게든 해결될지 모른다. 그러나 필요한 하드웨어를 개발하고 시험할 시간이 있을까? 이런 도박이 잘 되리라 믿는가? 필자는 그렇게 생각하지 않는다.

위험 천체의 궤도 변경 방법은 여러 가지가 있다. 방법은 각양각색이지만 이들 모두 공통점이 있다. 최소 몇 년 전부터 궤도 변경 작업에 착수해야 한다. 충돌이 일찌감치 예견된 상황에서나 가능한 일이다. 현재 우리 수준에서 취할 수 있는 방법이라고 해 보아야 충돌 예상 천체를 살짝 밀고 당기는 정도이다. 궤도에 약간이나마 변화를 주면 시간이 경과할수록 차이가 벌어져 종국에는 충돌을 피할 수 있다. 그러나 충돌을 목전에 두었다면 급커브를 틀어야 한다. 이는 사실상 우리 능력 바깥이다. 위험 천체의 사전 탐지에 그토록 공을 들이는 이유가 바로 그 때문이다. 위험 천체의 궤도 변경 기법을 몇 가지만 소개하겠다. 전부를 다룰 수는 없으니 그저 특징 위주로 살펴본다고 생각하자.

- 핵무기 사용: 할리우드 영화에서 즐겨 쓰는 수법이다. 핵탄두를 터뜨려 위험 천체 궤도를 변경하는 전략이다. 이 방식은 문제가 있다. 핵폭발이 천체 운동에 어떤 영향을 주는지는 직접 해 보기 전까지는 아무도 모른다. 지표 상공에서 핵폭발이 일어나는 경우 실질적인 파괴 효과는 충격파로 인해 발생한다. 우주 공간은 진공이라 지표 폭발 시보다 충격파가 훨씬 약할 수밖에 없다. 따라서 소행성 운동에 미치는 영향도 불충분하리라 예상된다. 단, 소행성 표면 가까이에서 핵폭발이 일어난다고 가정하면 소행성 궤도가 또 다른 메커니즘에 의해 바뀔 수 있을 것으로 보인다. 핵무기가 근접 폭발하면 열복사선에 의해 소행성 표면이 급격히 녹아 증발 혹은 승화하고, 가스와 잔해가 폭발적으로 퍼져 나간다. 물질이 뿜어져 나가면 뉴턴의 운동법칙(제1장)에 따라 소행성에 추력이 발생한다. 로켓엔진과 같은 원리이다. 위험 천체가 충돌 궤도를 이탈하는

데 충분한 힘을 제공할지 모른다. 그럼에도 불구하고 미심쩍은 부분이 많다. 표면 핵폭발이 지구 근접 천체 궤도에 미치는 영향을 규명하려면 실제 비행 시험과 폭발 시험이 필요하다. 문제는 여기에 그치지 않는다. 핵폭발이 천체를 분쇄할 경우 지구가 운석 구름을 뒤집어쓰게 될지 모른다. 퉁구스카 충돌과 같은 폭발이 여기저기에서 동시다발적으로 일어나 상황이 훨씬 악화될 수 있다.

- 물리적 충돌: 아이디어는 간단하다. 당구공끼리 부딪치면 방향이 바뀌듯 우주선으로 천체 표면을 충격하면 천체 궤도가 바뀐다. 여기서 주목할 점이 있다. 당구에서는 항상 똑같은 공끼리 충돌하므로 진로 변경이 크다. 그렇다고 200m짜리 소행성에 맞서 똑같은 질량의 충돌선을 발사할 수는 없는 일이다. 우리가 할 수 있는 수준이라고 해 보아야 그저 삐끗하는 정도에 그친다. 여기서도 마찬가지로 시간이 관건이다. 원거리 타격에 성공한다면 약간의 변화로도 충돌을 피할 수 있다.
- 중력 트랙터: 중력 트랙터라니 무슨 말인가 싶지만 개중 가장 나은 방법이라 할 수 있다. 일단 진로 변경 작업을 통제할 수 있다. 위험 천체의 물리적 특성에 대해 깜깜해도 전혀 문제없다. 표면 특성이나 회전 상태 등에 무관하다는 뜻이다. 중력 트랙터의 개념은 비교적 최근 들어 나왔다. 미국항공우주국(NASA) 존슨 우주센터Johnson Space Center 소속 에드 루Ed Lu와 스탠 러브Stan Love가 2005년에 제안한 바 있다. 중력 트랙터는 무인우주선의 일종인데 순전히 소행성 랑데부가 목적이다. 이 우주선은 소행성에 다가가 그림 11.1처럼 저고도에 자리 잡고 소형 로켓엔진으로 정지 비행을 시작한다. 우주선이 정지 비행을 하기 위해서는 엔진 추력이 소행성의 인력과 동일해야 한다. 소행성과 우주선에 똑같이 만유인력이 작용하기 때문에 (태양 입장에서 보면) 우주선이 소행성을

그림 11.1: 중력 트랙터 상상도. 소행성 위를 정지 비행하며 진로 변경 작업 중이다. [이미지 제공: B612 재단/FIAAA 댄 더다(Dan Durda)]

추력 방향으로 견인하는 결과가 나타난다. 중력 트랙터는 중력을 밧줄 삼아 소행성을 충돌 궤도로부터 끌어낸다고 할 수 있다.

수치적인 이해를 돕고자 예를 들어 보겠다. 소행성의 크기가 200m라고 가정하자. 계산해 보면 질량이 약 1000만 톤쯤 된다. 트랙터 우주선 질량을 5톤으로 잡고 소행성 표면 위 50m 상공에 띄워 보겠다. 추력 0.2N(뉴턴) 정도면 소행성 위를 정지 비행할 수 있다. 쌍방 간 중력으로 0.2N이 작용하며, 소행성은 이 0.2N에 이끌려 충돌 궤도를 벗어난다. 1000만 톤 질량에 0.2N이 작용하면 그에 따른 가속도는 정말로 미미하다. 그러나 티끌 모아 태산이라는 말처럼 아무리 작디작은 가속이라도 장시간에 걸쳐 쌓이고 쌓이다 보면 소행성에 적지 않은 속력 변화가 생긴다. 충돌을 일찌감치 예상하고 미리미리 작업한다면 소행성 궤도 변경에 드는 수고도 그만큼 줄어든다. 역시나 시간이 관건인 셈이다. 위의 경우 약 10일만 작업해도 충돌 궤도를 벗어나지만, 필요에 따라 작업 시간을 늘려야 할 수도 있다.

우주선 하드웨어의 경우 추력 0.1N 이온엔진 2기면 추진 요구 사항을 만족할 수 있겠다. 전력 수요는 4kW, 추진제 소요는 4kg으로 예상된다.

기술적인 문제는 그렇다고 치지만 사실 궤도 변경 문제는 정치적으로 어려운 일면을 내포하고 있다. 일단 위험 천체로 판단되면 천체 태양궤도 분석을 통해 충돌 가능성을 확인하는 작업에 들어간다. 충돌이 기정사실화되면 예상 낙하지점을 산출한다. 충돌까지 몇 년을 앞둔 상황이라면 예상 낙하지점 산출 과정에 오차가 상당할 수 있다. 아무튼 예상 낙하지점이 북아메리카 어디쯤이라고 가정해 보자. 미국은 자국 영토 내 충돌을 어떻게든 피해 보고자 트랙터 우주선 발사를 서두른다. 중력 트랙터 우주선이 목표 천체에 도달해 궤도 변경을 시작하면 낙하지점, 즉 운명의 화살표는 그때부터 계속해서 움직이기 시작한다. 이런 상황에서 과연 낙하지점을 어디로 옮겨야 할까? 태평양에 떨어지면 미국 서부 해안에 극심한 해일 피해가 발생한다. 그러면 동쪽으로 옮겨서 유럽 및 아프리카 가까이 떨어지게 할까? 물론 지구를 완전히 비껴가게 하려 하지만 중력 트랙터 우주선이 임무를 완수하기 전에 고장이라도 나면? 이러한 위기의 순간에는 국제사회를 소집함으로써 수백만 명의 생사를 가르는 전무후무한 결정을 내리려 할지 모른다. 국제사회 간에 위와 같은 결정권을 가진 합의체는 아직 없는 상황이다.

향후 수십 년 내에 소행성이 충돌할 가능성은 낮은 편이다. 그럼에도 불구하고 현실이 되는 날에는 감당하기 어려운 일이 벌어진다. 지구 근접 천체의 충돌 가능성을 염두에 둔다면 우주 비행 역량을 강화하지 않을 수 없겠다는 생각이 든다. 운명은 우리 손에 달렸다. 공룡처럼 앉아서 당하지 않는다는 점을 보여 주자!

지구와 작별할 때

지금부터 50억 년 뒤의 어느 날, 마지막 새벽이 밝아 온다. 과학자들 말에 의하면 태양의 핵연료가 그즈음에 바닥을 드러낸다고 한다. 제6장의 내용을 상기해 보자. 태양에너지의 원천은 핵융합이다. 태양의 중심부에서 수소 원자들이 핵융합하여 무거운 원자로 바뀐다. 그 과정에서 핵융합 에너지가 방출된다. 태양은 지난 50억 년간 이러한 방식으로 빛을 발하였다. 태양 중심부에서 발생하는 핵융합 에너지는 태양을 산산이 날려 버리려 하는 반면, 중력은 물질이 흩어지지 못하도록 붙잡아 놓는다. 이 둘이 균형을 이루는 덕분에 예나 지금이나 안정적으로 타오른다. 50억 년 뒤 어느 날 태양 중심부의 핵연료가 바닥나면 에너지 생산과 중력 간의 균형이 교란된다. 이로써 지구상의 생명체에게는 물론이고 태양계 내 행성 전체에 극적인 결과가 찾아온다. 그 무렵이면 지구에 누가 살고 있을까? 필자도 확신이 없다. 인류가 살아온 세월이라고 해 보아야 고작 100만 년에 불과하다. 50억 년 뒤에도 이 자리에 있으리라는 생각은 부질없다. 아마 인류를 조상으로 하는 또 다른 종이 살게 되겠지만 그것은 또 다른 이야기이다.

태양의 수소 연료가 바닥을 드러내면 어떤 일이 생길까? 보편적인 이론에 의하면 이렇다. 태양은 적색거성으로 진화해 현재의 지구 공전궤도 크기로 팽창하고 그 과정에서 질량을 상당량 손실한다. 이에 따라 지구 공전궤도 역시 현재 크기의 1.5배가 될 예정이다. 따라서 지구가 태양에 파묻히는 불상사는 면하리라 보인다. 하지만 바다가 펄펄 끓어 사라지고, 지표는 불타는 사막으로 변한다. 한마디로 생명이 살 수 없는 곳이다. 지각 깊숙이 파묻힌 미생물 정도나 간신히 목숨을 부지할지 모르겠다.

태양의 임종은 이처럼 암울하기 그지없다. 인류도 결국은 지구를 떠나지 않을 수 없다. 먼 미래의 후손이 지구를 떠난다는 이야기는 공상과학소설에서는 이미 식상한 내용이 되지 않았는가 싶다. 일각에서는 기후변화 등 다른 이유 때문에 탈출 시기를 훨씬 앞당겨야 할지 모른다는 말도 나온다. 무엇이든 요점은 같다. 종으로서 살아남고자 한다면 우주에서 생활하고 일하는 법을 익혀야 한다. 아울러 우주를 가로질러 이동하는 데 필요한 기술을 개발하고 숙달해야 한다. 사실 이 부분이 더 중요하다고 하겠다. 할리우드 우주공학을 현실로 만들라는 뜻이다. 이 문제를 어떻게 풀어야 할까? 이 우주가 너무나도 넓은 탓에 기술적 장벽도 까마득히 높을 수밖에 없다. 더글러스 애덤스Douglas Adams의 소설 『*은하수를 여행하는 히치하이커를 위한 안내서*The Hitchhiker's Guide to the Galaxy』에 장황하게 써 있듯이, "우주는 크다. 대단히 크다. 그것이 얼마나 광대하고 거대하고 믿기지 않을 정도로 큰지는 상상조차 할 수 없을 것이다." 우리 동네 별 말고 가장 가까운 별이 대략 4광년 거리에 위치한다. 이 거리를 주파하려면 광속, 즉 300,000km/sec 속력으로 내리 달려도 4년이 걸린다. 4광년을 거리로 나타내면 38,000,000,000,000km이다. 우리가 이해할 수 있는 숫자가 아니다. 오늘날 추진 기술로는 태양계의 변방인 명왕성에 가는 데도 여러 해가 걸린다. 그런데 태양계 바깥으로 가장 *가깝다* 하는 별이 6,500배 거리에 있다. 우리 앞의 도전 과제가 만만치 않다는 뜻이다. 우리 은하는 더 넓어서 직경이 10만 광년에 달한다. 은하계를 가로지른다는 말이 어떤 뜻인지 굳이 설명이 필요 없다.

저 거리를 도대체 어떻게 극복해야 할까? 글쎄, 아주 빨리 가면 되지 않나 싶다. 아인슈타인의 현대 물리 법칙에 따르면 물체는 300,000km/sec 이상의 속력을 내지 못한다(제1장 참조). 우리가 우주를 이해하는 데 아인슈타인이 맺음말이 되지는 않으리라 생각하지만, 일단은 아인슈타인 이론의 테두리 안에서 이야기하고 광속이라는 최고 속력을 인정하자. 이제 방법은 두 가지이다. 최대한으로 속력을 높여 광속 흉내라도 내든가, 아니면 아인슈타인 속도 상한 조건을 직접 위배하지 않으면서 광속보다 빨리 이동하는 방법을 찾든가 해야 한다. 후자는 앞뒤가 맞지 않는 말처럼 들리지만 사실 이 방면으로 재미있는 아이디어가 더러 있다. 물리학이 허용하는 안에서 지름길을 찾고자 함이다(아래 별종 추진 체계 참조). 항성 간 여행이 어떤 식으로 가능할지 알아보자. 우선은 로켓 추진 체계부터 소개하겠다. 곧이어 다룰 별종 추진 체계만큼 별나지는 않지만 요즘 로켓보다는 미래적이다.

로켓 추진 체계

항성 간 여행도 완행과 급행이 있다. 이런저런 구성이 있지만 완행 교통수단은 기본적으로 로켓이다. 예를 들어, 스페이스셔틀 메인 엔진은 뉴턴의 운동 제3법칙, 작용 반작용을 바탕으로 작동한다(제1장 참조). 미래의 로켓도 같은 선상에 있다고 보면 되겠다. 필자가 말하는 '완행'은 광속의 10%를 의미한다. 우주선의 최고 속력이 30,000km/sec 정도라는 뜻이다. 통상적인 기준으로 보면 대단히 빠르지만 바로 옆의 별에만 가자고 해도 벌써 40년이다. 100광년 거리의 이웃 별에 가려면, 세대를 거듭하며 비행을 계속해야 한다!

임펄스 엔진

완행 교통수단의 첫 번째는 임펄스 엔진impulse engine이다. 임펄스 엔진 우주선은 핵폭탄을 터뜨리며 날아간다. 이 무슨 얼토당토않은 소리인가 싶지만 말 그대로이다. 핵폭탄을 연달아 터뜨려서 기체를 가속한다. 임펄스 엔진의 개념은 1940년대에 처음 등장했으며, 1960년대 이르러 *오리온 프로젝트*Project Orion로 구체화되었다. 아이디어 자체는 꽤 간단한 편이다. 임펄스 엔진 우주선은 후미에 핵폭발 반사판을 갖추고 있다. 반사판과 우주선 본체 사이에는 스프링과 완충기가 자리 잡는다. 추진 시에는 반사판 너머로 폭발력 10kt(킬로톤 단위는 TNT 폭약 1,000톤에 상응하는 폭발력이다. 10kt이면 1945년 8월 히로시마 원폭 위력의 절반에 달한다)짜리 소형 핵폭탄을 차례차례 터뜨린다. 핵폭탄을 터뜨리면 핵폭발 플라스마가 반사판을 밀친다. 이러한 추진 방식은 이례적으로 비추력(가스 배출 속도)과 추력 모두 우수한 특성을 보인다. 이런 식으로 핵폭발을 거듭하면 그때그때 가속이 발생하고, 우주선은 기대했던 대로 광속의 10% 수준에 도달할 수 있을 것으로 보인다. 문제는 승무원이다. 급가속은 물론이고 핵폭발의 여파와 방사선으로부터 승무원을 어떻게 보호하느냐가 관건이라 하겠다. 하지만 대형 우주선의 경우에는 문제의 심각성이 상당 부분 완화될 수 있다. 우주선 질량이 1,000톤대 이상이라면 강철 반사판의 두께를 수 미터로 늘릴 수 있다. 이 정도면 승무원에게 적절한 안전 구역을 제공하리라 예상한다.

핵융합 로켓

핵융합 로켓은 항성 간 여행용 추진 기관으로서 잠재력이 대단하다. 하지만 아직은 지상 연구소조차 제어핵융합반응을 달성하지 못하였다. 핵융합 로켓 기술은 현재로서는 전도유망한 미래 기술일 뿐이다. 제6장에서 핵융합반응을 다루었다. 수소 원자가 핵융합 과정에서 무거운 원자로 바뀌고 질량 결손은 에너지 형태로 방출된다. 지상의 원자력발전소 역시 핵에너지를 이용하고 있지만, 이쪽은 핵반응의 종류가 다르다. 원자력발전소는 *핵분열* nuclear fission을 통해 에너지를 얻는다. 핵분열의 경우 우라늄과 같은 중원소가 분열해 더 가벼운 원소를 생성하며, 그 과정에서 핵에너지를 방출한다. 현재의 기술 수준으로 핵분열반응을 제어할 수는 있지만 핵융합반응을 제어

하여 발전소 형태로 만들어 내지는 못한다. 핵융합반응 제어에 성공하면 세계의 에너지 수요를 충족할 수 있게 된다. 핵융합 연료는 수소나 유사 경원소 형태로 대양에 차고 넘친다. 두말할 나위 없이 핵융합 제어에 연구 노력을 집중하였으나 아직까지는 열핵무기와 같이 통제되지 않은 핵융합반응만 할 수 있을 뿐이다. 일선 과학자들은 그래도 낙관적인 편이다. 이들의 전망에 따르면 앞으로 20~30년 안에 해결될 문제라고 한다.

제어핵융합반응이 그렇게 어렵다면 과연 이유가 무엇일까? 핵융합반응이 일어나려면 초고온을 달성해야 한다. 연료가 섭씨 수백만 도의 초고온 상태를 유지해야 핵융합반응이 지속될 수 있다. 태양 중심부에서는 융합반응이 자연적으로 일어난다. 우리는 어떻게 하든 태양 중심부와 비슷한 환경을 조성해야 한다. 핵융합로는 핵융합 연료를 *플라스마*plasma 상태로 가두어 놓는다(플라스마는 고온하에 이온화된 기체로서 전하를 띤다). 지상의 연구소에서는 초고온 플라스마를 자기장 속에 가두는 방식을 이용한다. 이로써 초고온 플라스마와 핵융합로 내벽 간의 접촉을 방지한다. 그런데 이 '자기장 용기'가 걸림돌이다. 플라스마를 자기장 속에 안정적으로 가두기가 쉽지 않다. 지상의 핵융합로에서 성공한다 치더라도 위의 자기장 봉입magnetic confinement fusion 방식이 우주 분야에 최선의 해법은 아니라고 생각한다. 핵융합로 질량이 엄청나기 때문이다. 이런 식이라면 도저히 우주선에 실을 수가 없다. 핵융합 로켓에는 관성 봉입inertial confinement fusion 방식 적용을 검토하는 중이다. 이 방식의 경우 몇 밀리미터 크기의 핵융합 연료 펠릿pellet에 레이저나 전자빔을 조사하여 핵융합반응을 점화한다.

실제 우주선이 어떤 방식으로 핵융합을 하게 될지는 모른다. 핵심을 이야기하자면 이렇다. 핵융합 로켓은 초고온의 플라스마를 생성하고, 이를 자기장 노즐로 배출하여 추력을 얻는다. 이런 로켓의 성능에 대해서는 알려진 바 없지만, 플라스마 배출 속도 10,000km/sec 달성이 가능하리라 보인다. 배출 속도를 10,000km/sec로 잡고 초기 질량의 95%를 추진제에 할당하면 계산상으로는 광속의 10%에 도달할 수 있다.

반물질 로켓

우리는 TV에서 *스타 트렉*을 너무 많이 본 탓에 더 이상 *반물질*antimatter이라는 단어가 낯설지 않다. 현대 공상과학소설에서는 항성 간 여행 문제와 관련해 반물질을 만능 에너지원처럼 등장시키고 있다. 여기에도 일말의 진실이 있다. 반물질은 실제로 있다. 공상과학 작가들의 상상 속 물질이 아니다. 전자나 양자 같은 소립자에는 그에 상응하는 반입자가 있게 마련이다. 이를테면 전자의 반입자는 양전자이다. 양전자는 전하만 반대이며 전자와 질량이 동일하다. 물질과 반물질에 관해 특기할 만한 사항이 있다. 실은 지금 하는 이야기의 핵심이라 할 수 있다. 물질과 반물질이 접촉하면 쌍소멸을 일으킨다. 물질은 간데없고 온전히 에너지만 남는다. 둘이 붙는 순간 대폭발이 일어난다는 뜻이다. 예를 들어, 전자와 양전자가 만난다고 하자. 둘의 질량이 고스란히 에너지로 바뀌면서 폭발적으로 감마선을 방출한다(제6장 전자기 복사 부분 참조). 물질-반물질 쌍소멸 에너지는 물리학자들이 알고 있는 그 어떤 반응보다도 많은 에너지를 방출한다. 태양을 불태우는 핵융합 에너지조차도 에너지 생성의 결정판은 아니다. 핵융합 에너지가 질량의 0.7%를 에너지로 전환하는 반면, 물질-반물질 반응은 질량의 100%를 에너지로 전환한다. 반물질을 우주선의 동력원으로 활용하는 날이 온다면 우리도 할리우드 우주공학계에 출사표를 던질 수 있다!

아직 좋아하기에는 이르다. 반물질 이용에는 실질적으로 문제가 되는 부분이 있다. 말하자면 아직 멀었다는 뜻이다. 우주선은 물질인 반면, 연료는 반물질이다. 둘이는 평화적 공존이 어려운 사이이다. 앞서 핵융합로를 생각해 보자. 반물질을 자기장 속에 격리함으로써 둘 간의 접촉을 막을 수 있다. 그런데 차단막이 불안정해지면 어떻게 할까? 우리도 보아서 알지만, *엔터프라이즈*호에는 그런 일이 심심찮게 벌어지곤 한다. 반물질이 유출되면 우주선과 승무원은 물론 인근 행성이 증발한다! 문제는 또 있다. 우리에게는 다행스러운 일이지만 반물질은 주변에서 쉽게 보이는 물질이 아니다. 유럽입자물리연구소Conseil européen pour la recherche nucléaire, CERN 고에너지 입자가속기(지하 시설이며 스위스 제네바시 근교에 위치하고 있다) 같은 실험 시설에서 극미량 얻는 정도이다. 현재로서 반물질 로켓 추진제를 대량생산할 수 있는 수단은 전무하다. 결국 반물질을 두고 이런 말이 나올 수밖에 없다. 지구상에서 가장 비싼 물질.

지금까지 미래의 로켓 기술에 대해 알아보았다. 반물질 로켓은 아마 어렵겠지만 임펄스 엔진이나 핵융합 엔진 등은 금세기 내 개발 가능성이 있어 보인다. 이러한 우주선은 광속의 10%, 약 30,000km/sec에 도달할 수 있으리라 예상된다. 이 정도면 아주 빠르다 싶지만 우주 규모로 본다면 거의 서 있는 상태나 마찬가지이다. 지구에서 50광년 이내에 별이 2,000개 정도 된다. 이 가운데 하나를 탐사하러 간다고 하자. 이 속도로 가면 500년 걸린다. 500년간 자급자족이 가능하게 우주판 노아의 방주를 만들고 실제 탐사 임무는 먼 후손이 진행한다면 어느 정도 가능성이 있지 않을까. 이른바 *세대 우주선* generation ship 개념은 우리에게 낯설지 않다. 그러나 이런 우주선에는 문제점이 존재한다. 미래의 추진 기술은 이런 우주선을 손쉽게 추월할 수 있을지 모른다. 천신만고 끝에 목표 행성에 도착했는데 후대가 이미 개척한 곳이었다면 승무원들은 그 자리에 털썩 주저앉지 않을까. 어떻게 그런 일이 가능한지 한번 알아보자.

별종 추진 체계

항성 간 여행의 꿈을 이루고자 별생각이 다 나왔는데 알고 보면 공상과학에서 영감을 받은 경우가 많다. 워프 주행이 대표적이다. 진 로든베리Gene Roddenberry의 장편서사 영화인 *스타 트렉* 시리즈가 워프 개념 대중화에 큰 역할을 하였다.

워프 주행

멕시코 출신 이론물리학자 미겔 알쿠비에레Miguel Alcubierre는 워프warp 개념에 흥미를 느껴 1990년대 초 연구에 착수하였다. 아인슈타인의 일반상대성이론 안에서 워프 주행이 가능한지 설명하는 방법을 찾고자 함이었다. 알쿠비에레는 『*클래시컬 앤드 퀀텀 그래비티*Classical and Quantum Gravity』 저널에 다분히 수학적인 연구 논문을 발표하였다. 그 뒤로 그 이름이 워프의 대명사가 되었다. 제1장에서 보았듯이 아인슈타인 일반상대성이론은 중력의 작용을 전혀 새로운 관점에서 해석한다. 여기에는 질량의 존재가 시공간을 휘어 놓는다는 개념이 자리 잡고 있다. 아인슈타인에 따르면, 질량과 에너지는 같은 물리량의 다른 형태이다(제6장 참조). 따라서 시공간은 에너지에 의해서도 휜다. 아인슈타인 중력이론이 뉴턴 중력이론을 대체한 상황을 제1장에 다음과 같이 묘사하였다. 행성은 태양에 의해 생긴 시공간의 굴곡을 따라 이동한다. 레이싱 카가 오벌 트랙 뱅크 구간을 달리는 모습을 연상시킨다.

문제의 핵심을 지적하자면 이렇다. 워프 드라이브 추진 우주선이 어떻게 광속이라는 속력 제한을 위반하지 않고도 사실상 광속을 초과하는 임의의 속력으로 움직일 수 있을까? 있을 수 없는 일처럼 들리지만 사실 그러한 방법이 존재한다. 일반상대성이론에서 이야기하는 속력 상한은 정확히 말하면 이렇다. 어떠한 물체도 *국소적으로*locally 광속보다 빨리 이동할 수 없다. 워프 주행도 바로 이 점을 이용해 설명이 가능하다. 알쿠비에레는 팽창우주 내 물체 운동에 대한 예시가 개념 설명에 도움이 된다는 점을 알았다. 그렇다면 정말 도움이 되는지 같이 한번 살펴보자.

우주의 팽창을 예견했다는 점은 아인슈타인 일반상대성이론의 최대 업적 가운데 하나로 꼽힌다. 이는 20세기 이론물리학에 빛나는 성과였으나 정작 아인슈타인 본인에게는 실수로 치부되었다. 아인슈타인은 1916년 일반상대성이론을 발표한 직후 이를 우주 전체에 적용하면서 우주가 자연적인 팽창 상태에 있다는 점을 보였다. 그 당시 천문관측 데이터에는 한계가 있었다. 아인슈타인 역시 이에 근거할 수밖에 없었으므로 우주가 정적static이라고 판단하는 한편, 일반상대성이론 방정식에 *우주 상수*cosmological constant라는 임의 보정 상수fudge factor를 추가하였다. 새로운 항을 포함한 방정식은 그가 당시에 믿고 있던 정적우주를 기술할 수 있었다. 하지만 1929년경에 천문학자 에드윈 허블Edwin Hubble(허블 우주망원경의 그 허블)이 뜻밖의 관측 결과를 발표하였다. 우주 전체가 틀림없이 팽창한다는 내용이었다. 아인슈타인이 자신이 얻은 결과를 신뢰했다면 이론물리 역사상 가장 심오한 발견이 되었을 텐데 결국 그렇게 되지는 못했다. 아인슈타인은 우주 상수를 포기하고 방정식을 제자리로 돌려놓았다. (우주 상수는 파란만장한 삶을 사는 중이다. 근자에 와서 귀양살이를 마치고 아인슈타인 이론으로 귀환을 준비하고 있다. 이론물리의 발달이 우주 상수를 어떻게 복권할지 귀추가 주목된다.)

우주가 팽창한다는 말은 어떤 뜻을 담고 있을까? 우주라 하면 보통 이렇게 생각한다. 우주는 무한히 넓게 퍼져 있는 시공간이다. 그 무한 시공간 속

어떤 특정 시간, 특정 장소에서 빅뱅Big Bang이 일어났다. 이곳을 기점으로 온갖 물질이 퍼져 나가(즉 은하가 서로서로 멀어지며) 비어 있는 시공간을 채운다. 그러나 현재 일반적으로 인정되는 팽창우주론은 이러한 관념과 미묘하게 차이를 보인다. 무한하고 불변하는 시공간 속에서 폭발이 일어났다고 생각할 것이 아니라, 시공간 구조 그 자체로서 우주가 팽창하는 모습을 상상해야 한다. 우주 차원이 몇 개 줄어들기는 하지만 팽창우주 모델로 흔히 풍선을 보여 주곤 한다. 4차원 시공은 풍선 우주 속에서 2차원 고무막으로 표현된다. 이러한 실험을 통해 우주의 팽창을 모방해 보면 상당히 도움이 된다. 고무풍선이 부풀어 오르면(시공간이 팽창하면) 고무막 위의 각 은하들은 나머지 모든 은하로부터 멀어진다. 풍선의 팽창은 곧 우주의 팽창을 대변한다. 허블의 통찰이 말해 주는 바이다.

알쿠비에레 워프 주행 개념을 이해하려면 위 문단이 말하고자 하는 미묘한 부분을 간파해야 한다. 혹시 이해하지 못했다면 돌아가 다시 읽어 보자. 고무풍선이 팽창하면 주어진 은하와 반대쪽에 있는 은하가 빠른 속력으로 멀어진다. 반면, 주어진 은하와 반대쪽 은하는 고무막(시공간)에 대해 가만히 멈추어 있다. 이제 우리가 사는 실제 팽창우주를 놓고 위 문장에 담긴 의미를 생각해 보자. 두 은하가 아주 멀리 떨어져 있다면 은하 각각의 국소 관성좌표계local inertial coordinate에 대한 속력은 광속 이하지만 두 은하 간 상대속력은 시공간의 팽창 자체로 인해 광속을 초과할 수 있다.

워프 우주선이 가능하다면 아마도 이런 방식이지 않을까, 알쿠비에레 워프 개념의 기저에는 이런 생각이 자리 잡고 있다. 알쿠비에레는 그림 11.2와 같이 우주선 뒤쪽의 시공간은 팽창시키고 앞쪽의 시공간은 수축시키는 워프 추진 체계를 구상하였다. 우주선 뒤쪽의 시공간 팽창은 출발지를 사실상 몇 광년 뒤로 밀어내고, 우주선 앞쪽의 시공간 수축은 목적지를 몇 광년 가까이

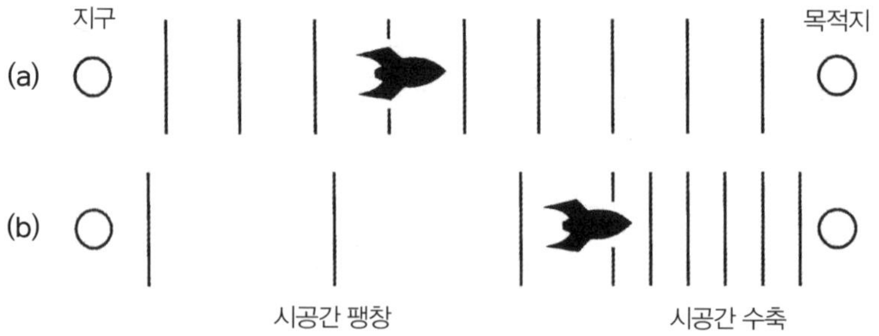

그림 11.2: (a) 일반 비행: 우주선이 보통 시공간 속을 비행하고 있다. (b) 워프 주행: 초광속 이동을 실현하고자 우주선 주변 시공간을 일그러뜨렸다.

앞당긴다. 휘어진 시공간 사이에는 부분적으로 휘어지지 않은 시공간이 자리 잡아서 우주선을 보호하는 역할을 한다. 워프 드라이브로 인해 시공이 휘어진 곳에서 보면 우주선의 속력은 광속보다 빠르지만, 국소 관성좌표계에 대한 우주선의 속력은 광속 미만이다. 정말 깔끔한 아이디어이다.

워프 주행 기술은 항성 간 여행을 가능케 하는 수단일까? 우주선 앞뒤의 시공간을 휘어지게 하려면 어마어마한 양의 질량 및 에너지를 취급하고 조작할 수 있어야 한다. (*스타 트렉* 팬이라면 지금쯤 그 유명한 다이리튬 결정이 *엔터프라이즈*호의 워프 드라이브 가동에 어떤 역할을 하는지 알겠다.) 알쿠비에레는 우주선의 워프 필드warp field 방정식을 세우고, 이를 바탕으로 우주선이 요구하는 워프 필드 생성에 필요한 일종의 질량–에너지원을 조사하였다. 이 대목에서 실망스러운 소식을 전해야 할 듯하다. 워프 주행이 요구하는 대로 시공간을 일그러뜨리려면 음에너지 밀도negative energy density가 존재해야 한다. 과학자들 사이에 *이종 물질*exotic matter로 통하는 미지의 존재가 있는데, 그 이종 물질만이 알쿠비에레 워프 드라이브를 작동시킬 수 있다는 뜻이다. 이종 물질은 말 그대로 괴짜 물질이다. 이종 물질이라는 존재는 이를테면 *음의 질량*negative mass 등과 같은 독특한 특징들로 이루어졌다. 이종 물질의 존재는 전문가들 사이에서도 논쟁거리이다. 고전물리학 측에서는 존재하지 않는다고 하고, 양자역학 측에서는 있을지도 모른다고 한다. 어찌 되었든 이종 물질은 과학자들이 아직까지도 발견하지 못한 그 무엇이다. 이러한 사실이 알쿠비에레 워프 드라이브의 실현 가능성에 타격을 준 점은 부인하기 어렵다. 하지만 그의 논문이 워프 주행에 대한 최종 결론이 되지는 않으리라 본다. 워프 주행은 시공을 휘기 위해 엄청난 양의 질량–에너지를 요구하므로 원천적으로 해결하기 쉽지 않은 문제이다. 그럼에도 불구하고 미래의 이론물리학자들이 또 다른 관점을 제시할 것으로 생각한다. 필경 그중 하나는 워프 형태의 항성 간 여행을 가능케 하는 기술적 토대를 찾아내리라 필자는 확신한다.

웜홀

웜홀wormholes은 여러모로 워프 주행보다 더 호기심을 자극하면서도 한편으로 설명하기 쉬운 부분이 있다. 웜홀 역시 광속 속력 제한을 위반하지 않으면서 초광속super-light-speed 여행을 가능케 하는 방법이다. 이번에도 아인슈타인의 중력장 이론이 바탕이 된다. 공상과학소설의 주인공들은 은하계를 쉽사리 가로지르곤 한다. 우주의 크기로 보아 은하계를 가로지른다는 말은 아무래도 앞뒤가 맞지 않는다. 이 문제를 극복하고자 작가들은 워프 주행 및 웜홀 개념을 적극적으로 받아들였다. 예를 들면, 칼 세이건Carl Sagan의 소설 『콘택트Contact』가 대표적이다. 여주인공 엘리가 직녀성에 가면서 웜홀을 이용한다. 직녀성까지는 25광년이 떨어져 있지만 외계 문명의 웜홀 네트워크를 통해 그야말로 눈 깜박하는 사이에 도달한다.

시공간은 단순히 언제 어디를 기술하는 척도에 머물지 않는다. 시공간은 동적인 실재로서 질량과 에너지의 존재에 의해 구부러지고 휘어진다. 잘 알려진 사실이지만 아인슈타인 방정식 해는 시공간의 *다중 연결*multiply connected을 허용한다. 달리 말하면 시간 및 공간에 지름길이 존재할 수 있다는 뜻이다. 즉 우주의 두 지점이 고차원적 단축 경로로 연결될 수 있다. 1957년 물리학자 존 휠러John Wheeler가 다중 연결 현상을 벌레 먹은 구멍에 비유한 뒤로 웜홀은 다중 연결을 지칭하는 이름으로 굳어졌다. 통상적인 비유를 들겠다. 사과 위에 벌레 한 마리가 있다. 벌레는 A지점에서 출발하여 사과 반대편 B지점에 가려 한다(그림 11.3a). 방법은 두 가지이다. 사과 겉을 따라 멀리 돌아가든가(경로 1은 2차원 이동), 사과 속에 지름길을 내어 반대편에 도달하든가(경로 2는 3차원 이동).

위 비유를 우주로 확장하자. 우주선으로 몇 광년 떨어진 곳에 가고 싶다(그림 11.3b). 방금 전처럼 방법이 둘이다. 시공간을 따라서 멀리 돌아가든가(2차원 곡면으로 표현), 웜홀을 통해 질러가든가(초공간상의 3차원 통로로 표현). 웜홀 이용 시 실질적인 초광속을 달성할 수 있다. 아인슈타인의 속력 제한을 위반하지도 않았다. 사과에 비유하는 과정에서 차원 몇 가지가 빠지기는 하였지만 아무튼 도움은 되었다.

그러면 언젠가는 웜홀을 통해 항성 간 여행이 실현될 수 있을까? 문제는 앞서 살펴본 비유처럼 그리 간단하지 않다는 데 있다. 일반상대성이론의 웜홀 해는 아인슈타인 본인이 가장 먼저 발견하였다. 1935년에 동료 네이선 로젠Nathan Rosen과 공동 작업으로 발표하여 *아인슈타인-로젠 브리지* Einstein-Rosen bridge로 불린다. 후에 이론물리학계가 알아낸 바에 따르면, 아인슈타인-로젠 브리지 형태의 웜홀은 태생적으로 불안정하다. 그나마도 알아내는 데 몇 년이 걸렸다. 아무튼 아인슈타인-로젠 브리지는 생기면 없어지기 때문에 사람이나 우주선이 통과하기란 불가능하다. 이후로 아인슈타인 이론에서 웜홀 해의 안정성을 찾느라 무던히 노력하였으나, 이번에도 미

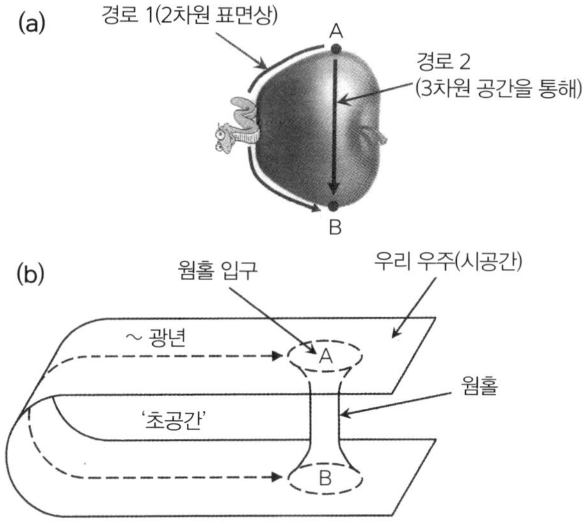

그림 11.3: (a) 사과 위의 벌레가 A지점에서 B지점으로 이동하려 한다. 사과 껍질 위로 돌아가는 방법과 사과를 파먹고 질러가는 방법이 있다. (b) 우주에서 광년 거리를 이동하는 문제를 두고 흔히 위와 같은 비유를 한다. A지점과 B지점은 몇 광년이 떨어져 있지만 우주 웜홀을 통해 이동하면 이동 시간이 대폭 단축된다.

래의 항성 간 여행자들에게 실망스러운 소식이 기다리고 있다. 아인슈타인의 이론이 시사하는 바, 웜홀을 통행이 가능하게끔 열어 두려면 이종 물질이 필요하다. 워프 드라이브 우주선과 마찬가지로 답보 상태에 머무르고 말았다. 미래를 생각하면 웜홀의 전망은 여전하다. 그러나 음의 질량과 음의 에너지를 어마어마하게 필요로 하는 공학 문제라는 점에서 우리는 어디부터 손대야 할지 난감하기만 하다.

그래도 실망하지 말라. 아직 모른다. 아인슈타인 방정식의 웜홀 해는 현재까지 아인슈타인 본인의 고전 이론에 근거하고 있으며 행성, 별, 은하 등 거시계를 대상으로 한다. 반면, 현대 물리학자들은 거시계는 물론 오늘날 양자역학이 관장하는 미시계까지 아우르는 *대통일이론*theory of everything을 찾고자 고심한다. 무엇이든 설명 가능한 대통일이론이 항성 간 도시 철도 역할을 하게 될 웜홀 네트워크에 대해 어떤 전망을 내놓을지는 정말 아무도 모른다.

맺는말

우주선 설계 이야기가 멀리도 왔다. 독자 여러분 모두 우주에 관심이 많을 줄 안다. 조금이나마 보탬이 되었다면 기쁘겠다. 필자도 정말 즐거웠다. 글이라는 것이 써 보니 재미도 있고 사람을 고양시켜 주었다. 필자 본인의 관심사나 열정 혹은 경험을 다운로드 받는 듯한 기분이었다. 배경지식 없는 독자들도 편하게 볼 수 있는 글을 쓰고자 하였다. 물론 까다로운 내용을 사람 앞에 앉혀 놓고 이야기하듯 풀어낸다는 것이 쉽지만은 않아서 때로는 번민에 시달리기도 하였다.

이즈음을 써 나가던 것이 2007년 10월 무렵인데 마침 항공우주 사상 중대 기념일이 끼어 있었다. 올해는 구소련이 스푸트니크 1호를 지구궤도에 올린 지 50주년이 되는 해이다. 이로써 우주 시대의 서막이 올랐다! 이전에 어디서 버즈 올드린Buzz Aldrin 이야기를 읽었다. 1969년 닐 암스트롱Neil Armstrong과 함께 인류 최초 달 착륙에 빛나는 그 버즈 올드린 말이다. 올드린이 회고하기를, 본인은 스푸트니크 1호 때 아무렇지도 않았다고 한다. “그냥 쇼 정도로 생각했어요.” 올드린이 그 당시 어디서 무얼 하고 있었는지 생각해 보면 이런 반응을 십분 이해할 수 있다. 올드린은 서독의 공군 기지에서 전투기를 몰고 있었다. 냉전 시대 최전방을 지킨 셈이다. 중부 유럽에서 재래식 혹은 핵전쟁 대비 태세하에 있는 군인이 우주에서 삑삑대든 말든 신경 쓸 일이 아니었다.

하지만 위에서는 심각하게 돌아가는 중이었다. 1957년 12월에는 공군성 본부에서 과학자문회의 우주기술특별위원회The Scientific Advisory Board Ad Hoc Committee on Space Technology가 소집되었다. 스푸트니크의 여파였다. 특위 보고서는 다음과 같이 명시하였다. "스푸트니크와 소련 ICBM(대륙간 탄도탄) 능력이 국가 비상사태를 초래함."(국가안보국 NSA 00600, 1957년 12월 6일자. 해당 보고서는 기밀로 분류되었으나 현재 정보공개법에 따라 열람이 가능하다.) 소련의 위협에 대응하는 차원에서 위원회는 공군 주도하에 다음과 같은 계획을 긴급히 시행할 것을 촉구하였다.

- 2세대 ICBM 개발. 소련의 선제공격을 전제로 반응 시간 단축 및 생존성 향상을 꾀한다.
- 정찰위성 개발 가속화
- 공세적 우주 계획 수립. 달 착륙을 당면 과제로 삼는다.

그렇다. 유인 달 착륙 이야기는 진즉부터 있었다. 케네디 대통령의 1961년 명연설에 훨씬 앞선다.

소련제가 머리 위로 날아다닌다는 사실은 미국 전역을 충격에 빠뜨렸다. 이른바 스푸트니크 쇼크이다. 소련은 이에 그치지 않고 1961년 세계 최초로 유리 가가린을 궤도에 올려 보냈다. 미국의 아픈 상처에 소금을 뿌린 격이었다. 그 뒤 사건 전개는 우리가 아는 대로이다. 냉전의 양대 산맥 미국과 소련의 우주 경쟁은 달 탐험 계획으로 확대되었고, 1969년 암스트롱이 달 표면에 발자국을 남김으로써 미국의 승리로 막을 내렸다. 지금으로서는 빛바랜 사진 같을지도 모르겠다. 하지만 필자 본인에게는 모두 살아 숨쉬는 장면들이다. 우주 시대 반세기를 함께하는 동안 필자 가슴속에는 이 모든 기억이 껴

지지 않는 불꽃으로 남았다. 한편으로 필자는 초조하다. 그렇게 멈추어 설 것이 아니라 다른 행성에 벌써 사람을 보냈어야 하지 않나 아쉬움이 남는다. 1972년 아폴로 17호가 달을 뜨고 난 이후 15년이 지나도록 유인 우주탐사는 침체 국면을 빠져나오지 못했다. 우주 시대 2막이라 하기에는 초라한 시작이었다.

우리 비교 한번 해 볼까. 공기보다 무겁다는 그 비행기를 라이트 형제가 날렸다. 1903년 키티호크Kitty Hawk 깡촌의 사건 사고가 세상을 바꾸었다. 당시 라이트 형제의 비행기는 48km/h 속력으로 날았다고 한다. 시작은 미약하였으나 끝은 창대하리라. 항공 기술의 발달은 파죽지세와 같았다. 반세기 후로 눈을 돌려 보자. 세계 최초의 제트여객기는 정식 취항에 들어갔고, 실험기는 음속의 2배를 돌파하였다. 음속의 2배면 1903년 라이트 플라이어 속력의 50배, 무려 2,400km/h이다. 우리가 스푸트니크 1호 속력의 50배를 낼 수 있다면 화성 공전궤도까지 3일 이내로 주파 가능하다.

이런 식의 논조가 적절하지는 않지만, 우주 시대가 항공 시대와 사뭇 다른 양상으로 흐르고 있다는 점은 부인할 수 없는 사실이기도 하다. 그렇다면 후반전은 어떻게 전망하는가? 다음 반세기에 대해서라면 필자는 낙관적이다. 일단 유인 우주탐사가 가속화되리라 예상한다. 미국은 우주 계획 재편에 들어갔다. 스페이스셔틀이 퇴역을 목전에 두고 있으니 좋든 싫든 판을 바꿀 수밖에 없다. 아울러 중국 등이 강호의 실력자로 부상하고 있어 경쟁이 심화되는 추세이다. 이러저러한 맥락으로 볼 때 달 탐사는 물론이고 화성 탐사도 머지않았다는 생각이 든다. 마지막으로 궤도 접근 비용에 따른 문제를 언급하고자 한다. 항공기 개념의 일단식 발사체 문제도 앞으로 20~30년 안에 해결되리라 본다. 필자 느낌에 시간이 무르익었다.

필자에게는 이제 다 끝난 일이다. 하지만 우주개발의 꽃망울에서 꽃의 만

개를 보았으니 누릴 것은 다 누렸다. 통신, 항법, 지구 관측 및 우주과학에 이르기까지. 허블을 위시한 관측 장비는 보이는 만큼 안다는 말을 실감케 한다.

필자는 미래를 낙관적으로 본다. 이 책이 젊은 친구들에게 조금이라도 영감을 주어 우주과학과 엔지니어링 분야에 참여하도록 역할을 해 주기를 바란다.

색인

ㅎ

체슬리 본스텔의 상상화. 타이탄의 비경 위로 토성이 솟았다. 장엄하기 그지없다. 그림 10.1에서도 보았지만 컬러판으로 접하니 느낌이 또 다르다. 1950년대, 필자 어릴 적에는 이런 그림이 우주 그 자체나 다름없었다. 태양계 탐사 시작 전이었기 때문이다. [이미지 제공: Bonestell Space Art]

영화 제목 *멋진 조종사들*(Those magnificent men in their flying machine)이 떠오른다. 1969년 7월, 달 착륙선 이글호가 달 표면을 향하여 강하를 시작하려 한다. 닐 암스트롱과 버즈 올드린이 역사의 한 페이지를 장식하는 순간이다. 아폴로 달 착륙 3년여 동안 필자는 한창 대학 생활을 하고 있었다. 당시의 공기가 지금도 생생하다. 세상에 불가능이 없어 보였다. 다들 어딘가 모르게 들뜬 듯한 그런 시대였다. 필자도 그런 분위기를 타고 우주 분야에 발을 들였다. [이미지 제공: NASA]

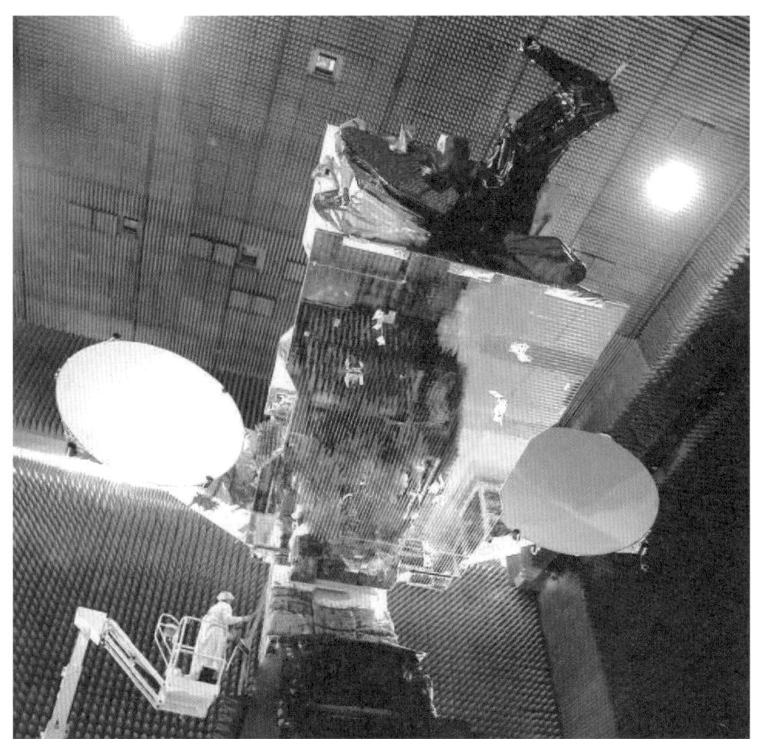

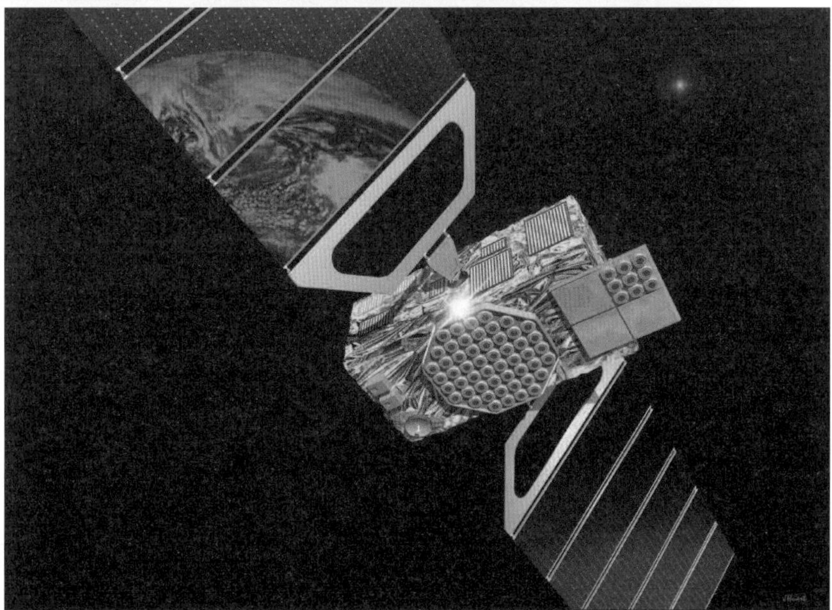

아폴로 이후 우주개발에 바람이 불고 벌써 수십 년이 흘렀다. **통신** 및 **항법** 분야의 약진은 우리 일상을 바꾸어 놓았다. 위는 지구정지궤도 통신위성 핫 버드(Hot Bird) 8호. 발사 전 지상 시험 시설에서 촬영하였다. 아직 태양전지판을 장착하지 않은 상태이다. [사진 제공: EADS Astrium] 아래는 갈릴레오(Galileo) 항법위성 예상도. 갈릴레오는 유럽연합에서 추진하는 위성항법 체계이다. 그림과 같은 위성 여러 대가 군집위성 시스템을 이룬다. [이미지 제공: ESA]

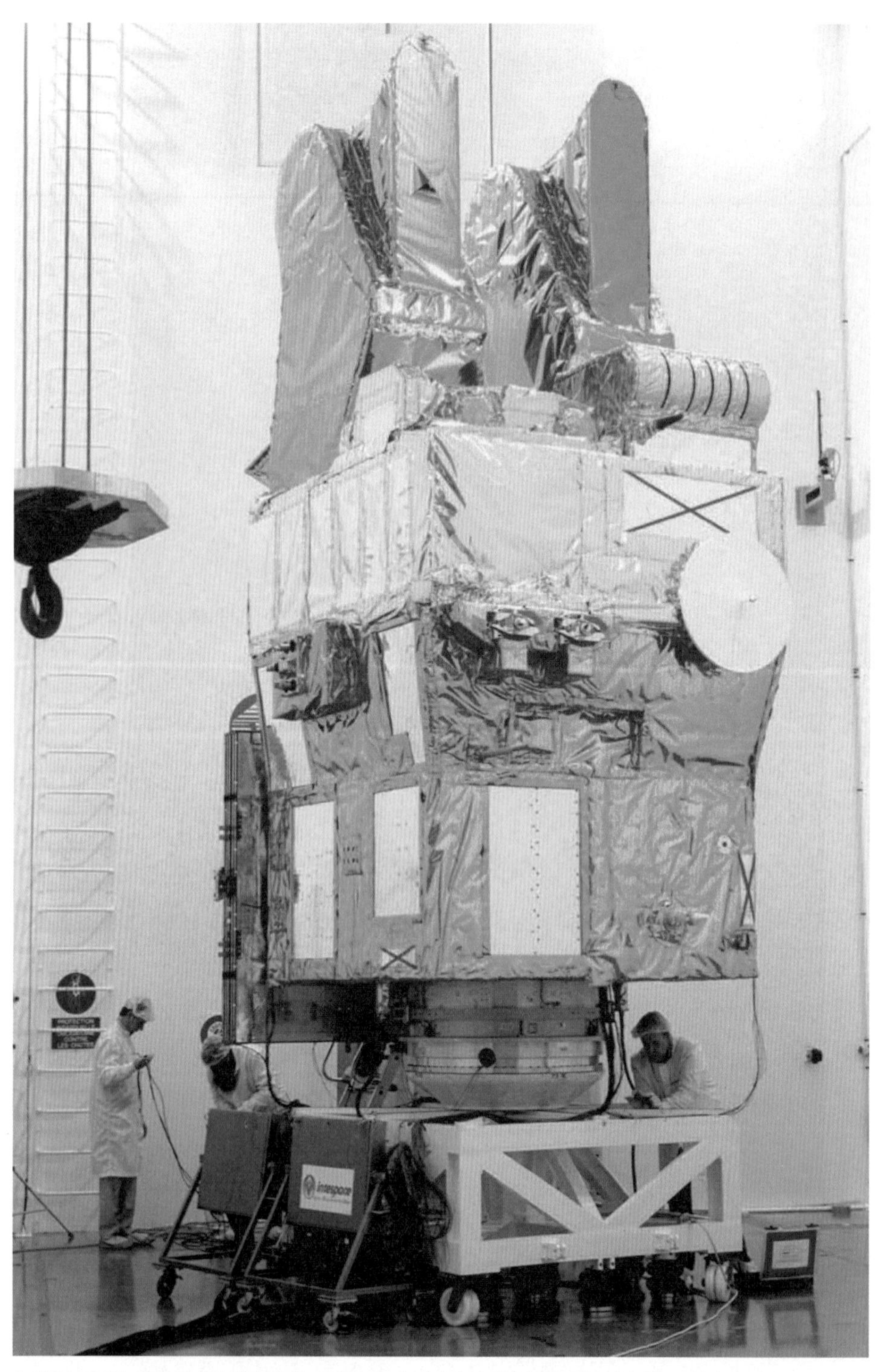

극궤도 LEO에는 **지구관측**위성이 대거 포진한다. 이 역시 우주개발 붐의 일면이라 할 수 있다. SPOT 5 우주선의 발사 전 모습. 그림 9.15를 컬러로 실었다. SPOT 5 위성 관련 세부 사항은 표 7.4를 참조하라. 열제어 하위 체계가 눈길을 끈다(관련 내용은 제9장 열제어 하위 체계 부분을 참조하라). [이미지 저작권 © CNES/Patrick Dumas]

통신, 항법, 지구 관측 등 응용 분야는 우주 기술 개발에 크게 기여하였다. 그러나 **과학** 분야야말로 우주 기술 개발의 원동력이다. 카시니/하위헌스 탐사선이 토성을 비롯해 그 고리와 위성계를 촬영하였다. 카시니/하위헌스 탐사선 관련 세부 사항은 표 7.6을 참조하라. 고리를 배경으로 테티스(Tethys)가 진주처럼 빛난다. 테티스는 토성의 위성 가운데 하나이다. 직경은 1,071km가량. 아래는 토성의 밤이다. 고리가 역광을 받으니 정말 아름답다. 저기 화살표가 가리키는 곳, 불량 화소처럼 보이는 부분이 지구이다. 세상만사 고작 4픽셀이다. [사진 제공: NASA/JPL-Caltech]

우주에 천체망원경을 배치한 이후로 우주를 보는 눈이 달라졌다. 허블 우주망원경이 얼마나 큰일을 했는지 우리 모두 익히 알고 있다. 이제 곧 제임스 웹 우주망원경이 허블의 뒤를 이을 예정이다. 이름의 주인공 제임스 웹은 1961년부터 1968년까지 미국항공우주국 국장을 지낸 인물이다. 공로를 기념하고자 차세대 망원경을 제임스 웹이라고 명명하였다. 제임스 웹 우주망원경의 질량은 6,500kg가량이다. 2013년경 발사를 앞두고 있으며 태양-지구 L_2 라그랑주점에 배치될 예정이다. 지구에서 150만km 정도 떨어진 곳이다. 제임스 웹의 주경은 허블의 주경보다 3배가량 크다. 어느 모로 보나 대단하다는 말이 나온다. 침대처럼 생긴 독특한 구조물이 눈에 띈다. 복사열을 막기 위한 열 차폐막인데, 면적이 260m²에 달한다. [이미지 제공: ESA]

아폴로 이후 **유인 우주 비행** 활동은 줄곧 지구궤도에 머물렀다. 지난 10여 년 간의 활동은 국제우주정거장 건설에 치중되었다. 국제우주정거장의 궤도는 원형에 가까우며, 경사각은 52°, 고도는 350km가량이다. 우주비행사가 대규모 우주 구조물 위를 떠다니며 작업하는 모습을 보니 스탠리 큐브릭(Stanley Kubrick) 작 *2001 스페이스 오디세이*(2001: A Space Odyssey)가 생각난다. 장차 지구궤도 너머로 진출하려면 이런 환경에서 작업하고 생활할 방법을 찾아야 한다. [사진 제공: NASA]

미래에는 어떤 일들이 기다리고 있을까? 미래 예측만큼 어려운 일이 없지만 세계 주요 우주기구 간에 기정사실처럼 통하는 이야기가 하나 있다. 향후 30여 년 내 유인 화성 착륙이다. 화성 표면을 유인 탐사하는 모습, 아직은 상상에 불과하지만 언젠가는 실현될지도 모를 일이다. 화성 탐사대가 바이킹 탐사선 착륙 지점을 찾은 모습. 바이킹 착륙이 1976년 일이니 사적지라 해야 하지 않을까. 팻 롤링스(Pat Rawlings) 작가의 상상화. [이미지 제공: NASA]